"十二五"普通高等教育本科国家级规划教材
"十二五"江苏省高等学校重点教材
高等院校信息技术规划教材

数字电路逻辑设计（第3版）

朱正伟　　吴志敏　　陆贵荣
梁向红　　储开斌　　何宝祥　　编著

清华大学出版社

北　京

内 容 简 介

本书是"十二五"江苏省高等学校重点教材,编号:2014-1-121。

本书结合应用型人才培养目标和教学特点,将传统数字电子技术与现代自动化数字电子技术的基础知识和工程理论有机融合,突破传统教学模式的局限,将目标定位于使学生在数字电子技术的基础理论、实践能力和创新精神三方面有明显的进步。引导学生基于全新的数字技术平台强化自己的学习效果,得以高起点地适应相关后续课程的要求。

全书共分 10 章,内容涉及数字电路基础、逻辑门电路、组合逻辑电路、组合逻辑电路的自动化设计、触发器、时序逻辑电路、时序逻辑电路的自动化设计、半导体存储器及其应用、脉冲波形的产生与变换、D/A 与 A/D 转换器及其应用等。

本书结构完整、内容新颖、涉及面广,分析与设计方法灵活多样,配有大量的例题、习题和工程应用性项目,使读者比较容易接受、掌握和应用。

本书可以作为普通高等学校电类专业和机电一体化等非电类专业的技术基础课教材,也可以作为相关专业工程技术人员的学习及参考用书。

图书在版编目(CIP)数据

数字电路逻辑设计/朱正伟等编著. —3 版. —北京:清华大学出版社,2017(2023.1重印)
(高等院校信息技术规划教材)
ISBN 978-7-302-46122-7

Ⅰ. ①数…　Ⅱ. ①朱…　Ⅲ. ①数字电路－逻辑设计－高等学校－教材　Ⅳ. ①TN79

中国版本图书馆 CIP 数据核字(2017)第 154810 号

责任编辑:袁勤勇　李　晔
封面设计:常雪影
责任校对:李建庄
责任印制:宋　林

出版发行:清华大学出版社
　　　　　网　　址:http://www.tup.com.cn,http://www.wqbook.com
　　　　　地　　址:北京清华大学学研大厦 A 座　　　　　邮　　编:100084
　　　　　社 总 机:010-83470000　　　　　　　　　　　邮　　购:010-62786544
　　　　　投稿与读者服务:010-62776969,c-service@tup.tsinghua.edu.cn
　　　　　质量反馈:010-62772015,zhiliang@tup.tsinghua.edu.cn
　　　　　课件下载:http://www.tup.com.cn,010-83470236
印 装 者:北京鑫海金澳胶印有限公司
经　　销:全国新华书店
开　　本:185mm×260mm　　　　印　　张:20.25　　　　字　　数:493 千字
版　　次:2006 年 2 月第 1 版　　2017 年 6 月第 3 版　　印　　次:2023 年 1 月第 7 次印刷
定　　价:58.00 元

产品编号:071270-02

前言

本书第 1 版为国家普通高等教育"十一五"规划教材,2007 年被评为江苏省高等学校精品教材,本书第 2 版为"十二五"普通高等教育本科国家级规划教材。本书列入"十二五"江苏省高等学校重点教材,编号:2014-1-121。

本书在前两版的基础上,针对传统教材和教学中存在的问题,按照教育部电子电气基础课程教学指导委员会修订的课程教学基本要求,总结提高、修改增删而成。第 3 版教材在编写时突出了以下特点:

1. 将传统数字技术与现代数字技术有机融合

本教材以数字电子基本理论和基本技能为引导,以 EDA 平台和硬件描述语言为设计手段,将数字电子技术课程和 EDA 技术课程深度融合,建立传统数字电子技术设计和现代数字电子设计方法相结合的新课程体系。

2. 保持知识结构的合理性和新颖性

本教材以注重基本概念、基本单元电路、基本方法和典型电路为出发点,保证了数字电路知识点的完整性和合理性,同时教材中安排了许多针对性强的应用实例和自主创新型综合实践项目,体现了教材的新颖性。

3. 有利于与后续课程构成创新能力教学课程体系

本教材在构建时兼顾了与后续课程的衔接,包括基本知识的衔接、设计项目的可延伸性以及对创新能力培养的铺垫等,尽可能为后续课程创建良好的接口,由此可将数字电路、单片机技术、EDA 技术、SoC、嵌入式系统等具有较大相关性的课程构建一个创新课程系列有机体。这可以优化相关专业的课程设置,让学生提前进入理论与工程实践相结合的高效学习和训练阶段,提前激发创造欲望,提前具备进入自主设计性空间的能力,提前为未来的学习和实践打开充裕的时间空间、自主学习空间和就业准备空间。

4. 注重创新能力的培养

本教材通过教材的启迪和教材中大量的有创意启发性的项目的训练，能动地激发创新意识，培养自主创新能力，从而使学生在数字电子技术的基本理论、实践能力和创新精神 3 方面能得到同步收获，有能力提早进入大学生课外科技活动。本教材以数字电路传统技术的介绍为基础，以自动化设计技术的学习为能力培养的手段，注重现代数字技术基本知识、理论和方法的介绍，注重工程能力、分析能力和实践能力的培养，全书构建了从介绍基础知识向创新能力培养逐级递进的学习和实践的阶梯。

参加本书第 3 版编写工作的有吴志敏（第 1、2 章）、梁向红（第 3、4 章）、陆贵荣（第 5、6、7 章）、朱正伟（第 8 章）、何宝祥（第 9 章）、储开斌（第 10 章），朱正伟负责全书的策划、组织和定稿。

作者虽然力求完美，但由于水平有限，错误和疏漏之处难免，恳请关心本教材的师生和其他读者不吝指正。

编　者

2017 年 4 月

目 录

第1章　数字电路基础 ·· 1

1.1　数字电路概述 ·· 1

　　1.1.1　模拟信号和数字信号 ····························· 1

　　1.1.2　数字电路及其分类 ······························ 3

　　1.1.3　数字电路的特点 ······························· 4

　　1.1.4　数字电路的分析、设计与测试 ·················· 5

1.2　数制 ·· 6

　　1.2.1　常用计数制 ···································· 6

　　1.2.2　数制转换 ····································· 8

1.3　码制 ·· 10

　　1.3.1　二-十进制编码 ································ 10

　　1.3.2　可靠性代码 ···································· 11

　　1.3.3　字符编码 ····································· 12

1.4　二进制数的表示方法及算术运算 ····················· 13

　　1.4.1　二进制数的表示方法 ························· 13

　　1.4.2　二进制数的算术运算 ························· 15

1.5　逻辑代数的运算 ·· 16

　　1.5.1　逻辑变量与逻辑函数 ························· 16

　　1.5.2　三种基本逻辑运算 ··························· 17

　　1.5.3　复合逻辑运算 ································· 19

1.6　逻辑代数的基本定律和基本运算规则 ··············· 20

　　1.6.1　逻辑代数的基本定律 ························· 20

　　1.6.2　逻辑代数的基本运算规则 ··················· 21

1.7　逻辑函数的表示方法及标准形式 ····················· 22

　　1.7.1　逻辑函数的表示方法 ························· 22

　　1.7.2　逻辑函数的两种标准形式 ··················· 24

1.8　逻辑函数的化简 ·· 27
　　1.8.1　公式化简法 ·· 27
　　1.8.2　卡诺图化简法 ·· 29
　　1.8.3　具有无关项的逻辑函数及其化简 ···················· 34
习题 1 ··· 36

第 2 章　逻辑门电路 ·· 39

2.1　TTL 集成门电路 ·· 39
　　2.1.1　TTL 与非门结构与工作原理 ··························· 39
　　2.1.2　TTL 门的技术参数 ··· 40
　　2.1.3　TTL 数字集成电路系列简介 ···························· 43
　　2.1.4　其他类型的 TTL 门 ·· 45
2.2　其他类型的双极型集成电路 ······································· 48
　　2.2.1　ECL 电路 ·· 49
　　2.2.2　I^2L 电路 ··· 49
2.3　MOS 集成门电路 ·· 50
　　2.3.1　MOS 管的结构与工作原理 ······························ 50
　　2.3.2　MOS 反相器 ·· 51
　　2.3.3　其他类型的 MOS 门电路 ································· 52
　　2.3.4　CMOS 逻辑门的技术参数 ································ 54
　　2.3.5　CMOS 数字集成电路系列简介 ························· 55
2.4　集成门电路的使用 ·· 56
　　2.4.1　TTL 门电路的使用 ··· 56
　　2.4.2　CMOS 门电路的使用 ······································ 57
　　2.4.3　门电路的接口技术 ·· 58
习题 2 ··· 59

第 3 章　组合逻辑电路 ·· 62

3.1　传统的组合逻辑电路的分析与设计 ······························ 62
　　3.1.1　传统的组合电路分析 ······································· 62
　　3.1.2　传统的组合电路设计 ······································· 66
3.2　编码器与译码器 ··· 70
　　3.2.1　编码器 ·· 70
　　3.2.2　译码器 ·· 72
3.3　数据选择器和数据分配器 ··· 78
　　3.3.1　数据选择器的功能及工作原理 ·························· 78
　　3.3.2　常用集成数据选择器及其应用 ·························· 79

3.3.3 数据分配器 ………………………………………… 81

3.4 数值比较器 ……………………………………………… 84

3.4.1 数值比较器的工作原理 ………………………………… 84

3.4.2 集成数值比较器 ……………………………………… 86

3.5 算术运算电路 …………………………………………… 87

3.5.1 加法运算电路 ………………………………………… 87

3.5.2 减法运算电路 ………………………………………… 89

3.6 可编程逻辑器件 ………………………………………… 90

3.6.1 可编程逻辑器件概述 ………………………………… 90

3.6.2 可编程器件的结构及工作原理 ………………………… 92

3.6.3 可编程逻辑器件的产品及开发 ………………………… 94

3.6.4 复杂可编程逻辑器件 CPLD ……………………………… 97

3.6.5 现场可编程门阵列 FPGA ………………………………… 101

3.7 组合逻辑电路竞争与冒险 ………………………………… 106

3.7.1 竞争冒险及产生原因 ………………………………… 106

3.7.2 竞争冒险的判断方法 ………………………………… 107

3.7.3 消除竞争冒险的方法 ………………………………… 108

习题 3 ……………………………………………………… 109

第 4 章 组合逻辑电路的自动化设计 ………………………… 114

4.1 数字电路自动化设计与分析流程 ………………………… 114

4.1.1 传统数字电路设计中存在的问题 ……………………… 114

4.1.2 Quartus Ⅱ 简介 ……………………………………… 115

4.1.3 自动化设计流程 ……………………………………… 116

4.2 原理图输入法组合逻辑电路设计 ………………………… 119

4.2.1 编辑输入图形文件 …………………………………… 119

4.2.2 功能简要分析 ………………………………………… 123

4.2.3 编译工程 ……………………………………………… 124

4.2.4 时序仿真测试电路功能 ……………………………… 127

4.2.5 引脚锁定和编程下载 ………………………………… 130

4.3 Verilog HDL 语言输入法组合逻辑电路设计 ……………… 135

4.3.1 Verilog HDL 语法简介 ………………………………… 135

4.3.2 用 Verilog 进行组合电路的设计 ……………………… 137

4.3.3 三人表决电路的语句表达方式 ………………………… 140

4.3.4 Verilog 的其他表达方式 ……………………………… 141

4.3.5 4 位串行加法器综合设计 …………………………… 143

习题 4 ……………………………………………………… 146

第5章　触发器 ·· 148

　　5.1　基本 RS 触发器 ·································· 148

　　　　5.1.1　电路结构 ·································· 148

　　　　5.1.2　工作原理 ·································· 148

　　　　5.1.3　逻辑功能及其描述 ························ 149

　　5.2　同步 RS 触发器 ·································· 151

　　　　5.2.1　电路结构 ·································· 151

　　　　5.2.2　工作原理 ·································· 151

　　　　5.2.3　逻辑功能及其描述 ························ 151

　　　　5.2.4　同步触发器的空翻现象 ·················· 153

　　5.3　主从触发器 ······································ 153

　　　　5.3.1　主从 RS 触发器 ························· 153

　　　　5.3.2　主从 JK 触发器 ························· 154

　　5.4　边沿触发器 ······································ 156

　　5.5　触发器功能的转换 ································ 158

　　5.6　集成触发器 ······································ 162

　　　　5.6.1　集成触发器举例 ························ 162

　　　　5.6.2　集成触发器的脉冲工作特性 ·············· 163

　　5.7　触发器的应用 ···································· 165

　　习题 5 ·· 167

第6章　时序逻辑电路 ·································· 171

　　6.1　时序逻辑电路概述 ································ 171

　　　　6.1.1　时序逻辑电路的结构及特点 ·············· 171

　　　　6.1.2　时序逻辑电路的分类 ···················· 172

　　6.2　时序逻辑电路的分析 ······························ 172

　　　　6.2.1　时序逻辑电路一般分析步骤 ·············· 172

　　　　6.2.2　同步时序逻辑电路分析 ·················· 172

　　　　6.2.3　异步时序逻辑电路分析 ·················· 175

　　6.3　时序逻辑电路的设计 ······························ 177

　　　　6.3.1　同步时序逻辑电路的设计 ················ 177

　　　　6.3.2　异步时序逻辑电路的设计 ················ 180

　　6.4　计数器 ·· 182

　　　　6.4.1　二进制计数器 ·························· 182

　　　　6.4.2　非二进制计数器 ························ 188

　　　　6.4.3　集成计数器的应用 ······················ 192

6.5　寄存器 …………………………………………………………… 201

　　6.5.1　数码寄存器 ……………………………………………… 201

　　6.5.2　移位寄存器 ……………………………………………… 201

　　6.5.3　集成移位寄存器及其应用 ……………………………… 203

习题 6 ………………………………………………………………… 207

第 7 章　时序电路的自动化设计与分析 …………………………… 212

7.1　深入了解时序逻辑电路性能 ………………………………… 212

　　7.1.1　基于 74LS161 宏模块的计数器设计 …………………… 212

　　7.1.2　进位控制电路改进 ……………………………………… 214

　　7.1.3　通过控制同步加载构建计数器 ………………………… 215

　　7.1.4　利用预置数据控制计数器进位 ………………………… 216

7.2　计数器的自动化设计方案 …………………………………… 218

　　7.2.1　基于一般模型的十进制计数器设计 …………………… 218

　　7.2.2　含自启动电路的十进制计数器设计 …………………… 219

　　7.2.3　任意进制异步控制型计数器设计 ……………………… 220

　　7.2.4　4 位同步自动预置型计数器设计 ……………………… 221

　　7.2.5　基于 LPM 宏模块的计数器设计 ……………………… 223

7.3　有限状态机设计与应用 ……………………………………… 226

　　7.3.1　有限状态机概述 ………………………………………… 226

　　7.3.2　步进电机控制电路设计 ………………………………… 227

　　7.3.3　温度控制电路设计 ……………………………………… 231

习题 7 ………………………………………………………………… 233

第 8 章　半导体存储器及其应用 ………………………………… 235

8.1　概述 …………………………………………………………… 235

　　8.1.1　存储器的分类 …………………………………………… 235

　　8.1.2　半导体存储器的技术指标 ……………………………… 236

8.2　随机存取存储器 ……………………………………………… 237

　　8.2.1　RAM 的分类及其结构 ………………………………… 237

　　8.2.2　静态存储单元 …………………………………………… 239

　　8.2.3　动态存储单元 …………………………………………… 240

　　8.2.4　RAM 的操作与定时 …………………………………… 240

　　8.2.5　存储器容量扩展 ………………………………………… 242

8.3　只读存储器 …………………………………………………… 244

　　8.3.1　ROM 的分类与结构 …………………………………… 244

　　8.3.2　掩膜 ROM ……………………………………………… 244

8.3.3　可编程 PROM ·· 245

8.3.4　其他类型存储器 ·· 246

8.3.5　ROM 存储器的应用 ····································· 247

8.4　常用存储器集成芯片简介 ·· 248

8.4.1　6116 型 RAM 器简介 ··································· 249

8.4.2　2764 型 EPROM 简介 ··································· 249

8.5　存储器应用电路设计 ··· 250

8.5.1　多通道数字信号采集电路设计 ······················· 250

8.5.2　DDS 信号发生器设计 ·································· 254

习题 8 ··· 259

第 9 章　脉冲波形的产生与变换 ·································· 261

9.1　集成 555 定时器 ·· 261

9.1.1　电路组成及工作原理 ································· 261

9.1.2　555 定时器的功能 ···································· 262

9.2　施密特触发器 ··· 264

9.2.1　由门电路组成的施密特触发器 ······················· 264

9.2.2　集成施密特触发器 ···································· 265

9.2.3　由 555 定时器组成的施密特触发器 ··················· 266

9.2.4　施密特触发器的应用 ································· 267

9.3　单稳态触发器 ··· 268

9.3.1　集成单稳态触发器 ···································· 269

9.3.2　由 555 定时器组成的单稳态触发器 ··················· 272

9.3.3　单稳态触发器的用途 ································· 273

9.4　多谐振荡器 ··· 274

9.4.1　由门电路构成多谐振荡器 ····························· 275

9.4.2　石英晶体振荡器 ······································ 276

9.4.3　用施密特触发器构成多谐振荡器 ····················· 276

9.4.4　由 555 定时器构成多谐振荡器 ······················· 277

9.5　综合应用电路 ··· 278

习题 9 ··· 279

第 10 章　D/A 与 A/D 转换器及其应用 ·························· 282

10.1　概述 ·· 282

10.2　D/A 转换器 ··· 283

10.2.1　权电阻网络 D/A 转换器 ····························· 284

10.2.2　倒 T 型电阻网络 D/A 转换器 ························ 285

　　　10.2.3　权电流型 D/A 转换器 ……………………………………… 286

　　　10.2.4　D/A 转换器的主要技术指标 ………………………………… 287

　　　10.2.5　D/A 转换器集成芯片及选择要点 …………………………… 288

　　　10.2.6　集成 DAC 器件 ………………………………………………… 290

　10.3　A/D 转换器 ……………………………………………………………… 291

　　　10.3.1　A/D 转换器的工作原理 ……………………………………… 291

　　　10.3.2　并行比较型 A/D 转换器 ……………………………………… 293

　　　10.3.3　逐次比较型 A/D 转换器 ……………………………………… 295

　　　10.3.4　双积分型转换器 ………………………………………………… 297

　　　10.3.5　A/D 转换器的主要技术指标 ………………………………… 299

　　　10.3.6　A/D 转换器集成芯片及选择要点 …………………………… 300

　　　10.3.7　集成 ADC 器件 ………………………………………………… 302

　10.4　D/A 与 A/D 的典型应用电路 ………………………………………… 304

　　　10.4.1　D/A 的典型应用电路 ………………………………………… 304

　　　10.4.2　A/D 的典型应用电路 ………………………………………… 306

　习题 10 ………………………………………………………………………… 308

参考文献 ……………………………………………………………………………… 311

第1章

数字电路基础

引言 随着信息时代的到来,"数字"这两个字正以越来越高的频率出现在各个领域,数字化已成为当今电子技术的发展潮流。数字电路是数字技术的核心,是计算机和数字通信的硬件基础。数字电路包括信号的传送、控制、记忆、计数、产生、整形等内容。数字电路在结构、分析方法、功能、特点等方面均不同于模拟电路。数字电路的基本单元是逻辑门电路,分析工具是逻辑代数,在功能上则着重强调电路输入与输出间的因果关系。数字电路比较简单、抗干扰能力强、精度高、便于集成,因而在自动控制系统、测量设备、电子计算机等领域获得了日益广泛的应用。本章将首先介绍数字电路的一些基本概念及数字电路中常用的数制与码制,然后介绍逻辑代数的基本知识。

1.1 数字电路概述

1.1.1 模拟信号和数字信号

在自然界中存在着各种各样的物理量,但就其特点和变化规律而言,主要可分为两大类:模拟信号和数字信号。

1. 模拟信号

在自然界的许多物理量中,有一些物理量如温度、压力、声音、质量等都具有一个共同的特点,即它们在时间上是连续变化的,幅值上也是连续取值的。这种连续变化的物理量称为模拟量,表示模拟量的信号称为模拟信号,处理模拟信号的电子电路称为模拟电路。

2. 数字信号

与模拟量相对应的另一类物理量称为数字量。这些信号的变化发生在一系列离散的瞬间,其值也是离散的,即它们是一系列时间离散、数值也离散的信号。如电子表的秒信号、生产流水线上记录零件个数的计数信号等。表示数字量的信号称为数字信号,工作于数字信号下的电子电路称为数字电路。

1) 数字信号的主要参数

数字信号在电路中往往表现为突变的电压或电流,如图1.1所示。一个理想的周期性数字信号,可以用以下几个参数来描绘。

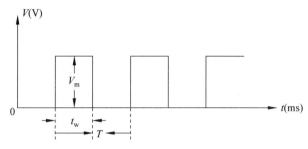

图 1.1 理想的周期性数字信号

V_m——信号幅度。它表示电压波形变化的最大值。

T——信号的周期。信号的频率 $f=1/T$。

t_w——脉冲宽度。它表示脉冲的作用时间。

q——占空比。它表示脉冲宽度 t_w 占整个周期 T 的百分比,其定义为:

$$q(\%) = \frac{t_w}{T} \times 100\%$$

2) 数字信号的描述方法

模拟信号的表示方法可以是数学表达式,也可以是波形图等等。数字信号的表示方法可以是二值数字逻辑以及由逻辑电平描述的数字波形。

在数字电路中,可以用 0 和 1 组成的二进制数表示数量的大小,也可以用 0 和 1 表示两种不同的逻辑状态。当表示数量时,两个二进制数可以进行数值运算,常称为算术运算。当用 0 和 1 描述客观世界存在的彼此相互关联又相互对立的事物时,如是与非、真与假、开与关等等,这里的 0 和 1 不是数值,而是逻辑 0 和逻辑 1。这种只有两种对立逻辑状态的逻辑关系称为二值数字逻辑或数字逻辑。

在电路中可以很方便地用电子器件的开关来实现二值数字逻辑,也就是以高、低电平分别表示逻辑 1 和逻辑 0 两种状态。在表示的时候有两种逻辑体制,其中正逻辑体制规定高电平为逻辑 1,低电平为逻辑 0;负逻辑体制规定低电平为逻辑 1,高电平为逻辑 0。

在分析实际数字电路时,考虑的是信号之间的逻辑关系,只要能区别出表示逻辑状态的高、低电平,可以忽略高、低电平的具体数值。如一类 CMOS 器件的电压范围与逻辑电平之间的关系是:信号电压在 3.5～5V 范围内,都表示高电平;在 0～1.5V 范围内,都表示低电平。这些表示数字电压的高、低电平通常称为逻辑电平。应当注意,逻辑电平不是物理量,而是物理量的相对表示。

图 1.2 所示为用逻辑电平描述的数字波形,其中图 1.2(a) 所示的逻辑 0 表示低电平,逻辑 1 表示高电平。图 1.2(b) 所示为 16 位数据的波形。通常在分析一个数字系统时,由于

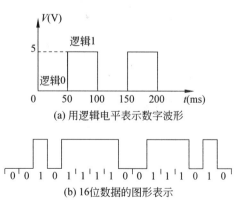

(a) 用逻辑电平表示数字波形

(b) 16位数据的图形表示

图 1.2 数字波形

电路采用相同的逻辑电平标准,一般可以不标出高、低电平的电压值,时间轴也可以不标。

1.1.2　数字电路及其分类

　　与模拟信号不同,数字信号的确立具有一定的人为性。模拟信号比较直接地反映了自然界中真实的物理量的变化,而数字信号量则是通过人为的选择,比较间接地反映实际的物理量的变化。例如,在任一小的时间段内,连续变化的电压值的取值具有无限多种,如果用计算机来直接处理这个模拟电压量显然是不可能的。因为再大的计算机内存也无法放下在此时间段内所发生的,而且是实际存在的无限多的电压值。因此,必须将随这段时间变化的电压值离散化,变成有限数目的电压值,再用计算机直接处理的数字数据(如二进制数)来表达这些离散的电压值。

　　数字电路是用数字信号完成对数字量进行算术运算和逻辑运算的电路。由于它具有逻辑运算和逻辑处理功能,所以又称数字逻辑电路。

　　电子电路按功能分为模拟电路和数字电路。根据分类方法的不同,数字电路可分为如下几类。

1. 按电路类型分类

　　1) 组合逻辑电路

　　组合逻辑电路的特点是输出只与当时的输入有关,电路没有记忆功能,输出状态随着输入状态的变化而变化,如编码器、加减法器、比较器、数据选择器等都属于此类。

　　2) 时序逻辑电路

　　时序逻辑电路的特点是输出不仅与当时的输入有关,还与电路原来的状态有关。它与组合逻辑电路最本质的区别在于时序电路具有记忆功能,类似于含储能元件的电感或电容的电路,如触发器、计数器、寄存器等电路都是时序电路的典型器件。

2. 按集成电路规模的大小分类

　　数字电路的发展历史与模拟电路一样,经历了由电子管、半导体分立器件到集成电路的过程。由于集成电路的发展非常迅速,很快占有主导地位,因此,数字电路主流形式是数字集成电路。

　　根据集成电路规模的大小,数字集成电路通常分为小规模集成(Small Scale Integration,SSI)电路、中规模集成(Medium Scale Integration,MSI)电路、大规模集成(Large Scale Integration,LSI)电路、超大规模集成(Very Large Scale Integration,VLSI)电路和甚大规模集成电路(Ultra Large Scale Integration,ULSI)。

　　1) 小规模集成(SSI)电路

　　小规模集成电路通常指含逻辑门个数小于 10 门(或含元件数小于 100 个)的电路,典型集成电路有逻辑门、触发器等。

　　2) 中规模集成(MSI)电路

　　中规模集成电路通常指含逻辑门数为 10～99 门(或含元件数 100～999 个)的电路,典型集成电路有计数器、加法器等。

3）大规模集成（LSI）电路

大规模集成电路通常指含逻辑门数为 100～9999 门（或含元件数 1000～99 999 个）的电路，典型集成电路有小型存储器、门阵列等。

4）超大规模集成（VLSI）电路

超大规模集成电路通常指含逻辑门数为 10 000～99 999（或含元件数 100 000～999 999 个）的电路，典型集成电路有大型存储器、微处理器等。

5）甚大规模集成（ULSI）电路

甚大规模集成电路通常指含逻辑门数大于 10^6 门（或含元件数大于 10^7 个）的电路，典型集成电路有可编程逻辑器件、多功能专用集成电路等。

3. 按所采用的半导体类型分类

1）双极型电路

双极型电路采用双极型半导体器件作为元件。双极型集成电路又可分为 TTL（Transistor Transistor Logic）电路、ECL（Emitter Coupled Logic）电路和 I^2L（Integrated Injection Logic）电路等类型。其中 TTL 电路的"性能价格比"最佳，应用最广泛。

2）单极型电路

采用金属-氧化物半导体场效应管（简称为 MOS 管）作为元件。MOS 集成电路又可分为 PMOS、NMOS 和 CMOS 等类型。其中 CMOS 电路应用较普遍，因为它不但适用于通用逻辑电路的设计，而且综合性能最好。

1.1.3 数字电路的特点

数字电路主要采用二值逻辑，数字电路的理论基础和数学工具是逻辑代数。在数字电路中的电子器件，如二极管、三极管和 MOS 管等主要工作在开关状态，即导通或截止两种状态之一。对电路中电压和电流的精确值要求并不高，只要电路能可靠地区分出高、低电平即可。数字电路结构简单，便于集成化。

在电路结构上，数字电路和模拟电路都是由晶体管、集成电路等电子器件所组成的。但与模拟电路相比，数字电路主要有下列优点。

1. 容易设计，便于构成大规模集成电路

由于数字电路是以二值数字逻辑为基础的，只有 0 和 1 两个基本数字，易于用电路来实现，比如可用二极管的导通与截止这两个对立的状态来表示数字信号的逻辑 0 和逻辑 1。大多数数字电路都可以采用集成化电路来系列化生产，成本低廉、使用方便，从而进一步促进了集成电路在数字电路中的广泛应用。

2. 稳定性好，抗干扰能力强

在数字系统中，数字电路只需判断输入、输出信号是逻辑 1 还是逻辑 0，而无须知道其表示的电压或电流的精确值。只要噪声信号不超过高低电平的阈值，就不会影响逻辑状态，因而可以通过整形很方便地去除叠加于传输信号上的噪声与干扰，还可利用差错控制技术对传输信号进行查错和纠错。

3. 信息的处理能力强

数字系统能方便地与电子计算机连接,利用计算机的强大功能进行数据处理,对输入的数字信号进行算术运算、逻辑运算,还能进行逻辑推理和判断,这在控制系统中是不可缺少的。

4. 精度高

数字电路可以很容易地通过增加二进制位数来使其结果达到人们所希望的精度。因此,数字电路组成的数字系统工作准确、精度高。

5. 保真度好

信号一旦数字化后,在传输和处理过程中信息的精度不会降低,即结果再现性好。例如同类型的数字电路总是能精确地产生相同的结果。而模拟电路输出的电压和电流信号则会受组件参数的变化和周围环境温度、湿度的变化,偏离原有的量值,从而产生不同的结果,这就是信号的失真。

6. 便于存储

数字信息便于长期保存,比如可将数字信息存入磁盘、光盘等长期保存。

7. 便于利用自动化设计技术

迅速发展的计算机技术使得数字系统设计完全可以利用自动化设计技术来实现。即直接利用计算机来完成数字电路系统的硬件设计与测试,从而极大地提高了数字电路的设计效率,这是模拟电路设计难以企及的。

8. 功耗小

由于数字电路中的组件均处于开关状态,极大地降低了静态功耗。

数字电路通常是由不同功能的数字电路模块构成的,它们存在着上述模拟电路无法比拟的优势,其应用日益广泛,在整个电路系统中所占的比重也越来越大。随着集成电路制造技术的不断进步和发展,数字系统正在向低功耗、低电压、高速度、高集成度方向迅猛发展。集成电路的成本不断降低,产品类型层出不穷,大量使用大规模数字逻辑功能模块来高效设计数字产品已成为现实。因此在电子信息、通信与计算机工程领域,数字电子技术是一门发展最快、跨学科门类最多、应用最广的学科和实用技术。

1.1.4　数字电路的分析、设计与测试

1. 数字电路的分析方法

数字电路在电路结构、功能和特点等方面均不同于模拟电路,主要研究对象是电路

的输出与输入之间的逻辑关系，因而，数字电路的分析方法与模拟电路完全不同，所采用的分析工具是逻辑代数，表达电路输出与输入的关系主要用真值表、功能表、逻辑表达式或波形图。

随着计算机技术的发展，借助计算机仿真软件，可以更直观、更快捷、更全面地对电路进行分析。不仅可以对数字电路，而且可以对数模混合电路进行仿真分析；不仅可以进行电路的仿真，显示逻辑仿真的波形结果，检查逻辑错误，而且可以考虑器件及连线的延迟时间，进行时序仿真，监测电路中存在的冒险竞争、时序错误等问题。

2. 数字电路的设计方法

数字电路的设计是从给定的逻辑功能要求出发，确定输入、输出变量，选择适当的逻辑器件，设计出符合要求的逻辑电路。设计过程一般有方案的提出、验证和修改三个阶段。设计方式分为传统的设计方式和基于 EDA 软件的设计方式。

传统的硬件电路设计全过程都是由人工完成的，硬件电路的验证和调试是在电路构成后进行的，电路存在的问题只能在验证后发现。如果存在的问题较大，有可能重新设计电路，因而设计周期长，资源浪费大，不能满足大规模集成电路设计的要求。基于 EDA 软件的设计方式是借助于计算机来快速准确地完成电路的设计。设计方案提出后，利用计算机进行逻辑分析、性能分析、时序测试，如果发现错误或方案不理想，可以重复上述过程直至得到满意的电路，然后进行硬件电路的实现。这种方法提高了设计质量，缩短了设计周期，节省了设计费用，提高了产品的竞争力。因此 EDA 软件已成为设计人员不可缺少的有力工具。

3. 数字电路的测试方法

数字电路在正确设计和安装后，必须经过严格的测试方可使用。测试时必须具备下列基本仪器设备。

（1）数字电压表：用来测量电路中各点的电压，并观察其测试结果是否与理论分析一致。

（2）电子示波器：常用来观察电路中各点的波形。一个复杂的数字系统，在主频信号源的激励下，有关逻辑关系可以从波形图中得到验证。逻辑分析仪是一种专用示波器，十分有利于对整体电路各部分之间的逻辑关系进行分析。

1.2　数　　制

计算机和其他数字系统的主要功能是处理信息，因此必须将信息表示成电路能够识别、便于运算或存储的形式。要处理的信息主要有数值信息和非数值信息两大类。用数制来表示数值信息，而非数值信息的表征则采用编码的方法。

1.2.1　常用计数制

数字电路中经常遇到计数问题，鉴于电路的开关特性，在数字系统中多采用二进制

(Binary)，有时用八进制(Octal)和十六进制(Hexadecimal)，而人们最熟悉的却是十进制 (Decimal)。它们之间可以互相转换。

对于任意数制 N，其数学描述均可表示为

$$(S)_N = \sum_{i=n-1}^{-m} a_i \times N^i \tag{1.1}$$

其中，S 表示某个 N 进制数，分别由 N 个符号组合而成；i 表示 S 的位权；n、m 分别表示 S 整数和小数的位数；a_i 表示 S 第 i 位的数码，且必定是上述 N 个符号中的某一个。它的计数原则是逢 N 进一，借一当 N。

1. 十进制

因人类祖先发现了十个手指计数的方法，自然最早地形成了十进制数，并用 0～9 十个符号来表示。它的数学描述如下：

$$(S)_{10} = \sum_{i=n-1}^{-m} a_i \times 10^i \tag{1.2}$$

例如，一个十进制数 123.45 可表示为

$$(123.45)_{10} = 1 \times 10^2 + 2 \times 10^1 + 3 \times 10^0 + 4 \times 10^{-1} + 5 \times 10^{-2}$$

它的计数原则是：逢十进一，借一当十。

2. 二进制

二进制用 0 和 1 两个符号表示。其数学描述为

$$(S)_2 = \sum_{i=n-1}^{-m} a_i \times 2^i \tag{1.3}$$

例如，$(1001.101)_2 = 1 \times 2^3 + 0 \times 2^2 + 0 \times 2^1 + 1 \times 2^0 + 1 \times 2^{-1} + 0 \times 2^{-2} + 1 \times 2^{-3}$。

3. 八进制

八进制用 0～7 八个符号表示。其数学描述为

$$(S)_8 = \sum_{i=n-1}^{-m} a_i \times 8^i \tag{1.4}$$

例如，$(123.45)_8 = 1 \times 8^2 + 2 \times 8^1 + 3 \times 8^0 + 4 \times 8^{-1} + 5 \times 8^{-2}$。

4. 十六进制

十六进制是用 0～9 和 A～F 十六个符号表示。其数学描述为

$$(S)_{16} = \sum_{i=n-1}^{-m} a_i \times 16^i \tag{1.5}$$

例如，$(6AB.CD)_{16} = 6 \times 16^2 + 10 \times 16^1 + 11 \times 16^0 + 12 \times 16^{-1} + 13 \times 16^{-2}$。

注意：在数字电路中，为了区分不同数制所表示的数，可以采用括号加注下标的形式，也可以在数的后面加后缀，如二进制加后缀 B，八进制加后缀 Q(一般不用 O，以免被人误以为是 0)，十进制加后缀 D(常将后缀 D 省略)，十六进制加后缀 H。例如，

$$(123.45)_{10} = 123.45D = 123.45$$

$$(1001.101)_2 = 1001.101B$$

$$(123.45)_8 = 123.45Q$$

$$(6AB.CD)_{16} = 6AB.CDH$$

1.2.2 数制转换

显然，前面介绍的几种常见的数制各有特点。二进制在表示、运算及电路实现方面有其独特的优点，但相对位数较多，不易读写。十进制数与人们对数的习惯认识相吻合，但直接用电路实现（需要十个工作状态，分别表示 0～9 十个数字）是十分困难的。为便于电路实现，首先必须将八、十、十六进制数转换为二进制数；为便于读写，常需要将二进制数转换为八进制、十六进制数；若进一步地为了与人们对数的习惯认识相一致，最终还要转换为十进制数。

通常数制的转换，主要体现在两方面：一方面是十进制数与非十进制数之间的转换；另一方面是二进制数、八进制数和十六进制数三者之间的转换。

1. 十进制数与非十进制数之间的转换

1）十进制数转换为非十进制数

把十进制数转换为 N 进制数的方法为：整数部分除 N 取余数，小数部分乘 N 取整数。

例 1.1 $(26.625)_{10} = (?)_2$。

解：（1）整数部分的转换。

```
2 | 2  6
  2 | 1  3    余 0   ↑低位
    2 | 6     余 1
      2 | 3   余 0
        2 | 1 余 1
          0   余 1   |高位
```

故 $(26)_{10} = (11010)_2$。

（2）小数部分的转换。

$(0.625)_{10} = (?)_2$

```
    0.625
  ×     2
  ─────────
    1.250    整数 1(a₋₁)   高位

    0.250
  ×     2
  ─────────
    0.500    整数 0(a₋₂)

    0.500
  ×     2
  ─────────
    1.000    整数 1(a₋₃)   低位
```

故 $(0.625)_{10} = (0.101)_2$。

所以 $(26.625)_{10} = (11010.101)_2$。

例 1.2 $(26)_{10} = (?)_8$。

```
8 | 2 6
  8 | 3     余 2  ↑ 低位
      0     余 3  | 高位
```

故 $(26)_{10} = (32)_8$。

转换过程中需要注意转换精度。对整数部分而言，都可以实现无误差转换，而小数部分却不然。有些小数如 $(0.33)_{10}$ 转换成二进制数不可能做到无误差转换，但转换位数越多，转换误差越小。在满足精度要求的前提下，转换位数以少为原则。

2）非十进制数转换为十进制数

把 N 进制数转换为十进制数的方法为：按权相加，其和即为等值的十进制数。

例 1.3 $(167)_8 = (?)_{10}$，$(1C4.68)_{16} = (?)_{10}$。

$(167)_8 = 1 \times 8^2 + 6 \times 8^1 + 7 \times 8^0 = 119$

$(1C4.68)_{16} = 1 \times 16^2 + 12 \times 16^1 + 4 \times 16^0 + 6 \times 16^{-1} + 8 \times 16^{-2} = 452.40625$

2. 二进制数、八进制数和十六进制数三者之间的转换

1）二进制数与八进制数之间的转换

因为 $2^3 = 8$，所以 3 位二进制数与 1 位八进制数有直接对应关系，即 3 位二进制数直接可写为 1 位八进制数，1 位八进制数也可直接写为 3 位二进制数。

将二进制数转换为八进制数的方法是：要将二进制整数部分自右至左每 3 位分一组，最后不足 3 位时左边用 0 补足；小数部分自左至右每 3 位分一组，最后不足 3 位时在右边用 0 补足。

将八进制数转换为二进制数时，只需将八进制数的每一位用等值的 3 位二进制数代替就行了。

例 1.4 $(1100010.10111)_2 = (?)_8$，$(63.7)_8 = (?)_2$。

$$\underset{1}{\underline{001}} \quad \underset{4}{\underline{100}} \quad \underset{2}{\underline{010}}. \quad \underset{5}{\underline{101}} \quad \underset{6}{\underline{110}}$$

故

$$(1100010.10111)_2 = (142.56)_8$$
$$(63.7)_8 = (110011.111)_2$$

2）二进制数与十六进制数之间的转换

因为 $2^4 = 16$，所以 4 位二进制数与 1 位十六进制数有直接对应关系，即 4 位二进制数直接可写为 1 位十六进制数，1 位十六进制数也可直接写为 4 位二进制数。

将二进制数转换为十六进制数的方法与二进制数转换为八进制数的方法类似，取 4 位一组，不足 4 位用 0 补足。

将十六进制数转换为二进制数的方法是：将十六进制数的每一位用等值的 4 位二进制数代替。例如，

$$(1100010.11001)_2 = (62.C8)_{16}$$
$$(B3.7)_{16} = (10110011.0111)_2$$

3）八进制数与十六进制数之间的转换

八进制数与十六进制数之间的转换方法是以二进制数为中介，即先将八进制数（或十六进制数）转换为二进制数，然后将二进制数转换为十六进制数（或八进制数）。例如，

$$(B3.7)_{16} = (10110011.0111)_2 = (263.34)_8$$

1.3 码 制

1.3.1 二-十进制编码

不同的数码不仅可以表示数量的不同大小，而且还能用来表示不同的事物。在后一种情况下，这些数码已没有数量大小的含义，只是表示不同事物的代号而已，因此这些用于编码的数码称为代码。

在数字电路中，各种数据要转换为二进制代码才能进行处理，而人们习惯于使用十进制数，输入、输出仍采用十进制数，这样就产生了用 4 位二进制数表示 1 位十进制数的计数方法，这种用于表示十进制数的二进制代码称为二-十进制编码（Binary Coded Decimal），简称为 BCD 码。它具有二进制数的形式以满足数字系统的要求，又具有十进制数的特点（只有 10 种数码状态有效）。因为 4 位二进制数有 16 种状态，而十进制数只需要 10 种，从 16 种状态中选择 10 种，就有多种组合，这样就有多种编码，表 1.1 中列出了几种常见的 BCD 码。

表 1.1 常见的 BCD 码

十 进 制 数	8421 码	2421 码	4421 码	5421 码	余 3 码
0	0000	0000	0000	0000	0011
1	0001	0001	0001	0001	0100
2	0010	0010	0010	0010	0101
3	0011	0011	0011	0011	0110
4	0100	0100	0100	0100	0111
5	0101	0101	0101	1000	1000
6	0110	0110	0110	1001	1001
7	0111	0111	0111	1010	1010
8	1000	1110	1100	1011	1011
9	1001	1111	1101	1100	1100
权	8421	2421	4421	5421	无

常见的 BCD 码有 8421 码、2421 码、4421 码、5421 码和余 3 码。除余 3 码外,其余几个都是有权码,例如 8421 码中从左到右每位的权值分别为 8、4、2 和 1,按权相加即可得该码所表示的十进制数,凡有权码都有这样的特点,而余 3 码的特点是在 8421 码的基础上加 3。

1.3.2　可靠性代码

为了发现和校正错误,提高设备的抗干扰能力,就需采用可靠性代码。常见的可靠性代码有格雷码和奇偶校验码。

1. 格雷码

格雷码又称循环码,格雷码最重要的特点就是任意两个相邻的格雷代码之间,仅有一位不同,其余各位均相同。因此格雷码能在很大程度上避免代码形成、传输过程中出现的差错,即便出现了错码也比较易于发现。

和二进制数相似,格雷码可以拥有任意的位数。典型格雷码构成规则如下:最低位以 0110 为循环节;次低第二位以 0011 1100 为循环节;次低第三位以 00001111 11110000 为循环节,以此类推,可得表 1.2。

表 1.2　格雷码与二进制码关系对照表

十 进 制 数	二 进 制 码	格 雷 码
0	0000	0000
1	0001	0001
2	0010	0011
3	0011	0010
4	0100	0110
5	0101	0111
6	0110	0101
7	0111	0100
8	1000	1100
9	1001	1101
10	1010	1111
11	1011	1110
12	1100	1010
13	1101	1011
14	1110	1001
15	1111	1000

格雷码与二进制码之间经常相互转换,具体方法如下。

（1）二进制码转换为格雷码。

格雷码的最高位与二进制的最高位相同;接着从左到右,逐一将二进制码的两个相邻位相加,作为格雷码的下一位(舍去进位)。注意格雷码和对应的二进制码的位数始终相同。

（2）格雷码转换为二进制码。

二进制的最高位与格雷码的最高位相同;接着将产生的每个二进制码位加上下一相邻位置的格雷码位,作为二进制码的下一位(舍去进位)。注意二进制码和对应的格雷码的位数始终相同。

2. 奇偶校验码

奇偶校验码由两部分组成:一部分是信息码,表示需要传送的信息本身;另一部分是1位校验位,取值为0或1,以使整个代码中1的个数为奇数或偶数。使1的个数为奇数的称奇校验,为偶数的称偶校验。表1.3给出了8421奇偶校验码。

表 1.3　8421 奇偶校验码

十进制数	8421 奇校验码					8421 偶校验码				
	信息码				校验位	信息码				校验位
0	0	0	0	0	1	0	0	0	0	0
1	0	0	0	1	0	0	0	0	1	1
2	0	0	1	0	0	0	0	1	0	1
3	0	0	1	1	1	0	0	1	1	0
4	0	1	0	0	0	0	1	0	0	1
5	0	1	0	1	1	0	1	0	1	0
6	0	1	1	0	1	0	1	1	0	0
7	0	1	1	1	0	0	1	1	1	1
8	1	0	0	0	0	1	0	0	0	1
9	1	0	0	1	1	1	0	0	1	0

1.3.3　字符编码

在计算机的应用过程中,如操作系统命令、各种程序设计语言以及计算机运算和处理信息的输入输出,经常用到某些字母、数字或各种符号,如:英文字母的大、小写;0～9数字符;＋、－、＊、/运算符;＜、＞、＝关系运算符等等。但在计算机内,任何信息都是用代码表示的,因此这些符号也必须要有自己的编码。

用若干位二进制符号表示数字、英文字母命令以及特殊符号叫做字符编码,常用的字符编码是美国国家信息交换标准码(American Standard Code For Information Interchange,简称 ASCII 码),它由 7 位二进制符号 $a_7a_6a_5a_4a_3a_2a_1$ 组成,它共有 128 个代码,可以表示大、小写英文字母、十进制数、标点符号、运算符号、控制符号等。

例如,数字 9 的 ASCII 码为 0111001B 或 39H,英文字母 A 的 ASCII 码为 1000001B 或 41H 等等。

ASCII 码是目前大部分计算机与外部设备交换信息的字符编码。例如,键盘将按键的字符用 ASCII 码表示送入计算机,而计算机将处理好的数据也是用 ASCII 码传送到显示器或打印机。

1.4　二进制数的表示方法及算术运算

1.4.1　二进制数的表示方法

在通用的算术运算中,用"＋"号表示正数,用"－"号表示负数,但在数字电路中,正负数的表示方法为:把一个数的最高位作为符号位,用 0 表示"＋";用 1 表示"－";连同符号位一起作为一个数。常用二进制数的表示方法有原码、反码和补码。

1. 原码表示法

用附加的符号位表示数的正负。符号位加在绝对值最高位之前。通常用符号位的 0 表示正数,用符号位的 1 表示负数,这种表示方法称为二进制的原码表示法。原码表示法虽然简单易懂,但在计算机中使用起来并不方便。如果进行两个异号数原码的加法运算,必须先判别两个数的大小,然后从大数中减去小数,最后,还要判断结果的符号位,这样就增加了运算时间。事实上,在数字系统中更为适合的方法是采用补码表示法,而一个数的补码可以通过其反码获得。

例如,十进制的 ＋8 和 －8 的原码可分别写成

十进制数	＋	8		－	8
二进制原码	0	1000		1	1000
	↑			↑	
	符号位			符号位	

因此,整数原码的定义为

$$[X]_{原码} = \begin{cases} X, & 0 \leqslant X < 2^n \\ 2^n - X, & -2^n < X < 0 \end{cases} \tag{1.6}$$

2. 反码表示法

反码的符号位表示法与原码相同,即符号 0 表示正数,1 表示负数。与原码不同的是数值部分,即正数反码的数值与原码数值相同,而负数反码的数值是原码的数值按位求反。

例如,十进制的 ＋10 和 －10 的原码、反码可分别写成

十进制数	＋	10	－	10
二进制原码	0	1010	1	1010
二进制反码	0	1010	1	0101

　　　　　　　↑　　　　　　　↑
　　　　　符号位　　　　符号位

3. 补码表示法

在补码表示法中，正数的补码与原码和反码的表示相同。但是对于负数，从原码到补码的表示规则是：符号位保持不变，数值部分则是按位求反，最低位加1，或简称"求反加1"。

1）整数补码
整数补码的定义是：

$$[X]_{补码} = \begin{cases} X, & 0 \leqslant X < 2^n \\ 2^{n+1} + X, & -2^n < X < 0 \end{cases} \tag{1.7}$$

例如，十进制的＋6 和－6 的原码、反码、补码可分别写成

十进制数	＋	6	－	6
二进制原码	0	110	1	110
二进制反码	0	110	1	001
二进制补码	0	110	1	001＋1＝010

　　　　　　　↑　　　　　　　↑
　　　　　符号位　　　　符号位

4 位有符号二进制数的原码、反码和补码表示法如表 1.4 所示。

表 1.4   四位有符号数的表示

$A_3A_2A_1A_0$	原码	反码	补码	$A_3A_2A_1A_0$	原码	反码	补码
0111	＋7	＋7	＋7	1000	－0	－7	－8
0110	＋6	＋6	＋6	1001	－1	－6	－7
0101	＋5	＋5	＋5	1010	－2	－5	－6
0100	＋4	＋4	＋4	1011	－3	－4	－5
0011	＋3	＋3	＋3	1100	－4	－3	－4
0010	＋2	＋2	＋2	1101	－5	－2	－3
0001	＋1	＋1	＋1	1110	－6	－1	－2
0000	＋0	＋0	＋0	1111	－7	－0	－1

从表 1.4 中可以看到，4 位二进制数有 16 种组合。原码和反码表示法能够表示数的范围是－7～＋7；0 的表示不是唯一的。＋0 和－0 有不同的编码。而在补码的表示方法中数的表示范围是＋8～－7，能够表示 16 个不同的数，0 的表示却是唯一的。

例 1.5　求二进制数 $X=+1011, Y=-1011$ 在 8 位存储器中的原码、反码和补码的表示形式。

解：无论是原码、反码和补码形式，8 位存储器的最高位为符号位，其他位则是数值部分的编码表示。在数值部分中，对于正数，原码、反码和补码按位相同；而对于负数，反码是原码的按位求反，补码则是原码的按位求反加 1。所以，二进制数 X 和 Y 的原码、反码和补码分别表示如下：

$$[X]_{原码} = 00001011, [X]_{反码} = 00001011, [X]_{补码} = 00001011$$
$$[Y]_{原码} = 10001011, [Y]_{反码} = 11110100, [Y]_{补码} = 11110101$$

2）定点小数补码

定点小数（二进制小数）补码的定义是：

$$[X]_{补码} = \begin{cases} X, & 0 \leqslant X < 2^n \\ 2^{n+1} + X, & -2^n < X < 0 \end{cases} \tag{1.8}$$

例 1.6　求 $X_1=+0.101\ 1011, X_2=-0.101\ 1011$ 的补码。

$$[X_1]_{补码} = 0.101\ 1011, [X_2]_{补码} = 2 + (-0.101\ 1011)$$
$$= 10 - 0.101\ 1011 = 1.010\ 0101$$

1.4.2　二进制数的算术运算

在数字电路中，0 和 1 既可以表示逻辑状态，又可以表示数量的大小。当表示数量时，可以进行算术运算。

二进制数算术运算的特点是：加、减、乘、除全部可以用相加和移位这两种操作来实现，简化了电路结构，因此在数字电路中普遍采用二进制数进行运算。

1. 基于原码的运算

在使用原码进行二进制运算时，原码中的符号位不参加运算。同符号数相加做加法，不同符号数相加做减法。

2. 基于反码的运算

在使用反码进行二进制运算时，符号位和数值一起参加运算，如果符号位产生了进位，则此进位应加到和数的最低位，称为循环进位。

$$[X+Y]_{反码} = [X]_{反码} + [Y]_{反码}, [X-Y]_{反码} = [X]_{反码} + [-Y]_{反码}$$

3. 基于补码的运算

在使用补码进行二进制运算时，符号位和数值一起参加运算，不单独处理。

$$[X+Y]_{补码} = [X]_{补码} + [Y]_{补码}, [X-Y]_{补码} = [X]_{补码} + [-Y]_{补码}$$

例 1.7　设 $X=+101\ 1101, Y=+001\ 1010$，求 $Z=X-Y$。

解：（1）基于原码的运算。

$[X]_{原码}=0101\ 1101, [Y]_{原码}=0001\ 1010$，因为 $|X|>|Y|$，所以 X 做被减数，Y 做减

数，差值为正。

$$
\begin{array}{r}
0\ 1\ 0\ 1\ 1\ 1\ 0\ 1 \\
-\quad 0\ 0\ 0\ 1\ 1\ 0\ 1\ 0 \\
\hline
0\ 1\ 0\ 0\ 0\ 0\ 1\ 1
\end{array}
$$

即$[Z]_{原码}=0100\ 0011$，其真值为$+100\ 0011$。

（2）基于反码的运算。

$$[X]_{反码}=0101\ 1101,[-Y]_{反码}=1110\ 0101$$

$$
\begin{array}{r}
0\ 1\ 0\ 1\ 1\ 1\ 0\ 1 \\
+\quad 1\ 1\ 1\ 0\ 0\ 1\ 0\ 1 \\
\hline
(1)\quad 0\ 1\ 0\ 0\ 0\ 0\ 1\ 0
\end{array}
$$

由于运算过程中，符号位产生了进位，因此需要将此进位加到和数的最低位，即

$$
\begin{array}{r}
(1)\quad 0\ 1\ 0\ 0\ 0\ 0\ 1\ 0 \\
+\quad\qquad\qquad 1 \\
\hline
0\ 1\ 0\ 0\ 0\ 0\ 1\ 1
\end{array}
$$

即$[Z]_{反码}=0100\ 0011$，其真值为$+100\ 0011$。

从运算过程可见，反码加法运算后，需判断是否需要做循环进位运算，而循环进位运算又相当于一次加法运算，因此会影响运算器的运算速度。

（3）基于补码的运算。

$$[X]_{补码}=0101\ 1101,[-Y]_{补码}=1110\ 0110$$

$$
\begin{array}{r}
0\ 1\ 0\ 1\ 1\ 1\ 0\ 1 \\
+\quad 1\ 1\ 1\ 0\ 0\ 1\ 1\ 0 \\
\hline
(1)\quad 0\ 1\ 0\ 0\ 0\ 0\ 1\ 1
\end{array}
$$

补码运算时，符号位和数值位一起参加运算，若符号位产生进位，则将进位位舍弃，不用做循环进位运算，即$[Z]_{补码}=0100\ 0011$，其真值为$+100\ 0011$。

补码运算由于不需要进行进位判别，从而简化了电路设计，给运算带来方便。

1.5　逻辑代数的运算

1849 年，英国数学家乔治·布尔（George Boole）首先提出了描述客观事物逻辑关系的数学方法，即逻辑代数，又称布尔代数。

1.5.1　逻辑变量与逻辑函数

事物往往存在两种对立的状态，如电灯的亮与暗、开关的通与断、电平的高与低等。在逻辑代数中，为了描述事物两种对立的逻辑状态，采用的是仅有两个取值的变量。这种变量称为逻辑变量。

逻辑变量与普通代数变量一样，都用字母表示。但是，它和普通代数变量有着本质的区别，逻辑变量的取值只有两种，即逻辑 0 和逻辑 1，0 和 1 称为逻辑常量，它们并不表示数量的大小，而是表示两种对立的逻辑状态。

如果以逻辑变量作为输入，以运算结果作为输出，那么当输入变量的值确定之后，输

出的值便被唯一地确定下来。这种输出与输入之间的关系就称为逻辑函数关系,简称为逻辑函数,可以用公式表示为: $Y=F(A,B,C,\cdots)$。这里的 A、B、C 为逻辑变量,Y 为逻辑函数,F 为某种对应的逻辑关系。

由于变量和输出(函数)的取值只有 0 和 1 两种状态,所以讨论的都是二值逻辑函数。任何一件具有因果关系的事情都可以用一个逻辑函数来表示。

1.5.2　三种基本逻辑运算

逻辑代数的基本运算有与、或、非 3 种。下面结合指示灯控制电路的实例分别讨论。

1. 与运算

图 1.3 给出了指示灯的两开关串联控制电路。由图可知,只有开关 A 与开关 B 全部闭合,指示灯 F 才会亮;否则指示灯不亮。

由此得到这样的逻辑关系: 只有决定事物结果(灯亮)的若干条件(开关 A 和 B 闭合)全部满足时,结果才会发生。这种条件和结果的关系称为逻辑与。

在逻辑代数中,把逻辑变量之间的逻辑与关系称为与运算,也叫逻辑乘,并用符号“·”表示“与”。因此,输入量 A、B 与输出量 F 的与逻辑关系可写成:

$$F = A \cdot B \tag{1.9}$$

这里“·”在表达式中常被省略。

在逻辑代数中,逻辑关系除了可以用逻辑函数表达式表示外,还可以用真值表和逻辑符号表示。这里若用 1 表示开关闭合和灯亮,用 0 表示开关断开和灯不亮,则可得到表 1.5。这种用逻辑变量的真正取值反映逻辑关系的表格称为逻辑真值表,简称真值表。

表 1.5　与逻辑真值表

A	B	F
0	0	0
0	1	0
1	0	0
1	1	1

为了方便数字逻辑电路的分析与设计,各种逻辑运算还可用逻辑符号表示,与逻辑的逻辑符号如图 1.4 所示。

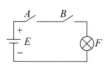

图 1.3　串联开关电路

IEC标准与
门逻辑符号　　IEEE标准与
门逻辑符号

图 1.4　与逻辑符号 *

---

*　说明:矩形框的符号是 IEC 标准符号,另一种符号是 IEEE 标准符号,为了与后续软件接轨,故采用 IEEE 标准符号!

2. 或运算

图 1.5 给出了指示灯的两开关并联控制电路。由图可知，开关 A 或开关 B，只要有一个闭合，指示灯 F 就亮，否则指示灯不亮。

由此得到另一种逻辑关系：在决定事物结果（灯亮）的若干条件（开关 A 和 B 闭合）中，只要满足一个或一个以上条件时，结果就会发生。这种因果关系称为逻辑或，也叫或逻辑关系。

在逻辑代数中，把逻辑变量之间的或逻辑关系称为或运算，也叫逻辑加，并用符号"＋"表示"或"。因此输入量 A、B 与输出量 F 的或逻辑关系可写成：

$$F = A + B \tag{1.10}$$

按照前述假设，用二值逻辑变量可以列出或逻辑的真值表，如表 1.6 所示。或逻辑关系也可以用逻辑符号表示，图 1.6 为或逻辑符号。

表 1.6　或逻辑真值表

A	B	F
0	0	0
0	1	1
1	0	1
1	1	1

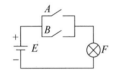

图 1.5　并联开关电路

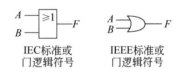

IEC标准或　　　IEEE标准或
门逻辑符号　　　门逻辑符号

图 1.6　或逻辑符号

3. 非运算

非运算又称逻辑反。由图 1.7 所示电路可知，当开关 A 闭合时，指示灯不亮；而当开关 A 断开时，指示灯亮。

它所反映的逻辑关系是：当条件（开关 A 闭合）满足时，结果（灯亮）不发生；而当条件不满足时，结果才发生。这种因果关系成为逻辑非，也叫非逻辑关系。

输入量 A 与输出量 F 的非逻辑关系可写成：

$$F = \overline{A} \tag{1.11}$$

这里"‾"表示"非"的意思，读作"非"或"反"。其真值表如表 1.7 所示，符号如图 1.8 所示。

图 1.7　表示非逻辑的开关电路　　　　图 1.8　非逻辑符号

IEC标准非　　　IEEE标准非
门逻辑符号　　　门逻辑符号

表 1.7　非逻辑真值表

A	F	A	F
0	1	1	0

1.5.3　复合逻辑运算

任何复杂的逻辑运算都可以由与、或、非三种基本运算组合而成。在实际应用中为了减少逻辑门的数目,使数字电路的设计更方便,还常常使用其他几种常用逻辑运算。

1. 与非运算

与非运算是由与运算和非运算组合而成,真值表如表 1.8 所示,逻辑符号如图 1.9 所示。逻辑表达式可写成

$$F = \overline{AB} \tag{1.12}$$

表 1.8　与非逻辑真值表

A	B	F
0	0	1
0	1	1
1	0	1
1	1	0

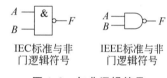

图 1.9　与非逻辑符号

2. 或非运算

或非运算是由或运算和非运算组合而成,真值表如表 1.9 所示,逻辑符号如图 1.10 所示。逻辑表达式可写成

$$F = \overline{A + B} \tag{1.13}$$

表 1.9　或非逻辑真值表

A	B	F
0	0	1
0	1	0
1	0	0
1	1	0

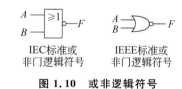

图 1.10　或非逻辑符号

3. 异或运算

异或运算是一种两变量逻辑运算,当两个变量取值相同时,逻辑函数值为 0;当两个变量取值不同时,逻辑函数值为 1。异或的真值表如表 1.10 所示,逻辑符号如图 1.11 所示。逻辑表达式可写成

$$F = \overline{A}B + A\overline{B} = A \oplus B \tag{1.14}$$

表 1.10　异或逻辑真值表

A	B	F
0	0	0
0	1	1
1	0	1
1	1	0

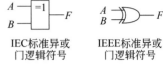

IEC标准异或　　　IEEE标准异或
门逻辑符号　　　门逻辑符号

图 1.11　异或逻辑符号

4. 同或运算

同或和异或的逻辑刚好相反：当两个输入信号相同时，输出为 1；当两个输入信号不同时，输出为 0。真值表和逻辑符号分别如表 1.11 和图 1.12 所示。逻辑表达式为

$$F = \overline{A}\,\overline{B} + AB = A \odot B \tag{1.15}$$

表 1.11　同或逻辑真值表

A	B	F
0	0	1
0	1	0
1	0	0
1	1	1

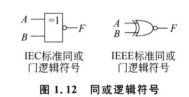

IEC标准同或　　　IEEE标准同或
门逻辑符号　　　门逻辑符号

图 1.12　同或逻辑符号

1.6　逻辑代数的基本定律和基本运算规则

1.6.1　逻辑代数的基本定律

根据逻辑代数的变量取值非 0 即 1 以及 3 种基本逻辑运算的定义，可得出如下一些基本定律：

0-1 律　　(1) $A \cdot 0 = 0$　　　　　　　　　　(2) $A + 1 = 1$

自等律　　(3) $A \cdot 1 = A$　　　　　　　　　　(4) $A + 0 = A$

重叠律　　(5) $A \cdot A = A$　　　　　　　　　　(6) $A + A = A$

互补律　　(7) $A \cdot \overline{A} = 0$　　　　　　　　　　(8) $A + \overline{A} = 1$

还原律　　(9) $\overline{\overline{A}} = A$

交换律　　(10) $A \cdot B = B \cdot A$　　　　　　　(11) $A + B = B + A$

结合律　　(12) $A \cdot (B \cdot C) = (A \cdot B) \cdot C$　　(13) $A + (B + C) = (A + B) + C$

分配律　　(14) $A \cdot (B + C) = AB + AC$　　(15) $A + BC = (A + B) \cdot (A + C)$

公式(15) $A + BC = (A + B) \cdot (A + C)$

证明：

$$(A + B) \cdot (A + C) = AA + AB + AC + BC$$
$$= A + AB + AC + BC$$
$$= A(1 + B + C) + BC = A + BC$$

吸收律　　（16）$A+AB=A$　　　　　　　（17）$A(A+B)=A$

　　　　　（18）$A(\overline{A}+B)=AB$　　　　　（19）$A+\overline{A}B=A+B$

　　　　　（20）$AB+A\overline{B}=A$　　　　　　（21）$(A+B)(A+\overline{B})=A$

公式（17）$A(A+B)=A$

证明：$A(A+B)=AA+AB=A+AB=A(1+B)=A$

公式（19）$A+\overline{A}B=A+B$

证明：$A+\overline{A}B=(A+\overline{A})(A+B)=A+B$

公式（21）$(A+B)(A+\overline{B})=A$

证明：$(A+B)(A+\overline{B})=AA+A\overline{B}+A\overline{B}+B\overline{B}=A+AB+A\overline{B}=A(1+B+\overline{B})=A$

反演律（摩根定理）　（22）$\overline{A \cdot B}=\overline{A}+\overline{B}$　　（23）$\overline{A+B}=\overline{A} \cdot \overline{B}$

证明：按 A、B 所有可能的取值情况列出真值表，如表 1.12 所示。将表中的第 5 列和第 6 列进行比较，第 7 列和第 8 列进行比较，可见等式两边的真值表相同，故摩根定理等式成立。

表 1.12　摩根定理的证明

A	B	$\overline{A}$	$\overline{B}$	$\overline{A \cdot B}$	$\overline{A}+\overline{B}$	$\overline{A+B}$	$\overline{A} \cdot \overline{B}$
0	0	1	1	1	1	1	1
0	1	1	0	1	1	0	0
1	0	0	1	1	1	0	0
1	1	0	0	0	0	0	0

1.6.2　逻辑代数的基本运算规则

除了前面介绍的基本定律外，逻辑代数还有 3 项基本运算规则，利用这些规则，可使基本定律的应用更加灵活有效。

1. 代入规则

在任何一个含有逻辑变量 A 的等式中，如果将所有出现 A 的位置都代之以一个逻辑函数 F，则等式仍成立。这个规则称为代入规则。

因为任何一个逻辑函数，也和任何一个逻辑变量一样，非 0 即 1，所以代入后等式依然成立。利用代入规则可以扩展公式和证明恒等式。

例如，将函数 $F=BC$ 代入等式 $\overline{AB}=\overline{A}+\overline{B}$ 中的 B，则可得

$$\overline{A(BC)}=\overline{A}+\overline{BC}=\overline{A}+\overline{B}+\overline{C}$$

据此，可将反演律推广到 n 个变量。即

$$\overline{A_1+A_2+\cdots+A_n}=\overline{A_1}\ \overline{A_2}\cdots\overline{A_n}$$

$$\overline{A_1 A_2 \cdots A_n}=\overline{A_1}+\overline{A_2}+\cdots+\overline{A_n}$$

反演律能将表达式在与和或之间实现转换，所以是一条很重要的定律。

2. 反演规则

对于任意一个逻辑函数 F，若把式中所有的原变量变为反变量，反变量变为原变量；

"·"变成"+"，"+"变成"·"；0变成1,1变成0,并保持原来的运算顺序,则得到的结果就是 $\overline{F}$ 。这就是反演规则。

利用反演规则,可以容易地求出一个函数的反函数。摩根定理就是反演规则的一个特例,所以它又称为反演律。

在使用反演规则时必须要注意以下两个问题：

(1) 要遵循"先括号,然后与,最后或"的运算优先次序；

(2) 不属于单个变量上的非号应保留不变。

例 1.8   求函数 $F = A(B+C) + \overline{CD}$ 的反函数。

解：根据反演规则可写出：

$$\overline{F} = (\overline{A} + \overline{BC})(\overline{\overline{C} + \overline{D}})$$
$$= (\overline{A} + \overline{BC})CD$$
$$= \overline{A}CD + \overline{BC}CD = \overline{A}CD$$

3. 对偶规则

将任一逻辑函数 F 中所有"+"变成"·"，"·"变成"+"；0变成1,1变成0；变量保持不变,则得到的新函数 F' 即为原函数的对偶函数。对偶是相互的,也就是说, F' 的对偶函数为 F 。

如果两个逻辑函数式相等,则它们的对偶式也相等,这就是对偶规则。

对偶规则的用途也比较广泛。经常应用于函数表达式的变换和等式的证明之中。

例如,因为 $A(\overline{A}+B) = AB$,所以 $A+\overline{A}B = A+B$ 。

同反演规则一样,逻辑函数在利用对偶规则进行变换时要注意保持原式运算的先后顺序不变。

1.7   逻辑函数的表示方法及标准形式

1.7.1   逻辑函数的表示方法

常用的逻辑函数表示方法有逻辑真值表(简称真值表)、逻辑函数式(也称逻辑式或函数式)、逻辑图和卡诺图等。本节只举例介绍前面3种方法,用卡诺图表示逻辑函数的方法将在后面专门介绍。

举例说明：在举重比赛中有3个裁判员,规定只要两个或两个以上的裁判员认为成功,试举成功；否则试举失败。

可以将3个裁判员作为3个输入变量,分别用 A 、B 、C 来表示,并且1表示该裁判员认为成功,0表示该裁判员认为不成功。F 作为输出的逻辑函数, $F=1$ 表示试举成功, $F=0$ 表示试举失败。下面分别用3种方法表示逻辑函数。

1. 逻辑真值表

真值表是用一个表格表示逻辑函数的一种方法。表的左边部分列出所有变量的取值的组合,表的右边部分是在各种变量取值组合下对应的函数的取值。

对于一个确定的逻辑函数,它的真值表是唯一的。

列写真值表的具体方法是:将输入变量所有的取值组合列在表的左边,分别求出对应的输出的值(即函数值),填在对应的位置上就可以得到该逻辑关系的真值表。

按照"举重判决"的逻辑要求可列出如表 1.13 所示的真值表。

表 1.13　"举重裁判"逻辑关系真值表

A	B	C	F
0	0	0	0
0	0	1	0
0	1	0	0
0	1	1	1
1	0	0	0
1	0	1	1
1	1	0	1
1	1	1	1

真值表表示逻辑函数的优点是:

(1) 可以直观、明了地反映出函数值与变量取值之间的对应关系;

(2) 由实际逻辑问题列写出真值表比较容易。

缺点是:

(1) 由于一个变量有两种取值,两个变量有 $2^2=4$ 种取值组合,n 个变量有 2^n 种取值组合。因此变量多时(5 个以上)真值表太庞大,显得过于烦琐。所以一般情况下多于四变量时不用真值表表示逻辑函数;

(2) 不能直接用于化简。

2. 逻辑函数式

逻辑函数式是将逻辑变量用与、或、非等运算符号按一定规则组合起来表示逻辑函数的一种方法。它书写方便、形式简洁、便于推演变换和用逻辑符号表示。

例如"举重判决"函数关系可以表示为:

$$F = \overline{A}BC + A\overline{B}C + AB\overline{C} + ABC \tag{1.16}$$

式(1.16)的每一项中变量之间为逻辑乘,所以每一项称为一个乘积项。而表达式 4 个乘积项之间为"或"的逻辑关系,上式称为"与-或"表达式。

逻辑函数式表示法的优点是:

(1) 简洁方便,容易记忆;

(2) 可以直接用公式法化简逻辑函数(不受变量个数的限制);

(3) 便于用逻辑图实现逻辑函数。

缺点是:不能直观地反映出输出变量与输入变量之间的一一对应的逻辑关系。

3. 逻辑图表示法

逻辑图是用逻辑符号表示逻辑函数的一种方法。

每一个逻辑符号就是一个最简单的逻辑图。为了画出表示"举重判决"的逻辑图只要用逻辑符号来代替式(1.16)中的运算符号即可得到如图 1.13 所示的逻辑图。

用逻辑图表示逻辑函数的优点是：最接近工程实际，图中每一个逻辑符号通常都有相应的门电路与之对应。

它的缺点是：

(1) 不能用于化简；

(2) 不能直观地反映出输出变量与输入变量之间的对应关系。

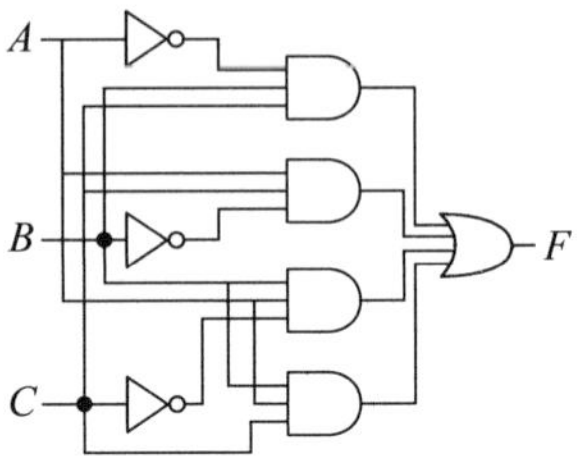

图 1.13 "举重裁判"逻辑图

每一种表示方法都有其优点和缺点。表示逻辑函数时应该视具体情况合理的运用。

4. 逻辑函数表示方法之间的转换

既然同一个逻辑函数可以用 3 种不同的方法表示，那么这 3 种方法之间必然能相互转换。

一般来说，有了逻辑真值表，先要写出逻辑函数式，然后才能画逻辑图。

由真值表转换成逻辑函数式的方法是：

(1) 找出使逻辑函数值 $F=1$ 的行，每一行用一个乘积项表示。其中变量取值为 1 时用原变量表示；变量取值为 0 时用反变量表示。

(2) 将所有的乘积项进行或运算，即可以得到 F 的逻辑函数式。

例如，由表 1.13"举重判决"真值表列写表达式。

表中输入变量 ABC 为以下 4 种情况时 F 为 1：011、101、110、111。按照取值为 1 写成对应原变量，取值为 0 写成对应反变量的规则，4 个乘积项为：$\overline{A}BC$、$A\overline{B}C$、$AB\overline{C}$、ABC。因此 F 的逻辑函数式应当等于 4 个乘积项的"或"运算，即：$F = \overline{A}BC + A\overline{B}C + AB\overline{C} + ABC$。

有了逻辑函数式即可对应画出如图 1.13 所示的逻辑图。

1.7.2 逻辑函数的两种标准形式

用逻辑函数式表示逻辑函数时，逻辑函数有两种标准形式，其一为最小项之和的形式；其二为最大项之积的形式。

1. 最小项与最小项之和的形式

1）最小项

在 n 个变量的逻辑函数中，如果 m 是包含 n 个变量的乘积项，而且这 n 个变量均以原变量或反变量的形式在 m 中出现且仅出现一次，则称 m 为该组变量的最小项。

例如,两个变量 A、B 的最小项有 $\overline{A}\,\overline{B}$、$\overline{A}B$、$A\overline{B}$、$AB$ 共 2^2 个。3 个变量 A、B、C 的最小项有 $\overline{A}\,\overline{B}\,\overline{C}$、$\overline{A}\,\overline{B}C$、$\overline{A}B\overline{C}$、$\overline{A}BC$、$A\overline{B}\,\overline{C}$、$A\overline{B}C$、$AB\overline{C}$、$ABC$ 共有 2^3 个。n 个变量的最小项应有 2^n。

输入变量的每一组取值都使一个对应的最小项的值等于 1,例如在三变量 A、B、C 的最小项中,当 $A=1$,$B=0$,$C=1$ 时,$A\overline{B}C=1$。为了使用方便,需要将最小项进行编号,记作 m_i。方法是:将变量取值组合对应的十进制数作为最小项的编号。例如,三变量 A、B、C 的最小项 $A\overline{B}C$ 的取值为 101,所对应的十进制数为 5,所以 $A\overline{B}C$ 的编号为 m_5。按照这一约定,就得到了三变量最小项的编号表,如表 1.14 所示。

表 1.14　3 个变量最小项的表

变量取值	最　小　项							
ABC	$\overline{A}\,\overline{B}\,\overline{C}$	$\overline{A}\,\overline{B}C$	$\overline{A}B\overline{C}$	$\overline{A}BC$	$A\overline{B}\,\overline{C}$	$A\overline{B}C$	$AB\overline{C}$	ABC
000	1	0	0	0	0	0	0	0
001	0	1	0	0	0	0	0	0
010	0	0	1	0	0	0	0	0
011	0	0	0	1	0	0	0	0
100	0	0	0	0	1	0	0	0
101	0	0	0	0	0	1	0	0
110	0	0	0	0	0	0	1	0
111	0	0	0	0	0	0	0	1
编号	m_0	m_1	m_2	m_3	m_4	m_5	m_6	m_7

从最小项的定义出发可以证明它具有如下的重要性质:

(1) 在输入变量的任何取值组合下,必有一个且仅有一个最小项的值为 1。

(2) 全体最小项之和为 1,即 $\sum (m_0,m_1,m_2,m_3,m_4,m_5,m_6,m_7)=1$。

(3) 任意两个最小项的乘积为 0,即 $m_i m_j=0(i\neq j)$。

(4) 具有相邻性的两个最小项之和可以合并成一个乘积项,合并后可以消去一个取值互补的变量,留下取值不变的变量。

所谓相邻,是指如果两个最小项只有一个变量互为相反变量,其余变量均相同,则称这两个最小项在逻辑上是相邻的,又称逻辑上的相邻性。例如,ABC 和 $AB\overline{C}$ 两个最小项中除变量 C 互为相反变量不同外,A、B 两变量均相同,所以 ABC 和 $AB\overline{C}$ 是相邻项。这两个最小项相加时定能合并成一项并将一对互为反变量的不同的因子消去,即 $ABC+AB\overline{C}=AB(C+\overline{C})=AB$。

2) 最小项之和的形式

每个乘积项都是最小项的与或表达式,称为标准与或表达式,也称为最小项之和表达式。

如果一个逻辑函数式的每一项都是最小项,则这个逻辑函数式称为最小项之和表达式,否则不是最小项之和表达式。

利用基本公式 $A+\overline{A}=1$ 可以把任何一个逻辑函数化成最小项之和的标准形式。

例 1.9 将逻辑函数 $F=AB+\bar{C}$ 化成最小项之和的标准形式。

$$F=AB+\bar{C}$$
$$=AB(C+\bar{C})+(A+\bar{A})(B+\bar{B})\bar{C}$$
$$=\bar{A}\bar{B}\bar{C}+\bar{A}B\bar{C}+A\bar{B}\bar{C}+AB\bar{C}+ABC$$
$$=m_0+m_2+m_4+m_6+m_7$$

2. 最大项与最大项之积的形式

1）最大项

在 n 个变量的逻辑函数中，如果 M 是 n 个变量之和，而且这 n 个变量均以原变量或反变量的形式在 M 中出现且仅出现一次，则称 M 为该组变量的最大项。

例如，两个变量 A、B 的最大项有 $(\bar{A}+\bar{B})$、$(\bar{A}+B)$、$(A+\bar{B})$、$(A+B)$ 共 2^2 个。3 个变量 A、B、C 的最大项有 $(\bar{A}+\bar{B}+\bar{C})$、$(\bar{A}+\bar{B}+C)$、$(\bar{A}+B+\bar{C})$、$(\bar{A}+B+C)$、$(A+\bar{B}+\bar{C})$、$(A+\bar{B}+C)$、$(A+B+\bar{C})$、$(A+B+C)$ 共有 2^3 个。n 个变量的最大项应有 2^n 个。

输入变量的每一组取值都使一个对应的最大项的值等于 0，例如，在三变量 A、B、C 的最大项中，当 $A=1$，$B=0$，$C=1$ 时，$(\bar{A}+B+\bar{C})=0$。为了使用方便，需要将最大项进行编号，记作 M_i。方法是：将变量取值组合对应的十进制数作为最大项的编号。例如，三变量 A、B、C 的最大项 $(\bar{A}+B+\bar{C})$ 的取值为 101，所对应的十进制数为 5，所以 $(\bar{A}+B+\bar{C})$ 的编号为 M_5。按照这一约定，就得到了三变量最大项的编号表，如表 1.15 所示。

表 1.15 3 个变量最大项的表

变量取值	最　　大　　项							
ABC	$A+B+C$	$(A+B+\bar{C})$	$(A+\bar{B}+C)$	$(A+\bar{B}+\bar{C})$	$(\bar{A}+B+C)$	$(\bar{A}+B+\bar{C})$	$(\bar{A}+\bar{B}+C)$	$(\bar{A}+\bar{B}+\bar{C})$
000	0	1	1	1	1	1	1	1
001	1	0	1	1	1	1	1	1
010	1	1	0	1	1	1	1	1
011	1	1	1	0	1	1	1	1
100	1	1	1	1	0	1	1	1
101	1	1	1	1	1	0	1	1
110	1	1	1	1	1	1	0	1
111	1	1	1	1	1	1	1	0
编号	M_0	M_1	M_2	M_3	M_4	M_5	M_6	M_7

从最大项的定义出发可以证明它具有如下的重要性质：

（1）在输入变量的任何取值组合下，必有一个且仅有一个最大项的值为 0。

（2）全体最大项之积为 0，即 $\prod(M_0, M_1, M_2, M_3, M_4, M_5, M_6, M_7)=0$。

（3）任意两个最大项之和为 1，即 $M_i+M_j=1(i\neq j)$。

（4）只有一个变量不同的两个最大项的乘积等于各相同变量之和。

将表 1.14 和表 1.15 对比可发现，最大项和最小项之间存在如下关系：

$$M_i=\bar{m}_i$$

例如,$m_5=A\bar{B}C$,则 $\overline{m_5}=\overline{A\bar{B}C}=\bar{A}+B+\bar{C}=\bar{A}+B+\bar{C}=M_5$。

　　2) 最大项之积的形式

　　每个或项都是最大项的或与表达式,称为标准或与表达式,也称为最大项之积表达式。

　　可以证明,任何一个逻辑函数都可以化成最大项之积的标准形式。

　　证明:假设给定逻辑函数为 $F=\sum m_i$,则 $\sum m_i$ 以外的那些最小项之和必为 $\bar{F}$,即

$$\bar{F}=\sum_{k\neq i}m_k$$

则有

$$F=\overline{\sum_{k\neq i}m_k}=\prod_{k\neq i}\overline{m_k}=\prod_{k\neq i}M_k$$

　　以上证明过程说明,如果已知逻辑函数为 $F=\sum m_i$ 时,定能将 F 化成编号为 i 以外的那些最大项的乘积。

　　例 1.10　将逻辑函数 $F=AB+\bar{C}$ 化成最大项之积的标准形式。

　　解:例 1.9 已经得到了它的最小项之和的形式为

$$F=\sum_i m_i(i=0,2,4,6,7)$$

所以有

$$F=\prod_{k\neq i}M_k=M_1M_3M_5=(A+B+\bar{C})(A+\bar{B}+\bar{C})(\bar{A}+B+\bar{C})$$

1.8　逻辑函数的化简

1.8.1　公式化简法

　　所谓公式化简法,就是运用逻辑代数中的基本定律、恒等式和基本规则进行化简。常用的手段有以下几种。

1. 并项法

　　利用 $A+\bar{A}=1$,两项合并为一项,消去一个变量。

　　例 1.11　化简函数 $F=ABC+A\bar{B}\bar{C}+AB\bar{C}+A\bar{B}C$。

$$\begin{aligned}F&=ABC+A\bar{B}\bar{C}+AB\bar{C}+A\bar{B}C\\&=(ABC+AB\bar{C})+(A\bar{B}\bar{C}+A\bar{B}C)\\&=AB(C+\bar{C})+A\bar{B}(\bar{C}+C)\\&=AB+A\bar{B}\\&=A(B+\bar{B})=A\end{aligned}$$

2. 配项法

　　利用 $A+A=A$ 或 $A+\bar{A}=1$,将某些项一拆为多(即加重复项)或乘以 $(A+\bar{A})$,可将

函数进一步化简。

例 1.12 化简函数 $F = \overline{A}BC + AB\overline{C} + ABC$。

$$
\begin{aligned}
F &= \overline{A}BC + AB\overline{C} + ABC \\
&= \overline{A}BC + AB\overline{C} + ABC + ABC \\
&= (\overline{A}BC + ABC) + (AB\overline{C} + ABC) \\
&= (\overline{A} + A)BC + AB(\overline{C} + C) \\
&= BC + AB
\end{aligned}
$$

例 1.13 化简函数 $F = A\overline{B} + B\overline{C} + \overline{B}C + \overline{A}B$。

$$
\begin{aligned}
F &= A\overline{B} + B\overline{C} + \overline{B}C + \overline{A}B \\
&= A\overline{B}\,(C + \overline{C}) + B\overline{C}\,(A + \overline{A}) + \overline{B}C + \overline{A}B \\
&= A\overline{B}C + A\overline{B}\overline{C} + AB\overline{C} + \overline{A}B\overline{C} + \overline{B}C + \overline{A}B \\
&= (A\overline{B}C + \overline{B}C) + (A\overline{B}\overline{C} + AB\overline{C}) + (\overline{A}B\overline{C} + \overline{A}B) \\
&= \overline{B}C\,(A + 1) + A\overline{C}\,(\overline{B} + B) + \overline{A}B\,(\overline{C} + 1) \\
&= \overline{B}C + A\overline{C} + \overline{A}B
\end{aligned}
$$

3. 吸收法

利用 $A + AB = A$，消去多余的乘积项。

例 1.14 化简函数 $F = \overline{A} + \overline{A\,\overline{BC}}\,(B + \overline{AC + \overline{D}}) + BC$。

$$
\begin{aligned}
F &= \overline{A} + \overline{A\,\overline{BC}}\,(B + \overline{AC + \overline{D}}) + BC \\
&= (\overline{A} + BC) + (\overline{A} + BC)\,(B + \overline{AC + \overline{D}}) \\
&= (\overline{A} + BC)(1 + B + \overline{AC + \overline{D}}) \\
&= \overline{A} + BC
\end{aligned}
$$

4. 消去法

利用 $A + \overline{A}B = A + B$，消去多余因子。

例 1.15 化简函数 $F = \overline{A}\overline{B} + AC + BC$。

$$
\begin{aligned}
F &= \overline{A}\overline{B} + AC + BC \\
&= \overline{A}\overline{B} + (A + B)C \\
&= \overline{A}\overline{B} + \overline{\overline{A}\overline{B}}C \\
&= \overline{A}\overline{B} + C
\end{aligned}
$$

例 1.16 化简函数 $F = ABC\overline{D} + ABD + BC\overline{D} + ABC + BD + B\overline{C}$。

$$
\begin{aligned}
F &= ABC\overline{D} + ABD + BC\overline{D} + ABC + BD + B\overline{C} \\
&= (ABC\overline{D} + ABC) + (ABD + BD) + BC\overline{D} + B\overline{C} \\
&= ABC(\overline{D} + 1) + BD(A + 1) + BC\overline{D} + B\overline{C} \\
&= ABC + BD + BC\overline{D} + B\overline{C} \\
&= (ABC + B\overline{C}) + (BD + BC\overline{D}) \\
&= B(AC + \overline{C}) + B(D + C\overline{D})
\end{aligned}
$$

$$= B(A + \bar{C}) + B(D + C)$$
$$= B(A + \bar{C} + D + C)$$
$$= B(1 + A + D)$$
$$= B$$

从上面几个例子可以看到,公式法化简要求全面掌握逻辑代数中的基本定律、恒等式和基本规则,并具有一定的灵活运用能力,当然这对一个初学者来讲是很难的。另外,还有一点需要说明,逻辑代数的表达式并不唯一,包括最简表达式,这对于判断表达式是否已最简同样带来了困惑。

1.8.2 卡诺图化简法

1. 卡诺图的画法

卡诺图是根据最小项之间相邻项的关系画出来的方格图。每个小方格代表了逻辑函数的一个最小项。

卡诺图的构成方法:将逻辑函数真值表中的最小项重新排列成矩阵形式,并且使矩阵的横方向和纵方向的逻辑变量的取值按照格雷码的顺序排列。

下面以 2 个变量到 4 个变量为例来说明卡诺图的画法。

1) 2 个变量的卡诺图

2 个变量 A、B 共有 4 个最小项。用 4 个相邻项的方格表示这 4 个最小项之间的相邻关系,如图 1.14 所示。画卡诺图时将变量分为两组: A 为一组,B 为一组。卡诺图的左边线用变量 A 的反变量 $\bar{A}$ 和原变量 A 表示,即上边一行表示 $\bar{A}$,下边一行表示 A。卡诺图的上边线用变量 B 的反变量 $\bar{B}$ 和原变量 B 表示,即左边一列表示 $\bar{B}$,右边一列表示 B。行和列相与就是最小项,记入行和列将相交的小方格内,如图 1.14(a) 所示。若原变量用 1 表示,反变量用 0 表示,可得图 1.14(b)。若每个最小项用编号表示,可得图 1.14(c)。从卡诺图 1.14(a) 中看出每对相邻小方格表示的最小项是相邻项。

(a) 用变量表示的卡诺图　　(b) 用0和1表示的卡诺图　　(c) 用最小项编号表示的卡诺图

图 1.14　二变量卡诺图

2) 3 个变量的卡诺图

3 个变量 A、B、C 共有 8 个最小项,则用 8 个小方格分别表示各个最小项,图 1.15(a) 是 3 个变量卡诺图的一种画法。A、B、C 这 3 个变量分为两组: A 为一组,B、C 为一组,分别表示行和列。

三变量的卡诺图是在二变量的卡诺图基础上画出来的。以二变量的卡诺图右边线为对称轴线,作一个对称图形。卡诺图上边线变量 B、C 的标注方法为:变量 C 在对称轴左面和二变量卡诺图上边线变量标注相同,而轴线右面的变量 C 则与左面对称填写;变

量 B 的标注方法为：对称轴左面 B 均填写 $\overline{B}$，而右面填写 B。三变量卡诺图左边线标注变量 $\overline{A}$ 和 A，和二变量卡诺图标注相同。

这样便构成了三变量的卡诺图，即第一行表示 $\overline{A}$，第二行表示 A，第一列表示 $\overline{B}\,\overline{C}$，第二列表示 $\overline{B}C$，第三列表示 BC，第四列表示 $B\overline{C}$。$\overline{A}$、A 标在卡诺图左边线，$\overline{B}\,\overline{C}$、$\overline{B}C$、$BC$、$B\overline{C}$ 标在卡诺图上边线。任意相邻两列或两行都具有相邻性，注意两边列也具有相邻性。与上同理可以画出图 1.15(b)、(c)。例如，m_0 的相邻项有 m_1、m_2 和 m_4。

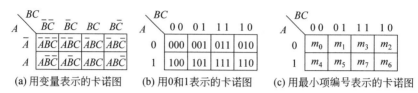

(a) 用变量表示的卡诺图　　　(b) 用0和1表示的卡诺图　　　(c) 用最小项编号表示的卡诺图

图 1.15　三变量卡诺图

3）4 个变量的卡诺图

4 个变量 A、B、C、D 共有 16 个最小项，则用 16 个小方格分别表示各个最小项，图 1.16 是 4 个变量的卡诺图。A、B、C、D 这 4 个变量分为两组：A、B 为一组，C、D 为一组，分别表示行和列。4 变量的卡诺图也是在 3 变量卡诺图基础上画出来的。以 3 变量的卡诺图下边线为对称轴线，作一个对称图形。卡诺图左边线变量 A、B 的标注方法为：变量 B 在对称轴上面和 3 变量卡诺图左边线变量标注相同，而轴线下面的变量 B 则与上面对称填写；变量 A 的标注方法为：对称轴上面 A 均填写 0，而下面 A 填写 1。4 变量卡诺图上边线标注变量 C、D 和 3 变量卡诺图标注相同。这样便构成了 4 变量的卡诺图。任意相邻两列或两行都具有相邻性，注意两边列或边行也具有相邻性。

AB\\CD	00	01	11	10
00	m_0	m_1	m_3	m_2
01	m_4	m_5	m_7	m_6
11	m_{12}	m_{13}	m_{15}	m_{14}
10	m_8	m_9	m_{11}	m_{10}

图 1.16　四变量卡诺图

从上面的介绍可知，2 变量卡诺图是最基础的卡诺图，n 变量的卡诺图是以 $n-1$ 变量的卡诺图的为基础画出来的。但 5 变量以上的卡诺图是非常复杂的，已失去实际意义，故不再介绍。

2. 用卡诺图表示逻辑函数

已知逻辑函数表达式，就可画出相应的卡诺图。如果逻辑函数是最小项表达式，则在相同变量的卡诺图中，与每个最小项相对应的小方格内填 1，其余填 0；若逻辑函数是一般式，则先把一般式变为最小项表达式后，再填卡诺图，或直接按逻辑函数一般式填卡诺图。

如果已知逻辑函数真值表，对应于逻辑变量取值的每种组合，函数值为 1 或 0，则在相同变量卡诺图的对应小方格内填 1 和 0，就得到逻辑函数的卡诺图。

例 1.17　用卡诺图表示逻辑函数 $F_1 = AB + \overline{C}$。

解：方法一：

（1）将逻辑函数表达式化成最小项表达式。

$$F_1 = AB(C + \overline{C}) + (A + \overline{A})(B + \overline{B})\overline{C}$$
$$= ABC + AB\overline{C} + (AB + A\overline{B} + \overline{A}B + \overline{A}\overline{B})\overline{C}$$
$$= ABC + AB\overline{C} + AB\overline{C} + A\overline{B}\overline{C} + \overline{A}B\overline{C} + \overline{A}\overline{B}\overline{C}$$
$$= \overline{A}\overline{B}\overline{C} + \overline{A}B\overline{C} + A\overline{B}\overline{C} + AB\overline{C} + ABC$$

（2）填卡诺图。

将式中最小项按其编号填入卡诺图相应的小方格内，用 1 标记，其余的小方格填 0，如图 1.17 所示。

方法二：直接将 AB 和 $\overline{C}$ 项分别填入卡诺图。先找出变量 A 为 1 的行，即第二行，再找出 B 为 1 的列，即第三、四列，则行和列相交处的小方格，就是包含 AB 项的两个最小项；同理，再找出 C 为 0 的列，即第一、四列，这两列的所有小方格，就是包含 $\overline{C}$ 项的 4 个最小项，结果仍如图 1.17 所示，此卡诺图表示了逻辑函数 F_1。

例 1.18　已知函数 $F_2(A,B,C)$ 的真值表，如表 1.16 所示，用卡诺图表示此逻辑函数。

解：把真值表中逻辑变量 A、B、C 取值的每种组合所对应的函数值 1 或 0，直接填入三变量卡诺图的对应小方格内，如图 1.18 所示。此卡诺图即为真值表所表示的逻辑函数 $F_2(A,B,C)$。

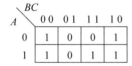

A \ BC	00	01	11	10
0	1	0	0	1
1	1	0	1	1

A \ BC	00	01	11	10
0	0	0	1	0
1	0	1	1	1

图 1.17　例 1.17 中逻辑函数 F_1 的卡诺图　　　　图 1.18　例 1.18 中逻辑函数 F_2 的卡诺图

表 1.16　逻辑函数 $F_2(A,B,C)$ 的真值表

A	B	C	F_2
0	0	0	0
0	0	1	0
0	1	0	0
0	1	1	1
1	0	0	0
1	0	1	1
1	1	0	1
1	1	1	1

3. 用卡诺图化简逻辑函数

卡诺图的最大特点是形象地表达了最小项之间的相邻性，而且行（或列）的头尾（两端）小方格也具有相邻性。故可利用 $A + \overline{A} = 1$、$AB + A\overline{B} = A$ 进行化简。进行化简之前必须明确一下合并最小项的规则。

1）合并最小项的规则

（1）任何两个（2^1 个）标 1 的相邻最小项，可以合并为一项，并消去一个变量（消去互为反变量的因子，保留公因子）。

图 1.19 表示两个相邻最小项合并的各种情况。两个相邻画有 1 的小方格可以画入同一圈里，即表示两个最小项相加使两个相邻的最小项合并成一项，消去互为反变量的变量。在图 1.19 中把标记 1 的相邻小方格用虚线圈在一起，从中可以观察到，用虚线圈起的有 1 的相邻小方格中都存在着一个互为反变量的变量，如图 1.19(a)中是 B；图 1.19(b)中是 D；图 1.19(c)中是 A；图 1.19(d)中是 C，它们均被消去。而每个圈里相邻小方格中不同变量作为合并后的与项，如图 1.19(a)为 ACD；图 1.19(b)为 ABC；图 1.19(c)为 $\overline{B}C\overline{D}$；图 1.19(d)为 $\overline{A}B\overline{D}$。

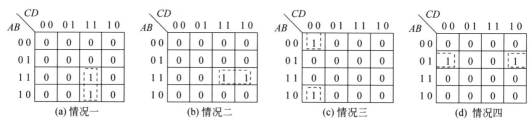

图 1.19　两个最小项的合并

（2）任何 4 个（2^2 个）标 1 的相邻最小项，可以合并为一项，并消去 2 个变量。

图 1.20 表示 4 个相邻最小项合并的各种情况。图 1.20(a)中 m_9、m_{11}、m_{13}、m_{15} 这 4 个标有 1 的小方格组成一个田字格，该田字格中列对应的变量为 C 和 D，其中 D 取值相同，C 取值相反；而行对应的变量 A 和 B，其中 A 取值相同，B 取值相反。所以 C 和 B 两个变量消去，而 AD 作为合并后的与项。同理可得：图 1.20(b)、(c)、(d)、(e)、(f)中最后合并结果为 $\overline{A}B$、$C\overline{D}$、$\overline{B}\overline{D}$、$B\overline{D}$ 和 $\overline{B}C$。

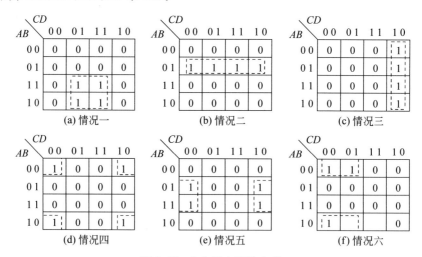

图 1.20　4 个最小项的合并

（3）任何 8 个（2^3 个）标 1 的相邻最小项，可以合并为一项，并消去 3 个变量。

图 1.21 表示 8 个相邻最小项合并的各种情况:相邻的两行或相邻的两列;两个边行或两个边列。这样 8 个标有 1 的相邻小方格可以圈在一起合并成一项。合并时可以消去 3 个互为反变量的变量。只剩下一个变量构成一项,图 1.21(a)、(b)、(c)、(d)化简后分别为 B、D、$\overline{B}$ 和 $\overline{D}$。

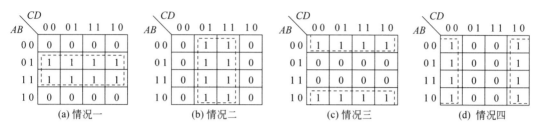

图 1.21 8 个最小项的合并

由上面的分析可见,只有 $2^i(i=1,2,3,\cdots)$ 个相邻最小项才能合并,并消去 i 个变量。因为 2^i 个相邻最小项中正好包含了 i 个变量全部最小项 2^i 个,根据最小项的性质,i 个变量全部最小项之和为 1,即全部最小项合并后为 1,因此 2^i 个相邻最小项合并后可消去 i 个变量。

2) 用卡诺图化简逻辑函数的步骤

用卡诺图化简逻辑函数时可按如下步骤进行:

第一步,将函数化为最小项之和的形式。

第二步,画出表示该逻辑函数的卡诺图。

第三步,找出可以合并的最小项。

第四步,选取化简后的乘积项。选取的原则是:

(1) 这些乘积项应包含函数式中所有的最小项,即应覆盖卡诺图中所有的 1。

(2) 所用的乘积项数目最少,即可合并的最小项组成的矩形组数目最少。

(3) 每个乘积项包含的因子最少,即每个可合并的最小项矩形组中应包含尽量多的最小项。

例 1.19 将逻辑函数 $F = \sum(m_0,m_4,m_5,m_6,m_7,m_9,m_{12},m_{14},m_{15})$ 用卡诺图法化简为最简与-或函数式。

解:由于给出的逻辑函数已经是最小项之和的形式,故步骤一可以省略。

(1) 把逻辑函数 F 用卡诺图表示,如图 1.22 所示。

(2) 合并最小项,即把标有 1 的小方格按合并最小项的规则分组画成若干个包围圈。画圈的原则是:每个圈内相邻最小项为 1 的个数必须是 $2^i(i=1,2,3,\cdots)$ 个;每个圈中为 1 的最小项可以多次被圈,但每个圈内至少有一个未曾被圈过为 1 的最小项;为保证与项个数最少,则圈的个数应最少;为保证每个与项变量数最少,每个圈应尽可能大;所有为 1 的最小项必须圈完。

该卡诺图共圈了 5 个圈:①m_9;②m_0、m_4;③m_4、

$\begin{array}{c}AB\end{array}\diagdown\begin{array}{c}CD\end{array}$	00	01	11	10
00	1	0	0	0
01	1	1	1	1
11	1	0	1	1
10	0	1	0	0

图 1.22 例 1.19 中逻辑函数 F 的卡诺图

m_5、m_6、m_7；④ m_4、m_6、m_{12}、m_{14}；⑤ m_6、m_7、m_{14}、m_{15}。每个圈合并后为：① $A\overline{B}C\overline{D}$；②$\overline{A}C\overline{D}$；③$\overline{A}B$；④$B\overline{D}$；⑤$BC$。

（3）将合并后的最简与项相加，即 $F=A\overline{B}C\overline{D}+\overline{A}C\overline{D}+\overline{A}B+BC+B\overline{D}$。

例 1.20   用卡诺图化简法将 $F=A\overline{C}+\overline{A}C+B\overline{C}+\overline{B}C$ 化简为最简与-或函数式。

解：先画出表示逻辑函数 F 的卡诺图，如图 1.23 所示。

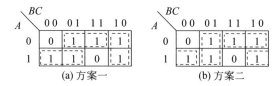

(a)方案一   (b)方案二

图 1.23   例 1.20 中逻辑函数 F 的卡诺图

然后把可能合并的最小项圈出。由卡诺图可见，有两种可取的合并最小项的方案。按图 1.23(a)的圈法，可得：

$$F = A\overline{B} + \overline{A}C + B\overline{C}$$

按图 1.23(b)的圈法，可得：

$$F = A\overline{C} + \overline{B}C + \overline{A}B$$

此例说明：有时采用卡诺图法化简逻辑函数时往往圈法并不唯一，最简与-或表达式也不唯一。

1.8.3   具有无关项的逻辑函数及其化简

1. 逻辑函数中的无关项

在实际的数字系统中，有的输出函数只和一部分最小项有对应关系，而和余下的最小项无关。余下的最小项无论写入函数式还是不写入函数式，都无关紧要，不会影响系统的逻辑功能。这些最小项称为无关项。

无关项有两种情况：一种是由于逻辑变量之间具有一定的约束关系，使变量取值的某些组合所对应的最小项不会出现或不允许出现，这些最小项被称为约束项。

例如，8421BCD 码中 1010～1111 这六个最小项就是约束项。

由于每一组输入变量的取值都使一个，而且仅有一个最小项的值为 1。所以当限制某些输入变量的取值不能出现时，可以用它们对应的最小项恒等于 0 来表示。这样上面例子中的约束条件可以表示为

$$\begin{cases} A\overline{B}C\overline{D} = 0 \\ A\overline{B}CD = 0 \\ AB\overline{C}\overline{D} = 0 \\ AB\overline{C}D = 0 \\ ABC\overline{D} = 0 \\ ABCD = 0 \end{cases}$$

或写成

$$\overline{A}\overline{B}C\overline{D} + \overline{A}BCD + AB\overline{C}\overline{D} + AB\overline{C}D + ABC\overline{D} + ABCD = 0$$

另一种情况是在一些逻辑函数中,变量取值的某些组合既可以是 1 也可以是 0,这些最小项被称为任意项。

在存在约束项的情况下,由于约束项的值始终等于 0,所以既可以把约束项写进逻辑函数式中,也可以把约束项从逻辑函数式中删掉,而不影响函数值。同样,既可以把任意项写入函数式中,也可以不写进去,因为输入变量的取值使这些任意项为 1 时,函数值是 1 还是 0 无所谓。所以在逻辑函数化简时,无关项取值可以为 1,也可以为 0。

在逻辑函数表达式中无关项通常用 $\sum d(\cdots)$ 表示,在真值表和卡诺图中,无关项对应函数值用"×"表示。

例 1.21　某逻辑函数 $F = \overline{A}\overline{B}\overline{C} + \overline{A}\overline{B}C$,无关项为 $A\overline{B}\overline{C}$ 和 $A\overline{B}C$,则其逻辑函数表达式可以写为 $F(A,B,C) = \sum(m_0, m_1) + \sum d(m_4, m_5)$,画出此函数的真值表和卡诺图。

图 1.24　例 1.21 中逻辑函数 F 的卡诺图

解：其真值表如表 1.17 所示,其卡诺图如图 1.24 所示。

表 1.17　例 1.21 中逻辑函数 F 的真值表

A	B	C	F_2
0	0	0	1
0	0	1	1
0	1	0	0
0	1	1	0
1	0	0	×
1	0	1	×
1	1	0	0
1	1	1	0

2. 无关项在化简逻辑函数中的应用

化简具有无关项的逻辑函数时,如果能合理利用这些无关项,一般可以得到更加简单的化简结果。为达到此目的,加入的无关项应与函数式中尽可能多的最小项(包括原有的最小项和已写入的无关项)具有逻辑相邻性。

合并最小项时,究竟把卡诺图上的×作为 1 还是作为 0 对待,应以得到的相邻最小项矩形组合最大,而且矩形组合数目最少为原则。

例 1.22　用卡诺图法化简如图 1.24 所示的逻辑函数 F。

解：从图 1.24 不难看出,为了得到最大的相邻最小项矩形组合,应取约束项 m_4、m_5 为 1,与 m_0、m_1 组成一个矩形组合。将该组相邻的最小项合并后得到的化简结果为 $F = \overline{B}$。

例 1.23　化简具有约束条件的逻辑函数 $F = \overline{A}\overline{B}CD + \overline{A}BCD + AB\overline{C}D$。约束条件为 $\overline{A}\overline{B}CD + \overline{A}B\overline{C}D + AB\overline{C}\overline{D} + A\overline{B}\overline{C}D + ABCD + ABC\overline{D} + A\overline{B}C\overline{D} = 0$。

解：画出逻辑函数 F 的卡诺图，如图 1.25 所示。

AB \ CD	00	01	11	10
00	0	1	×	0
01	0	×	1	0
11	×	0	×	×
10	1	×	0	×

图 1.25 例 1.21 中逻辑函数 F 的卡诺图

由图可见，若认为其中的约束项 m_3、m_5、m_{10}、m_{12}、m_{14} 为 1，而约束项 m_9、m_{15} 为 0，则可将 m_1、m_3、m_5 和 m_7 合并为 $\overline{A}D$，将 m_8、m_{10}、m_{12} 和 m_{14} 合并为 $A\overline{D}$，于是得到：

$$F = \overline{A}D + A\overline{D}$$

习 题 1

1.1 写出下列各数的按权展开式。

1358.62

11010001.01B

547.3Q

ABCD.EFH

1.2 将下列各数转换为等值的十进制数。

1001.01B

123.45Q

1.3 将下列各数转换为等值的二进制数、八进制数和十六进制数。

369D

37.75

1.4 将下列各数转换为等值的八进制数和十六进制数。

1110010.01B

1010.0101B

1.5 将下列各数转换为等值的二进制数。

54.32Q

54.32H

1.6 用二进制数、八进制数给十进制数编码，分别至少需要多少位？7 位二进制数至多可给多少个字符编码（设每个字符的编码不能相同）？

1.7 分别写出 68 的 8421 码、余 3 码。

1.8 分别写出%、X、a 的 ASCII 码。

1.9 写出下列各数的原码、反码和补码。

(1) +1011011

(2) −1010110

(3) +0.101 1101

(4) −0.110 1001

1.10 若 $X=+101\ 0101,Y=+110\ 1101$，求 $Z=X-Y$。

1.11 将十进制数 +115 和 −38 转换成相应的二进制真值、原码、反码和补码。

1.12 电路如图 1.26 所示，设开关闭合为 1，断开为 0；灯亮为 1，暗为 0。试分别列出灯 F 与开关 A、B、C 的逻辑关系真值表，并写出逻辑函数表达式。

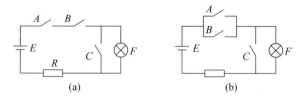

图 1.26 习题 1.12 图

1.13 用列真值表的方法证明下列等式。

(1) $A+B+C=\overline{\overline{A}\ \overline{B}\ \overline{C}}$

(2) $AB+\overline{A}\ \overline{B}C=AB+C$

1.14 求下列逻辑函数的反函数。

(1) $F=AB+\overline{A}\ \overline{B}$

(2) $F=(A+\overline{CD})(\overline{B}+CD)$

1.15 求下列逻辑函数的对偶函数。

(1) $F=\overline{\overline{\overline{A}\ \overline{B}}C\ \overline{D\overline{E}}}$

(2) $F=A+B\overline{\overline{C}+\overline{D}}$

1.16 已知逻辑函数的真值表如表 1.18 所示，试写出对应的逻辑函数式，并画出其逻辑图。

表 1.18 习题 1.16 中逻辑函数 F 的真值表

A	B	C	F
0	0	0	0
0	0	1	1
0	1	0	1
0	1	1	0
1	0	0	1
1	0	1	0
1	1	0	0
1	1	1	0

1.17 已知逻辑函数 $F=A+\overline{BC}$，试列出其真值表。

1.18 将下列逻辑函数式化为最小项之和的形式。

(1) $F=\overline{A}BC+AC+\overline{B}C$

(2) $F=A\overline{B}+C$

(3) $F = A\overline{B}\overline{C}D + BCD + \overline{A}D$

(4) $F = AB + \overline{\overline{BC}(\overline{C} + \overline{D})}$

1.19　将下列逻辑函数式化为最大项之积的形式。

(1) $F = \overline{A}B\overline{C} + \overline{B}C + A\overline{B}C$

(2) $F = (A + B)(\overline{A} + \overline{B} + \overline{C})$

(3) $F = BC\overline{D} + C + \overline{A}D$

(4) $F = A + B + CD$

1.20　用公式化简法化简下列逻辑函数。

(1) $F = AB + \overline{A}C + \overline{B}C$

(2) $F = \overline{A}(A + B) + B(B + CD)$

(3) $F = (A + \overline{B})(B + \overline{C})(C + \overline{D})(D + \overline{A})$

(4) $F = \overline{A \oplus B}(B \oplus C)$

(5) $F = A\overline{B} + \overline{A}C + \overline{B}C$

(6) $F = \overline{\overline{AC} + B\,\overline{CD} + \overline{C}D}$

1.21　用卡诺图化简法化简下列逻辑函数。

(1) $F = \overline{A}\overline{B} + AC + \overline{B}C$

(2) $F = \overline{A}\overline{B} + B\overline{C} + \overline{A} + \overline{B} + ABC$

(3) $F = \overline{\overline{A}B + ABD}(B + \overline{C}D)$

(4) $F = (A + \overline{B}C)\overline{D} + (A + \overline{B})\overline{C}D$

(5) $F = A\overline{B} + \overline{A}C + \overline{B}C + \overline{A}BD$

(6) $F(A, B, C) = \sum (m_0, m_1, m_2, m_4, m_5, m_7)$

(7) $F(A, B, C, D) = \sum (m_2, m_3, m_6, m_7, m_8, m_{10}, m_{14})$

(8) $F(A, B, C, D) = \sum (m_0, m_1, m_3, m_8, m_9, m_{11}, m_{15})$

(9) $F(A, B, C) = \sum (m_0, m_6) + \sum d(m_2, m_5)$

(10) $F(A, B, C, D) = \sum (m_0, m_1, m_3, m_4, m_6, m_7, m_{14}, m_{15}) + \sum d(m_8, m_9, m_{11}, m_{12})$

第 2 章

逻辑门电路

引言 在第 1 章里,我们初步认识了与、或、非三种基本逻辑运算和与非、或非、异或等常用逻辑运算,这些运算关系都是用逻辑符号来表示的。而在工程中每一个逻辑符号都对应着一种电路,并通过集成工艺做成一种集成器件,称为集成逻辑门电路,逻辑符号仅是这些集成逻辑门电路的"黑匣子"。本章将逐步揭开这些"黑匣子"的奥秘,介绍集成逻辑门电路的两种主要类型 TTL 门和 MOS 门电路的概念、逻辑功能及结构原理。

2.1 TTL 集成门电路

按照功能要求,把若干个有源器件和无源器件制作在一块半导体基片上,这样的产品叫集成电路。若它完成的功能是逻辑功能或数字功能,则称为数字集成电路。最简单的数字集成电路是集成逻辑门。

集成电路比分立元件电路(如二极管、三极管等)具有许多显著的优点,如体积小、耗电省、重量轻、可靠性高等。因此集成电路一出现就受到人们的极大重视并迅速得到广泛应用。

在逻辑电路中,通常用晶体管来实现开关的功能。对于传统的集成逻辑门电路,按照其组成的不同,可分为两大类:一类是双极型晶体管逻辑门;另一类是单极型绝缘栅场效应管逻辑门。

双极型晶体管逻辑门主要有 TTL 门、ECL 门和 I^2L 门等。

2.1.1 TTL 与非门结构与工作原理

1. TTL 与非门的基本结构

图 2.1 是标准 TTL74 系列与非门电路,从结构上可分为输入级、中间级和输出级 3 个部分。输入级由多发射极晶体管 T_1 和电阻 R_1 构成,每个发射极都可以与基极和集电极构成一个独立的三极管,各发射极间构成"与"逻辑关系。中间级由晶体管 T_2 和电阻 R_2、R_3 构成,晶体管 T_2 的集电极和发射极分

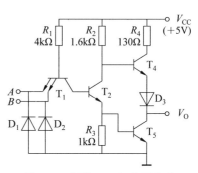

图 2.1 典型 TTL 与非门电路

别提供两组信号，控制输出级的工作状态。输出级由晶体管 T_4、T_5、D_3 和电阻 R_4 构成，电路工作时，在中间级的控制下，T_4、T_5 总是一只处于截止状态，同时另一只处于导通状态。从而，电路由 T_5 的工作状态形成了两种不同的输出（低电平和高电平）。

2. TTL 与非门的工作原理

1）输入有任一低电平情况分析

当与非门输入 A、B 中有任一个为低电平，即 $V_1 = V_L = 0.3\text{V}$ 时，相应的发射结导通，T_1 处于深饱和状态，T_1 管的基极电位 V_{B1} 被钳制在 1V，其饱和压降 $U_{CES} = 0.1\text{V}$，则 $V_{B2} = V_1 + U_{CES1} = 0.4\text{V}$，$T_2$ 和 T_5 处于截止状态。由于 T_2 管截止，故 R_2 上的压降很小，$V_{B4} \approx V_{CC} = 5\text{V}$，则 T_4 发射结处于导通状态，电路输出 $V_O = V_{CC} - V_{BE4} - U_{D3} \approx 3.6\text{V}$，即输出高电平。

2）输入全为高电平情况分析

当与非门输入 A、B 全部为高电平，即 $V_1 = V_H = 3.6\text{V}$ 时，电源通过 R_1 使 T_1 管的集电结及 T_2、T_5 的发射结均导通，此时 $V_{B1} = V_{BC1} + V_{BE2} + V_{BE5} = 2.1\text{V}$，即 V_{B1} 被钳制在 2.1V，使 T_1 反偏，$I_{E1} = 0$。所以 $I_{B1} = I_{B2} = (V_{CC} - V_{B1})/R_1 \approx 1\text{mA}$。如此大的基极电流，足以使晶体管 T_2 达到饱和状态，同时也使得 T_5 饱和。T_2 饱和后，其集电极的电位 $V_{C2} = V_{CES2} + V_{BE5} = 1.0\text{V}$，使得 T_4 和 D_3 截止。故电路的输出 $V_O = V_{CES5} = 0.3\text{V}$，即输出低电平。

通过以上分析可知，当与非门输入 A、B 有任一个为低电平（0.3V）时，输出为高电平（3.6V）；当与非门输入 A、B 全为高电平（3.6V）时，输出为低电平（0.3V）。因此，输入输出之间存在与非逻辑关系。

2.1.2 TTL 门的技术参数

为了对 TTL 门的性能指标有一个概括性的认识，以下仅从实用的角度介绍集成逻辑门电路的几个外部特性参数，主要包括工作电源电压、输入/输出逻辑电平、扇出系数、传输延时、功耗等，这些参数对顺利完成数字电路试验和设计十分重要。

需要注意的是，每种 TTL 门的实际技术参数，可在具体使用时查阅有关的产品手册和说明，甚至直接通过试验测试获得。

1. 工作电源电压

TTL 集成电路的外接电源，在电压、电流和功率上都有一些特殊要求。一般要求电压为 $+5\text{V}$，且允许 $\pm 10\%$ 范围内的波动，即最低 4.5V，最高 5.5V。

2. 输入/输出逻辑电平

对于 TTL 集成门电路来说，它的输出高电平并不是理想的工作电源电压 5V；其输出低电平也并不是理想的 0V。它主要是由于制造工艺上的离散性，使得同一型号的器件的输出电平也不可能完全一样。另外，由于所带负载及环境温度等外部条件的不同，输出电平也会有较大差异。但是，这种差异应该在一定的允许范围之内，否则就会无法正确标志出逻辑 0 和逻辑 1,从而造成错误的逻辑操作或逻辑判断。

对于标准 TTL 电路,其输入/输出逻辑电平定义如下:

定义为逻辑 0 的低电平输入电压 V_{IL} 范围:0~0.8V。

定义为逻辑 1 的高电平输入电压 V_{IH} 范围:2~5V。

定义为逻辑 0 的低电平输出电压 V_{OL} 范围:不大于 0.3V。

定义为逻辑 1 的高电平输出电压 V_{OH} 范围:不小于 2.4V。

图 2.2 给出了对应的图示情况,需要注意的是,这些数据并非绝对的,对于具体的器件,还应该根据实际情况来确定,特别是目前陆续出现的一些新的逻辑器件。

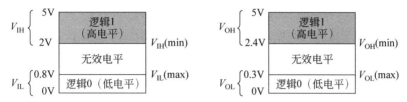

图 2.2 标准 TTL 门的输入/输出逻辑电平

如图 2.2 所示,当输入电平在 $V_{IL(max)}$ 和 $V_{IH(min)}$ 之间时,逻辑电路可能把它当作逻辑 0,也可能把它当作逻辑 1,这是一个逻辑电平不稳定或不确定的电平区域。此外,当逻辑电路因所接负载过多等原因不能正常工作时,高电平输出可能低于 $V_{OH(min)}$,低电平输出可能高于 $V_{OL(max)}$ 等,也都不是正常的现象,这都需要注意避免。

再次强调,图 2.2 给出的电平定义具有相对意义,不同类型的数字器件有不同的电平定义,这需要参考相关的技术资料。

3. 传输延迟时间

在集成门电路中,由于晶体管开关时间的影响,使得输出与输入之间存在信号的传输延时。显然,传输延时越短,工作速度就越快,工作频率也越高。因此,传输延时是衡量门电路工作速度的重要指标。

TTL 与非门的传输延迟特性如图 2.3 所示。

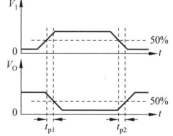

图 2.3 TTL 与非门传输延迟特性

输入信号 V_I 上升至幅度的 50% 开始,到相应的输出信号 V_O 下降至幅度 50% 结束所需的时间叫导通延迟时间,用 t_{p1} 表示;输入信号 V_I 下降至幅度的 50% 开始,到相应的输出信号 V_O 上升至幅度 50% 结束所需的时间叫截止延迟时间,用 t_{p2} 表示。通常用平均传输延长时间 $t_{pd} = (t_{p1} + t_{p2})/2$ 来描述传输延迟特性。

TTL 集成门电路的 t_{pd} 值为几十纳秒至几百纳秒。

4. 扇入和扇出系数

对于集成逻辑门电路,驱动门与负载门之间的电压和电流关系如图 2.4 所示,这实际上是电流在一个逻辑电路的输出与另一个逻辑电路的输入之间如何流动的描述。在高电平输出状态下，驱动门提供电流 I_{OH} 给负载门，作为负载门的输入电流，这时驱动门处于"拉电流"工作状态；而在低电平输出状态下，驱动门处于"灌电流"工作状态。

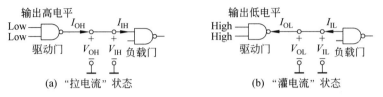

图 2.4 两种逻辑状态中的电压和电流

扇入和扇出系数是反映门电路的输入端数目和输出驱动能力的指标。

扇入系数是指一个门电路所允许的输入端的个数。

扇出系数是指一个门电路所能驱动的同类门电路输入端的最大数目。

扇出系数越大，门电路的带负载能力越强。扇出系数的计算公式为

$$扇出系数 = \min(I_{OH(max)}/I_{IH(max)}, I_{OL(max)}/I_{IL(max)})$$

例 2.1 已知 74ALS00 的电流参数为 $I_{OL(max)} = 8\text{mA}$，$I_{IL(max)} = 0.1\text{mA}$，$I_{OH(max)} = 0.4\text{mA}$，$I_{IH(max)} = 20\mu\text{A}$。求一个 74ALS00 与非门输出能驱动多少个 74ALS00 与非门的输入。

解：高电平扇出系数为

$$高电平扇出系数 = I_{OH(max)}/I_{IH(max)} = 400\mu\text{A}/20\mu\text{A} = 20$$

低电平扇出系数为

$$低电平扇出系数 = I_{OL(max)}/I_{IL(max)} = 8\text{mA}/0.1\text{mA} = 80$$

如果低电平扇出系数和高电平扇出系数不相同，则扇出系数选择两个中的较小者。因此，一个 74ALS00 与非门能驱动 20 个其他的 74ALS00 与非门输入端。

对于标准系列的 TTL 门，扇出系数一般为 10；对于其他系列 TTL 门，如 74LS 系列，扇出系数一般为 20。

需要注意的是，当输入端个数超过扇出系数时，就有可能改变原来的输出电平，使得输出低电平超过 $V_{OL(max)}$，或输出高电平低于 $V_{OH(min)}$，从而导致输出电平产生混乱。这时可以采用接入缓冲门增大输出端的驱动能力，以避免无效电平的出现。

注意，在过去传统的小规模逻辑电路设计中，扇入扇出问题常成为一个必须注意的问题。但在现代数字系统设计中最多只在约束设置时考虑。这是因为现在设计的逻辑电路的规模很大，且趋于单片实现方案，因而可以很好地使用自动化设计技术，使扇入扇出问题在设计软件中被自动考虑进去，不必人为介入了。

5. 功耗

功耗是指门电路通电工作时所消耗的电功率，它等于电源电压 V_{cc} 和电源电流 I_{cc} 的乘积，即功耗 $P_D = V_{cc}I_{cc}$。但由于在门电路中电源电压是固定的，而电源电流不是常数，也就是说，在门电路输出高电平和输出低电平时通过电源的电流是不一样的，因而这两种情况下的功耗大小也是不一样的。一般求它们的平均值：

$$P_D = V_{CC}(I_{CCH} + I_{CCL})/2$$

其中，I_{CCH} 为门电路输出高电平时通过电源的电流，I_{CCL} 为门电路输出低电平时通过电源的电流。

TTL 门电路的功耗较高，其数量级为毫瓦，且基本与工作频率无关。

2.1.3 TTL 数字集成电路系列简介

1. 74 系列

74 系列，又称标准 TTL 系列，属中速 TTL 器件，其平均传输延迟时间约为 10ns，平均功耗约为 10mW/门。

2. 74L 系列

74L 系列，为低功耗 TTL 系列，又称 LTTL 系列。用增加电阻阻值的方法将电路的平均功耗降低为 1mW/门，但平均传输延迟时间较长，约为 33ns。

3. 74H 系列

74H(High-speed TTL)系列，为高速 TTL 系列，又称 HTTL 系列。为了提高电路的开关速度，减小传输延迟时间，与 74 标准系列相比，其电路结构主要做了两点改进：一是输出级采用了达林顿结构；二是大幅度地降低了电路中的电阻的阻值。但是减小电阻阻值的不利影响是电路的平均功耗增加了。该系列的平均传输延迟时间为 6ns，平均功耗约为 22mW/门。

4. 74S 系列

74S(Schottky TTL)系列，为肖特基 TTL 系列，又称 STTL 系列。

由晶体管的开关特性可知，当晶体管由饱和状态转为截止状态时，需要驱散基区的饱和电荷，经历一段较长的存储时间，影响门的工作速度。为了提高速度，肖特基 TTL 采用了抗饱和电路，因此称为抗饱和 TTL。

74S 系列与 74 系列相比较，为了进一步提高速度，主要做了以下三点改进：

（1）输出级采用了达林顿结构，降低了输出高电平时的输出电阻，有利于提高速度，也提高了负载能力。

（2）采用了抗饱和三极管。

（3）用有源泄放电路代替了原来的电阻。

由于采取了上述措施，74S 系列的延迟时间缩短为 3ns，但电路的平均功耗较大，约为 19mW。

5. 74LS 系列

性能比较理想的门电路应该工作速度快、功耗小。然而从上面的分析中可以发现，缩短传输延迟时间和降低功耗对电路提出来的要求往往是互相矛盾的。因此，只有用传输延迟时间和功耗的乘积(Delay-Power Product,简称延迟-功耗积或 dp 积)才能全面评价门电路性能的优劣。延迟-功耗积越小,电路的综合性能越好。

为了得到更小的延迟-功耗积,在兼顾功耗与速度两方面的基础上又进一步开发了74LS(Low-power Schottky TTL)系列,也称为低功耗肖特基系列,又称 LSTTL 系列。

电路中采用了抗饱和三极管和专门的肖特基二极管来提高工作速度,同时通过加大电路中电阻的阻值来降低电路的功耗,从而使电路既具有较高的工作速度,又有较低的平均功耗。其平均传输延迟时间为 9ns,平均功耗约为 2mW/门。

6. 74AS 系列

74AS(Advanced Schottky TTL)系列,为先进肖特基系列,又称 ASTTL 系列,是为了进一步缩短传输延迟时间而设计的改进系列,是 74S 系列的后继产品。它在 74S 的基础上大大降低了电路中的电阻阻值,从而提高了工作速度,其缺点是功耗较大。其平均传输延迟时间为 1.5ns,但平均功耗约为 20mW/门。

7. 74ALS 系列

74ALS(Advanced Low-power Schottky TTL) 系列,又称 ALSTTL 系列,是为了获得更小的延迟-功耗积而设计的改进系列,它的延迟-功耗积是 TTL 电路所有系列中最小的一种。它是 74LS 系列的后继产品。它在 74LS 的基础上通过增大电路中的电阻阻值、改进生产工艺和缩小内部器件的尺寸等措施,降低了电路的平均功耗、提高了工作速度。其平均传输延迟时间约为 4ns,平均功耗约为 1mW/门。

8. 54、54H、54S 和 54LS

54 系列的 TTL 电路和 74 系列电路具有完全相同的电路结构和电气性能参数。所不同的是,54 系列比 74 系列的工作温度范围更宽,电源允许的工作范围也更大。74 系列的工作环境温度规定为 $0 \sim 70^{\circ}\text{C}$,电源电压工作范围为 $5\text{V} \pm 5\%$;而 54 系列的工作环境温度为 $-55^{\circ}\text{C} \sim 125^{\circ}\text{C}$,电源电压工作范围为 $5\text{V} \pm 10\%$。

54H 与 74H、54S 与 74S 以及 54LS 与 74LS 系列的区别也仅在于工作环境温度与电源电压工作范围不同,就像 54 系列和 74 系列的区别那样。

为便于比较,现将不同系列 TTL 门电路的延迟时间、功耗和延迟-功耗积(dp 积)列于表 2.1 中。

表 2.1 不同系列 TTL 门电路的性能比较

系列 性能指标	74/54	74H/54H	74S/54S	74LS/54LS	74AS/54AS	74ALS/54ALS
t_{pd}(ns)	10	6	4	10	1.5	4
P_D/门(mW)	10	22.5	20	2	20	1
dp 积(ns·mW)	100	135	80	20	30	4

在不同系列的 TTL 器件中,只要器件型号的后几位数码一样,则它们的逻辑功能、

外形尺寸、引脚排列就完全相同。例如 7420、74H20、74S20、74LS20、74ALS20 都是双 4 输入与非门（内部有两个 4 输入端的与非门），都采用 14 条引脚双列直插式封装，而且输入端、输出端、电源、地线的引脚位置也相同。

2.1.4 其他类型的 TTL 门

TTL 集成门电路除了与非门电路外，还有与门、或门、非门、或非门、与或非门、异或门等电路。它们都是在与非门电路的基础上演变而来的。虽然它们的逻辑功能各异，但输入、输出结构均与 TTL 与非门相同，因此不再赘述。以下仅介绍几种具有不同输入、输出结构的门电路。

1. 三态门

三态门是传输门的一种，主要用于对信号传输的控制。三态门（Three-State Logic，TSL）是在普通门电路的基础之上，加入控制电路组合而成。它除了有前面已介绍的高电平和低电平两种逻辑状态，还有第三种逻辑状态，即高阻状态，也称为禁止状态，或电路断开状态。在此第三种状态下，三态门的输出端相当于悬空，此时输出端就好像一根空头的导线，其电压值可浮动在高低电平之间的任意数值上。而输入端除了通常的输入端以外，还增加了一个输入控制端。

图 2.5 给出了三态与非门的电路及逻辑符号。其中图 2.5(a) 电路的控制端为高电平（EN=1）时，P 点为高电平，二极管 D 截止，电路的工作状态和普通与非门没有区别。此时输出 $F=\overline{AB}$，可能是高电平也可能是低电平，视 A、B 的状态而定；而当控制端 EN 为低电平（EN=0）时，P 点为低电平，T_5 截止。同时二极管 D 导通，T_4 的基极电位被钳制在 1V 左右，使 T_4 截止。由于 T_4 和 T_5 同时截止，所以输出呈高阻状态。这样输出端就有 3 种可能出现的状态：高阻、高电平、低电平，故将这种门电路叫做三态门。通过以上分析可知，图 2.5(a) 所示电路是在 EN=1 时为工作状态，所以称之为使能控制端高电平有效的三态与非门。表 2.2 列出了控制端为高电平的三态与非门的逻辑状态。

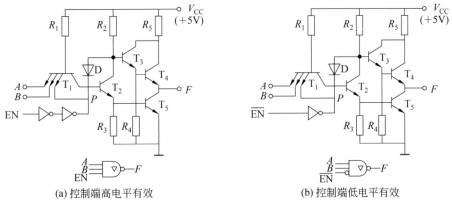

(a) 控制端高电平有效   (b) 控制端低电平有效

图 2.5 三态与非门电路及逻辑符号

表 2.2　控制端为高电平的三态与非门的逻辑状态表

控制端 EN	输 入 端		输出端 F
	A	B	
1	0	0	1
	0	1	1
	1	0	1
	1	1	0
0	×	×	高阻

（×表示任意态）

　　图 2.5(b)所示电路与图 2.5(a)电路的区别在于输入控制端少了一个非门，因此 $\overline{\text{EN}}=0$ 时为工作状态，称为使能控制端低电平有效的三态与非门。为表明这一点，在逻辑符号的使能控制端加了一个小圆圈，同时将控制信号写为 $\overline{\text{EN}}$，表示低电平有效。当三态门输出端处于高阻状态时，该门电路表面上仍与整个电路系统相连接，但实际上对整个系统的逻辑功能和电气特性均不发生任何影响，如同没有把它接入系统一样。

　　三态门是数字系统在采用总线结构时，对接口电路提出的要求。因此，三态门在总线接口电路中得到了广泛应用。总线是一个对来自不同信号源，能分时传输这些不同来源信号或数据的单通道信号传输系统。图 2.6 所示的电路结构就是利用三态门的功能，来实现多路数据在总线上分时传送的。为实现这一功能，只能适当控制各个门的控制输入端 $\overline{\text{EN}}$，轮流定时地使各个端为 0，并且在任何时刻只能有一个 $\overline{\text{EN}}$ 端为 0，这样就可以把各个门的输出信息号轮流传输到总线上，而不会发生数据传输错误。传输到总线上的数据可以同时被多个负载门接收，也可以在控制信号的作用下，让指定的负载门接收。

　　利用三态门还可以实现数据双向传输，这有许多实际的应用，如存储器的数据写入或读出。图 2.7 所示为利用两个三态非门构建的双向传输门，图 2.7 中，门 G_1 和 G_2 为三态反相器，即拥有三态控制输出的非门。G_1 低电平控制有效，G_2 高电平控制有效。当三态使能端 EN＝0 时，G_1 选通，G_2 禁止，数据可从 A 传到 B；当三态使能端 EN＝1 时，G_2 选通，G_1 禁止，数据可从 B 传到 A。

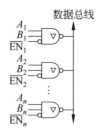

图 2.6　三态与非门用于总线传输

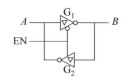

图 2.7　三态非门实现数据双向传输

2. 集电极开路门

　　集电极开路（Open Collector）门简称 OC 门，是指这种门的输出级为集电极开路结构。OC 门可以是与非门，也可以是与门、或门等完成各种逻辑功能的门。现仍以与非门为例来说明。

图 2.8 为 OC 与非门的标准电路及其逻辑符号。它与普通与非门电路的差别仅在于 T_5 管的集电极是开路的,内部并没有集电极负载。它的逻辑功能是,只有当 A 和 B 都为逻辑 1 时,输出 F 才为逻辑 0;否则,输出 F 与逻辑门脱离了连接,呈现高阻态。这时如果希望使此电路实现与非逻辑特性时,即 $F = \overline{AB}$,则必须在电源和输出端之间外接一个适当的上拉电阻 R_P 将它拉至逻辑 1。

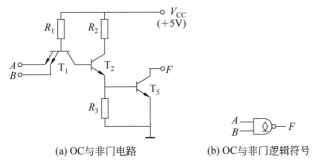

(a) OC 与非门电路　　　　(b) OC 与非门逻辑符号

图 2.8　OC 与非门电路及逻辑符号

OC 门比普通 TTL 门使用灵活,利用它可以实现线与功能、实现电平转换或用做驱动器等功能,分别说明如下。

1) 实现"线与"功能

由于 OC 门具有三态输出特性,若两个 OC 门的输出端做并联连接,即电路如图 2.9 所示,则可以看出,只有两个门的输出均为高电平时,总的输出才是高电平;只要有一个门的输出为低电平,总的输出即为低电平。因此并联后实现的逻辑功能为:$F = F_1 \cdot F_2$。

显然,F 与 F_1、F_2 之间为"与"逻辑关系(条件是必须有一个上拉电阻)。由于这种与逻辑是两个 OC 门的输出线直接相连实现的,故称为"线与"。图 2.9 实现的逻辑关系可表示为

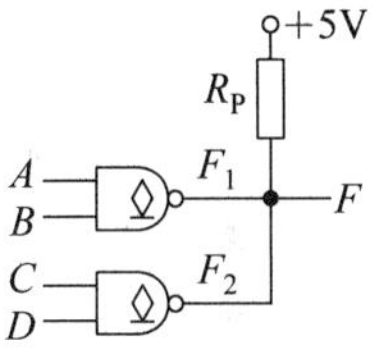

$$F = F_1 \cdot F_2 = \overline{AB} \cdot \overline{CD}$$

图 2.9　OC 与非门构成的线与电路

显然利用 OC 门可以使门的输出端并联起来,获得附加的逻辑功能,但是,由于上拉电阻 R_P 的应用而限制了门电路的工作速度,或开关频率。

OC 门电路在现代数字系统设计中已没有应用价值,它主要用在低速接口的传统电路中。通常 OC 门和三态门都可以允许输出端直接并联在一起,用来实现多路信号在总线上的分时传送。但三态门在使用时不需要再另外接上拉电阻,所以更经济、更高速。因此,在现代逻辑设计中,三态门已经完全取代了 OC 门的应用。

同时需要注意的是:普通的 TTL 是不允许线与的。因为这些具有推拉式输出级门电路,无论输出高电平还是低电平,其输出电阻都很小。若把两个 TTL 与非门输出端直接连在一起,当一个门输出为高电平,另一个门输出为低电平时,就会在电源和地之间形成一个低阻通路,产生一个很大的电流,其结果不但不能形成逻辑与,而且还会造成器件的损坏。

2）实现电平转换

由图 2.9 可知，当线与的 OC 门的输出 F_1、F_2 都截止时（呈高阻态），由于上拉电阻的作用，输出 F 为高电平，这个高电平就等于其上拉的电源电压 V_{CC}。这个 V_{CC} 的电平值可以不同于门电路本身的电源，所以只要根据要求选择，就可以得到输出 F 所需的不同电平值。

在某些情况下，数字系统在其接口部分需要转换输出电平，且对信号速度没有很高要求的情况下，常使用此类逻辑门来完成电平的转换。如图 2.10 所示，把上拉电阻接到 $V_{CC}=10V$ 的电源上，这样在 OC 门就可以实现在输入端接收普通的 TTL 电平（高电平定义为 3～5V 的电压值），而输出端可提供高达 10V 的高电平，因而输出可适应于需要较高电平的器件，如荧光数码管、MOS 译码器等。

3）用做驱动器

由于 OC 门能输出较高的电压和较大的电流，因此可以作为驱动器直接驱动不同的负载，例如发光二极管、指示灯、继电器或脉冲变压器等。图 2.11 所示为 OC 门驱动发光二极管的电路。当 OC 门输出低电平时，电流通过上拉电阻 R_P，经发光二极管流入 OC 门的地，于是发光二极管导通发光；当 OC 门输出高电平时，电流通路被断开，发光二极管截止。考虑到驱动的需要，此电路中上拉电阻 R_P 的阻值视发光二极管的特性选取，通常小于 $1k\Omega$。

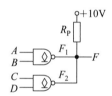
图 2.10　OC 门实现电平转换电路

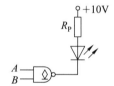
图 2.11　OC 门驱动发光二极管电路

2.2　其他类型的双极型集成电路

在双极型集成电路中，TTL 电路应用最广。除 TTL 电路以外，还有其他种类的双极型集成电路，如二极管三极管逻辑（DTL）、高阈值逻辑（High Threshold logic，HTL）、发射极耦合逻辑（Emitter Coupled Logic，ECL）和集成注入逻辑（Integrated Injection Logic，I^2L）等逻辑电路。

DTL 因其工作速度比较低，已被 TTL 电路所取代了。

HTL 电路的特点是阈值电压比较高。当电源电压为 15V 时，阈值电压达 7～8V。因此，它的噪声容限比较大，有较强的抗干扰能力。HTL 电路的主要缺点是工作速度比较低，所以多用在对工作速度要求不高而对抗干扰性能要求较高的一些工业控制设备中。目前它几乎完全为 CMOS 电路所取代了。

下面仅对 ECL 和 I^2L 两种电路做简单介绍。

2.2.1　ECL 电路

由于 TTL 门电路中三极管工作在饱和、截止状态。三极管导通时工作在饱和状态，管内的存储电荷限制了电路的开关速度，尽管采取了一系列改进措施，但都不是提高工作速度的根本方法。ECL 门电路就是为了满足更高的速度要求而发展起来的一种高速逻辑电路。它采用高速电流开关型电路，内部三极管工作在放大区或截止区，这从根本上克服了因饱和而产生的存储电荷对速度的影响。

与 TTL 相比，ECL 有如下几个优点：

(1) 速度最快，目前 ECL 门电路的传输延迟时间已缩短在 0.1ns 以内。

(2) 射极输出结构，输出内阻很低，带负载能力很强，扇出系数达 90 以上。

(3) 设有互补输出端，同时输出端可以并联，实现线或逻辑功能，因而使用时十分方便、灵活。

然而 ECL 电路的缺点也是很明显的，主要表现在：

(1) 功耗大，每个门的平均功耗可达 100mW 以上。从一定意义上说，可以认为 ECL 电路的高速度是用多消耗功率的代价换取的。而且功耗过大也严重地限制了集成度的提高。

(2) 输出电平稳定性较差，主要是指输出电平对电路参数的变化以及环境温度的改变比较敏感。

(3) 抗干扰能力差，ECL 逻辑摆幅只有 0.8V，直流噪声容限只有 200mW 左右，因此抗干扰能力较差。

目前 ECL 电路的产品只有中小规模的集成电路，主要用在高速、超高速的数字系统和设备中。

2.2.2　I^2L 电路

为了提高集成度以满足制造大规模集成电路的需要，不仅要求每个逻辑单元的电路结构非常简单，而且要求降低单元电路的功耗。显然，无论 TTL 电路还是 ECL 电路都不具备这两个条件。而 I^2L 电路则具备了电路结构简单、功耗低的特点，因而特别适用于制作大规模集成电路。

I^2L 的基本结构由一个 NPN 型多集电极三极管和一个 PNP 型恒流源负载组成。由于 I^2L 电路的驱动电流是由 PNP 管发射极注入的，所以称其为集成注入逻辑电路。

I^2L 电路的优点突出表现在以下几个方面：

(1) 电路结构简单，电路中没有电阻元件，既节省所占硅片面积，又降低功耗。

(2) 多集电极输出结构可以通过线与将几个门输出端并联，以获得所需的逻辑功能。

(3) I^2L 电路能在低电压、微电流下工作，最低可以工作在 1V 以下，I^2L 反相器的工作电流可以小于 1nA。

I^2L 电路也有两个严重的缺点：

(1) 抗干扰能力差。I^2L 电路的输出信号幅度比较小，通常在 0.6V 左右，所以噪声容限很小，抗干扰能力也就很差了。

（2）开关速度慢。因为 I^2L 电路属于饱和型逻辑电路，这就限制了它的工作速度。I^2L 反相器的传输时间可达 $20\sim30\text{ns}$。

为了弥补在速度方面的缺陷，I^2L 电路不断进行了改进。通过改进电路和制造工艺已成功地把每级反相器的传输延迟时间缩短到了几纳秒。另外，利用 I^2L 与 TTL 电路在工艺上的兼容性，可以直接在 I^2L 大规模集成电路芯片上制作与 TTL 电平相兼容的接口电路，从而有效地提高了电路的抗干扰能力。

目前 I^2L 电路主要用于制作大规模集成电路的内部逻辑电路，很少用来制作中、小规模集成电路产品。

2.3　MOS 集成门电路

单极型绝缘栅场效应管逻辑门主要有 PMOS 门、NMOS 门和 CMOS 门。

MOS 集成门电路由于具有功率低、抗干扰能力强、工艺简单等特点，所以几乎所有的大规模、超大规模数字集成器件都采用 MOS 工艺。就其发展趋势看，MOS 电路特别是 CMOS 电路有可能超越 TTL 成为占统治地位的逻辑器件。

2.3.1　MOS 管的结构与工作原理

在数字电路中，是把 MOS 管的漏极 D 和源极 S 作为开关的两端接在电路中，开关的通、断受栅极 G 的电压控制。MOS 管也有三个工作区：截止区、非饱和区（也称电阻区）、饱和区（也称恒流区）。MOS 管作为开关使用时，通常是工作在截止区和非饱和区。

在数字电路中，用得最多的是 N 沟道增强型 MOS 管和 P 沟道增强型 MOS 管，它们是构成 CMOS 数字集成电路的基本开关元件。由于 P 沟道增强型 MOS 管和 N 沟道增强型 MOS 管在结构上是对称的，两者工作原理和特点也无本质区别，只是在 PMOS 管中，栅源电压 U_{GS}、漏源电压 U_{DS}、开启电压 U_{TP} 均为负值。

下面以 N 沟道增强型 MOS 管为例，说明 MOS 管的开关特性及工作特点。图 2.12 为由 NMOS 管组成的开关电路。

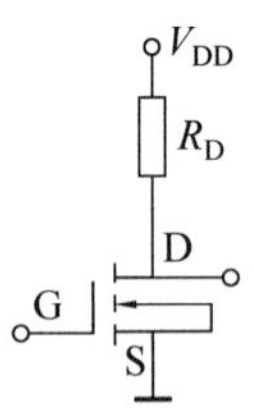

当 $U_{GS}<U_{GS(th)}$ 时，MOS 管截止。由于 MOS 管截止时漏极和源极之间的内阻 R_{OFF} 非常大，阻值一般为 $10^9\sim10^{10}\,\Omega$，只要 $R_D\ll R_{OFF}$，则开关电路的输出端将为高电平 V_{OH}，且 $V_{OH}\approx V_{DD}$。因此 MOS 管的 D-S 间就如同一个断开了的开关。

当 $U_{GS}>U_{GS(th)}$ 时，MOS 管导通。MOS 管导通状态下的内阻 R_{ON} 约在 $1\text{k}\Omega$ 以内，此时只要 $R_D\gg R_{ON}$，则开关电路的输出端将为低电平 V_{OL}，且 $V_{OL}\approx0$。因此 MOS 管的 D-S 间相当于一个闭合的开关。

图 2.12　NMOS 管开关电路

双极型三极管由于饱和时有超量存储电荷存在，所以使其开关时间变长；而 MOS 管是单极型器件，它只有一种载流子参与导电，没有超量存储电荷存在，也不存在存储时间，因而 MOS 管本身固有的开关时间是很小的，它与由寄生电容造成的影响相比，完全可以忽略。

布线电容和管子极间电容等寄生电容构成了 MOS 管的输入和输出电容,虽然这些电容很小,但是由于 MOS 管输入电阻很高,导通电阻达几百欧姆,负载的等效电阻也很大,因而输入、输出电容的充放电时间常数较大。因此 MOS 管开关电路的时间,主要取决于输入回路和输出回路电容的充放电时间。和半导体三极管开关电路相比,MOS 管开关的开关时间要长一些。

2.3.2　MOS 反相器

MOS 反相器主要有 NMOS、PMOS 和 CMOS 三种电路结构,它们是集成电路的基本组成单元。

1. NMOS 反相器与 PMOS 反相器

图 2.13 为 NMOS 反相器电路,T_1 为驱动管,T_2 为负载管,均由 N 沟道增强型场效应管组成。T_2 的栅极与漏极并接于电源 $+V_{DD}$ 上,使 T_2 总是处于导通状态,且 U_{GS} 与 I_D 呈非线性关系,此时 T_2 相当于一个非线性电阻以作负载。当输入电压 V_I 为高电平时,T_1 导通,输出电压 V_O 为低电平;当输入电压 V_I 为低电平时,T_1 截止,输出电压 V_O 为高电平。可见,电路的输入、输出满足反相关系,从而实现非逻辑功能。

注意,在集成电路中,T_1、T_2 的衬底都接地;为提高集成工艺性能,负载电阻一般用 MOS 管取代。

图 2.14 为 PMOS 反相器电路,T_1 为驱动管,T_2 为负载管,均由 P 沟道增强型场效应管组成。其工作原理与 NMOS 反相器类似。

2. CMOS 反相器

在制作 NMOS 或 PMOS 反相器时,负载管导通电阻(即跨导)的大小必须适当。因为负载管的导通电阻小,在驱动管导通时,电路的功耗就大;相反,负载管的导通电阻大,在驱动管截止时,电路提供的负载拉电流小,驱动能力又弱。而 CMOS(Complementary Symmetry MOS)反相器却能较好地解决这个问题。

CMOS 反相器电路如图 2.15 所示,驱动管 T_1 为 N 沟道增强型场效应管,负载管 T_2 为 P 沟道增强型场效应管。

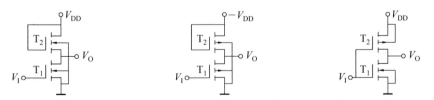

图 2.13　NMOS 反相器电路　　图 2.14　PMOS 反相器电路　　图 2.15　CMOS 反相器电路

当输入为低电平时,T_1 的 V_{GS1} 小于开启电压 V_{T1},处于截止状态;T_2 的 V_{GS2} 大于开启电压 V_{T2},处于导通状态,而且导通内阻很低,所以输出 V_O 为高电平,且 $V_O \approx V_{DD}$;当输入为高电平时，T_1 的 V_{GS1} 大于开启电压 V_{T1}，处于导通状态；T_2 的 V_{GS2} 小于开启电压 V_{T2}，处于截止状态，输出 V_O 为低电平，$V_O \approx 0$。可见，电路的输入、输出满足反相关系，从而实现非逻辑功能。

由于 CMOS 反相器工作时，输出回路中 T_1 和 T_2 总有一只处于截止状态，所以 T_1 和 T_2 的导通电阻都可以很小，从而增强了电路的带负载能力，同时电路的功耗也很低。

2.3.3 其他类型的 MOS 门电路

1. NMOS 门电路

1) NMOS 与非门电路

两输入端 NMOS 与非门电路如图 2.16 所示。当输入 A、B 中有一个为低电平时，T_1 和 T_2 的串联就不能导通，输出为高电平（约为 V_{DD}）；当输入 A、B 全为高电平时，T_1 和 T_2 的串联就导通，输出为低电平（约为 0V）。因此，F 和 A、B 间是与非关系，即 $F = \overline{AB}$。

增加与 T_1、T_2 串联的 MOS 管，就可以得到不同扇入系数的与非门。在输出端再增加一级反相器，就可以得到与门电路。

2) NMOS 或非门电路

两输入端 NMOS 或非门电路如图 2.17 所示。当输入 A、B 中有一个为高电平时，T_1 和 T_2 的并联就导通，输出为低电平（约为 0V）；当输入 A、B 全为低电平时，T_1 和 T_2 的并联就不能导通，输出为高电平（约为 V_{DD}）。因此，F 和 A、B 间是或非关系，即 $F = \overline{A+B}$。

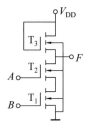
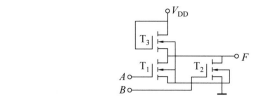

图 2.16　两输入端 NMOS 与非门电路　　　图 2.17　两输入端 NMOS 或非门电路

增加与 T_1、T_2 并联的 MOS 管，就可以得到不同扇入系数的或非门。在输出端再增加一级反相器，就可以得到或门电路。

2. CMOS 门电路

1) CMOS 与非门电路

两输入端 CMOS 与非门电路如图 2.18 所示。当输入 A、B 中有一个为低电平时，与之相连的驱动管截止、负载管导通，输出为高电平；当输入 A、B 全为高电平时，两串联的驱动管都导通、两并联的负载管都截止，输出为低电平。因此，F 和 A、B 间是与非关系，即 $F = \overline{AB}$。

如果要得到扇入系数为 N 的与非门,只要依照图 2.18 将 N 个 N 沟道的 MOS 管串联、N 个 P 沟道的 MOS 管并联就可以了。

2) CMOS 或非门

两输入端 CMOS 或非门电路如图 2.19 所示。当输入 A、B 中有一个为高电平时,与之相连的驱动管导通、负载管截止,输出为低电平;当输入 A、B 全为低电平时,两并联的驱动管都截止、两串联的负载管都导通,输出为高电平。因此,F 和 A、B 间是或非关系,即 $F=\overline{A+B}$。

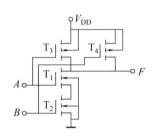

图 2.18 **CMOS 与非门电路**

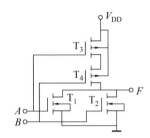

图 2.19 **CMOS 或非门电路**

如果要得到扇入系数为 N 的或非门,只要依照图 2.19 将 N 个 N 沟道的 MOS 管并联、N 个 P 沟道的 MOS 管串联就可以了。

3) CMOS 传输门

CMOS 传输门(Transmission Gate,TG)如同反相器一样,是构成各种逻辑电路的一种基本单元电路。CMOS 传输门的功能是:在控制信号的作用下,实现输入和输出间的双向传输。

图 2.20(a)所示的电路即为 CMOS 传输门电路,它由一个 P 沟道和一个 N 沟道的增强型 MOS 管并联而成。其中 T_1 是 N 沟道增强型 MOS 管,T_2 是 P 沟道增强型 MOS 管,C 和 $\overline{C}$ 是一对互补的控制信号。图 2.20(b)为 CMOS 传输门逻辑符号。

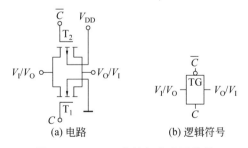

(a) 电路   (b) 逻辑符号

图 2.20 **CMOS 传输门电路及符号**

设电源电压 $V_{DD}=10\text{V}$,T_1、T_2 的开启电压 $V_{th}=3\text{V}$,当控制端 C 为低电平(C 端为 0V、$\overline{C}$ 端为 10V)时,输入 V_I 在 0～10V 范围内,T_1、T_2 的 V_{GS} 都小于 V_{th},因此都截止,输出呈高阻状态。当控制端 C 为高电平(C 端为 10V、$\overline{C}$ 端为 0V)时,输入 V_I 在 0～7V 范围内,T_1 的 V_{GS} 大于 V_{th},处于导通状态,输出 $V_O=V_I$;输入 V_I 在 3～10V 范围内,T_2 的 V_{GS} 大于 V_{th},处于导通状态,输出 $V_O=V_I$。总之,当 C 为低电平时,传输门处于断开状

态；当 C 为高电平时，传输门处于导通状态。

另外，由于这里 MOS 管的漏极和源极可以互换，所以传输门的输入端和输出端也可以互换。

利用 CMOS 传输门和 CMOS 反相器可以组成各种复杂的逻辑电路，如数据选择器、寄存器、计数器等。

4）三态输出的 CMOS 门电路

从逻辑功能和应用的角度讲，三态输出的 CMOS 门电路和 TTL 电路中的三态输出门电路没有什么区别，但是在电路结构上，CMOS 三态输出门电路要简单得多。

下面介绍一种结构的三态输出与非门，该结构的组成方法是在与非门的输出端串一个 CMOS 模拟开关，作为输出状态的控制开关，电路结构如图 2.21 所示。

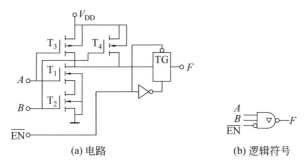

(a) 电路　　　　　(b) 逻辑符号

图 2.21　TG 在三态与非门中的应用

当 $\overline{EN}=1$ 时，传输门 TG 截止，输出为高阻态。而当 $\overline{EN}=0$ 时 TG 导通，与非门的输出通过模拟开关到达输出端，故 $F=\overline{AB}$。

在其他逻辑功能的门电路中，也可以采用三态输出结构，在这里就不一一举例说明了。

2.3.4　CMOS 逻辑门的技术参数

CMOS 门电路主要参数的定义与 TTL 电路相同，下面主要说明 CMOS 电路主要参数的特点。

1. 工作电源电压

CMOS 集成电路的直流电源电压可以在 3～8V 之间，74 系列 CMOS 集成电路有 5V 和 3.3V 两种。CMOS 电路的一个优点是电源电压的允许范围比 TTL 电路宽，如 5V CMOS 电路，其电源在 2～6V 范围内都能正常工作。3.3V CMOS 电路，其电源电压在 2～3.6V 范围内仍能正常工作。

2. 输入/输出逻辑电平

对于 CMOS 集成门电路来说，它的输出高电平并不是理想的工作电源电压 3.3V；其输出低电平也并不是理想的 0V。它主要是由于制造工艺上的离散性，使得同一型号的器件,输出电平也不可能完全一样。另外,由于所带负载及环境温度等外部条件的不同,输出电平也会有较大差异。但是,这种差异应该在一定的允许范围之内,否则就会无法正确标志出逻辑 0 和逻辑 1,从而造成错误的逻辑操作或逻辑判断。

对于 5V CMOS 电路,其输入/输出逻辑电平定义如下:

定义为逻辑 0 的低电平输入电压 V_{IL} 范围为 $0 \sim 0.5\text{V}$。

定义为逻辑 1 的高电平输入电压 V_{IH} 范围为 $2.5 \sim 5\text{V}$。

定义为逻辑 0 的低电平输出电压 V_{OL} 范围为不大于 0.1V。

定义为逻辑 1 的高电平输出电压 V_{OH} 范围为不小于 4.4V。

3. 传输延迟时间

传统 CMOS 集成门电路的 t_{pd} 较大,有上百纳秒。但高速 CMOS 系列的 t_{pd} 较小,仅几个纳秒。

4. 扇入和扇出系数

因 CMOS 电路有极高的输入阻抗,故其扇出系数很大,一般额定扇出系数可达 50。但必须指出的是,扇出系数是指驱动 CMOS 电路输入端个数,就灌电流负载能力和拉电流负载能力而言,CMOS 电路远远低于 TTL 电路。

5. 功耗

一般情况下,CMOS 集成电路的功耗较低,而且与工作频率有关,频率越高功耗越大,其数量级为微瓦。因而 CMOS 集成电路广泛应用于电池供电的便携式产品中。

2.3.5 CMOS 数字集成电路系列简介

自 CMOS 电路问世以来,随着制造工艺水平的不断改进,其性能得到了迅速提高,尤其是在减小单元电路的功耗和缩短传输延迟时间两个方面的发展更为迅速。到目前为止,已经生产出的标准化、系列化的 CMOS 集成电路产品有以下一些系列。

1. 基本的 CMOS——4000 系列

这是早期的 CMOS 集成逻辑门产品,工作电源电压范围为 $3 \sim 18\text{V}$,由于具有功耗低、噪声容限大、扇出系数大等优点,已得到普遍使用。缺点是工作速度较低,平均传输延迟时间为几十纳秒,最高工作频率小于 5MHz。

2. 高速的 CMOS——HC(HCT)系列

HC(High-Speed CMOS)/HCT(High-Speed CMOS, TTL Compatible)是高速 CMOS 逻辑系列的简称。该系列电路主要从制造工艺上作了改进,使其大大提高了工作速度,平均传输延迟时间小于 10ns,最高工作频率可达 50MHz。HC 系列的电源电压范围为 $2 \sim 6\text{V}$。HCT 系列的主要特点是与 TTL 器件电压兼容,它的电源电压范围为

4.5～5.5V。它的输入电压参数为 $V_{IH(min)}=2.0V$；$V_{IL(max)}=0.8V$，与 TTL 完全相同。另外，74HC/HCT 系列与 74LS 系列的产品，只要最后 3 位数字相同，则两种器件的逻辑功能、外形尺寸、引脚排列顺序也完全相同，这样就为以 CMOS 产品代替 TTL 产品提供了方便。

3. AHC/AHCT 系列

AHC(Advanced High-Speed CMOS)/AHCT(Advanced High-Speed CMOS, TTL Compatible)逻辑系列是改进的高速 CMOS 逻辑系列的简称。改进后的这两种系列不仅比 HC/HCT 系列的工作速度和带负载能力提高了近一倍，而且还保持了超低功耗的特点。其中 AHCT 系列与 TTL 器件电压兼容，电源电压范围为 4.5～5.5V。AHC 系列的电源电压范围为 1.5～5.5V。AHC(AHCT)系列的逻辑功能、引脚排列顺序等都与同型号的 HC(HCT)系列完全相同。

4. LVC 系列和 ALVC 系列

LVC 系列是 TI 公司 20 世纪 90 年代推出的低压 CMOS(Low-Voltage CMOS)逻辑系列的简称。LVC 系列不仅能提供更大的负载电流，在电源电压为 3V 时，最大负载电流可达 24mA。此外，LVC 的输入可以接受高达 5V 的高电平信号，也可很容易地将 5V 电平的信号转换为 3.3V 的电平信号，而 LVC 系列提供的总线驱动电路又能将 3.3V 以下的电平信号转换为 5V 的输出信号，这就为 3.3V 系统与 5V 系统之间的连接提供了便捷的解决方案。

ALVC 系列是 TI 公司于 1994 年推出的改进的低压 CMOS(Advanced Low-Voltage CMOS)逻辑系列。ALVC 在 LVC 基础上进一步提高了工作速度，并提供了性能更加优越的总线驱动器件。LVC 和 ALVC 是目前 CMOS 电路中性能最好的两个系列，可以满足高性能数字系统设计的需要。尤其是在移动式的便携电子设备中，LVC 和 ALVC 系列的优势更加明显。

2.4　集成门电路的使用

在使用集成门电路时，有几个实际问题必须注意，如不同门电路之间、门电路与负载之间的接口技术，门电路输入端的处理等等。

2.4.1　TTL 门电路的使用

1. 电源

TTL 门电路对电源电压的纹波及稳定度一般要求≤10％，有的要求≤5％，即电源电压应限制在 5±0.5V(或 5±0.25V)以内；电流容量应有一定富裕；电源极性不能接反，否则会烧坏芯片，对此可与电源串接一个二极管加以保护。

为了滤除纹波电压，通常在印刷板电源入口处加装 20～50μF 的滤波电容。

逻辑电路和强电控制电路要分别接地，以防止强电控制电路地线上的干扰。

为防止来自电源输入端的高频干扰,可以在芯片电源引脚处接入 $0.01 \sim 0.1 \mu F$ 的高频滤波电容。

2. 输入端

输入端不能直接与高于 $+5.5V$ 或低于 $-0.5V$ 的电源连接,否则将损坏芯片。

为提高电路的可靠性,多余输入端一般不能悬空,可视具体情况接高电平(V_{CC})或低电平(地)进行处理。常用的处理方法如图 2.22 所示。

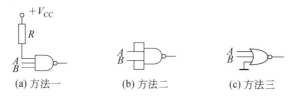

(a) 方法一　　　　(b) 方法二　　　　(c) 方法三

图 2.22　多余输入端的处理

3. 输出端

输出端不允许与电源 V_{CC} 直接相连,一般可串接一个 $2k\Omega$ 左右的电阻。

2.4.2　CMOS 门电路的使用

1. 极限指标

在使用 CMOS 电路时,应保证所有规定的极限参数指标,如电源电压、允许功耗、输入电压范围、工作环境温度范围、存储环境温度范围等。

2. 电源

保证正常的电源电压值。CMOS 门电路的电源电压工作范围较宽,大多在 $3 \sim 18V$ 范围内都可以工作,但不应就此忽略这个问题。一般电源电压取值 $V_{DD} = (V_{DD(max)} + V_{DD(min)})/2$,其中 $V_{DD(max)}$、$V_{DD(min)}$ 分别表示 CMOS 工作电压的上下限。

电源极性不能接反,这与 TTL 门电路相同。

在保证电路正常工作的前提下,电流不宜过大。

3. 输入端

输入端不允许悬空,否则会击穿门电路,一般不用的输入端可视具体情况接高电平(V_{DD})或低电平(地)。为防止电路板拔下时造成输入端悬空,可在输入端与地之间接一个保护电阻。

输入高电平不得高于 $V_{DD} + 0.5V$,低电平不得低于 $-0.5V$。

输入端的电流一般应限制在 $1mA$ 以内。

输入脉冲信号的上升沿和下降沿愈陡愈好。一般当 $V_{DD} = 5V$ 时,小于 $10s$;当 $V_{DD} = 10V$ 时,小于 $5s$;当 $V_{DD} = 15V$ 时,小于 $1s$;否则器件有可能因损耗过大而损坏。

4. 输出端

输出端不能并接，没有线与功能。

CMOS 门驱动能力比 TTL 门要小得多。

5. 静电击穿的防止措施

保存时应用导电材料屏蔽，或将全部引脚短路。

焊接时，应断开电烙铁电源。

各种测量仪器均要良好接地。

通电测试时，应先开电源再加入信号，结束时应先切断信号再关电源。

插拔芯片时应先切断电源。

2.4.3 门电路的接口技术

在设计一个数字系统时，设计者从兼顾性能和经济等方面的要求出发，往往会选择不同类型的数字集成电路。最常见的是同时采用 TTL 和 CMOS 电路。这就必须要考虑两种不同类型门电路之间以及门电路与负载之间的连接问题。

无论是用 TTL 电路驱动 CMOS 电路还是用 CMOS 电路驱动 TTL 电路，驱动门必须能为负载门提供合乎标准的高、低电平和足够的驱动电流，也就是必须满足以下条件：

驱动门　负载门

$$V_{OH(min)} \geqslant V_{IH(min)}$$

$$V_{OL(max)} \leqslant V_{IL(max)}$$

$$I_{OH(max)} \geqslant n I_{IH(max)}$$

$$I_{OL(max)} \geqslant m I_{IL(max)}$$

其中 n 和 m 分别为负载电流中 I_{IH}、I_{IL} 的个数。

为便于对照比较，表 2.3 中列出了 TTL 和 CMOS 两种电路输出电压、输出电流、输入电压和输入电流的参数。

表 2.3　TTL、CMOS 电路的输入、输出特性参数

参数名称　　　　电路种类	TTL 74 系列	TTL 74LS 系列	CMOS 4000 系列	高速 CMOS 74HC 系列	高速 CMOS 74HCT 系列
$V_{OH(min)}$/V	2.4	2.7	4.6	4.4	4.4
$V_{OL(max)}$/V	0.4	0.5	0.05	0.1	0.1
$I_{OH(max)}$/mA	−0.4	−0.4	−0.51	−4	−4
$I_{OL(max)}$/mA	16	8	0.51	4	4
$V_{IH(min)}$/V	2	2	3.5	3.5	2
$V_{IL(max)}$/V	0.8	0.8	1.5	1	0.8
$I_{IH(max)}$/μA	40	20	0.1	0.1	0.1
$I_{IL(max)}$/mA	−1.6	−0.4	$−0.1\times10^{-3}$	$−0.1\times10^{-3}$	$−0.1\times10^{-3}$

从表 2.3 可以看出,高速 74HCT 系列 CMOS 电路与 TTL 电路完全兼容,可直接相互连接。另外,高速 74HC 系列 CMOS 电路也可直接驱动 74 系列和 74LS 系列 TTL 电路,CD4000 系列 CMOS 电路也可直接驱动 74LS 系列 TTL 电路。

如果不满足驱动条件,则必须使用接口电路。常用的方法有增加上拉电阻、采用专门的接口电路、驱动门并接等。如图 2.23 所示,这是 TTL 门驱动 CMOS 门的情况,为了使两者的电平匹配,在 TTL 驱动门的输出端接了一个上拉电阻 R_P。

图 2.23　TTL 驱动 CMOS 时的接口电路

由于 TTL 与 CMOS 门混合应用易导致系统速度和可靠性的降低(如上拉电阻导致的分布电容增加等),且现代数字系统主要由于大规模 PLD 或用单片大规模 IC 器件来实现,故在自动化数字系统设计中已不存在 TTL 与 CMOS 门的混合应用问题了。

习　题　2

2.1　在下列情况下,如果用内阻很大的电压表去测量 TTL 与非门的一个悬空输入端,量到的电压值是多少?

(1) 其他输入端悬空;
(2) 其他输入端接正电源;
(3) 其他输入端中有一个接地;
(4) 其他输入端全接地;
(5) 其他输入端中有一个接 0.35V。

2.2　两输入端与非门接成图 2.24 所示的电路。已知与非门的 $V_{OH}=3.6V$, $V_{OL}=0.3V$, $I_{OH}=1.0mA$, $I_{OL}=-20mA$, $R_C=1k\Omega$, $V_{CC}=+10V$, $\beta=40$。若要实现 $P=\overline{AB}$、$F=AB$,试确定电阻 R_B 的取值范围。

2.3　在由 74 系列 TTL 与非门组成的电路中,如图 2.25 所示,计算 G_M 能驱动多少同样的与非门。要求 G_M 输出的高、低电平满足 $V_{OH}\geqslant3.2V$, $V_{OL}\leqslant0.4V$。与非门的输入电流 $I_{IS}\leqslant1.6mA$, $I_{IH}\leqslant40\mu A$。$V_{OL}\leqslant0.4V$ 时输出电流的最大值 $I_{OLmax}=16mA$, $V_{OH}\geqslant3.2V$ 时输出电流的最大值 $I_{OHmax}=0.4mA$。G_M 的输出电阻忽略不计。

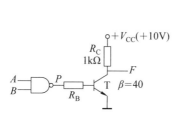

图 2.24　习题 2.2 图

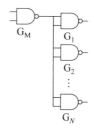

图 2.25　习题 2.3 图

2.4　在图 2.26 所示电路中,G_1、G_2 是两个集电极开路与非门,每个门在输出低电平时允许灌入的最大电流为 $I_{OLmax}=16mA$,输出高电平电流 $I_{OH}<250\mu A$。$G_3\sim G_6$ 是 4

个 TTL 与非门,它们的输入低电平电流 $I_{IL}=1.6$mA,输入高电平电流 $I_{IH}<5\mu$A,计算外接负载电阻 R_L 的取值范围。

2.5 图 2.27(a)所示为三态门组成的总线换向开关电路,其中 A、B 为信号输入端,分别送两个频率不同的信号;EN 为换向控制端,控制信号波形如图 2.27(b)所示。试画出 F_1 和 F_2 的波形。

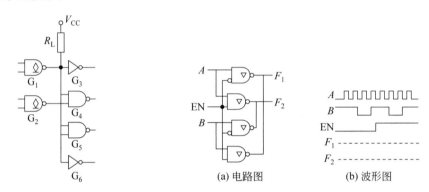

图 2.26　习题 2.4 图　　　　　　图 2.27　习题 2.5 图

2.6 分析图 2.28 电路的逻辑功能,写出输出 F_1 和 F_2 的逻辑表达式。

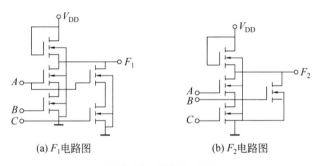

图 2.28　习题 2.6 图

2.7 试画出实现如下功能的 CMOS 电路图。

(1) $F=\overline{ABC}$

(2) $F=\overline{AB+CD}$

2.8 试说明下列各种门电路中哪些可以将输出端并联使用(输出端的状态不一定相同)。

(1) 具有推拉式输出级的 TTL 电路;

(2) TTL 电路的 OC 门;

(3) TTL 电路的三态输出门;

(4) 普通的 CMOS 门;

(5) 漏极开路输出的 CMOS 门;

(6) CMOS 电路的三态输出门。

2.9 写出图 2.29 中各个逻辑电路的逻辑表达式和真值表。

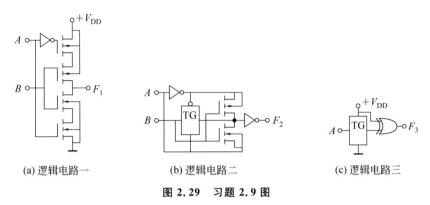

(a) 逻辑电路一   (b) 逻辑电路二   (c) 逻辑电路三

图 2.29 习题 2.9 图

第 3 章

chapter 3

组合逻辑电路

引言　数字系统中常用的逻辑电路,就其结构和工作原理可分为两类:一类叫组合逻辑电路,简称组合电路;一类叫时序逻辑电路,简称时序电路。组合逻辑电路的基本组成单元是逻辑门电路。这种电路在任一时刻输出状态只取决于该时刻的输入状态,而与输入信号作用前电路所处的状态无关;在时序逻辑电路中,任意时刻的输出状态不仅取决于该时刻的输入状态,而且取决于从前电路的状态。本章讨论组合逻辑电路,组合电路的一般结构可用方框图 3.1 表示,其输出与输入之间的逻辑关系是:

图 3.1　组合逻辑电路

$$Z_1 = f_1(X_1, X_2, \cdots, X_n), Z_2 = f_2(X_1, X_2, \cdots, X_n), \cdots, Z_m = f_m(X_1, X_2, \cdots, X_n)$$

从电路结构看,它具有如下特征:

(1) 信号是单向传输的,输出输入之间没有反馈通道;

(2) 只由逻辑门组成,电路中不含记忆单元。

组合电路可以单独完成各种复杂的逻辑功能,而且还是时序逻辑电路的组成部分,在数字系统中应用十分广泛。本章首先介绍小规模组合逻辑电路的分析与设计方法,然后讨论典型的中规模集成组合逻辑电路的功能和应用,最后阐述竞争冒险产生的原因及消除方法。

3.1　传统的组合逻辑电路的分析与设计

小规模集成(SSI)电路中的门,如与门、或门、与非门、或非门、与或非门、异或门等都是独立的。本节主要介绍以这些门电路为基本组成单元的组合电路的分析与设计。

3.1.1　传统的组合电路分析

所谓组合电路的分析,是指已知逻辑电路,寻找输出与输入之间逻辑关系,确定电路功能的过程。其步骤大致如下:

(1) 由给定的逻辑图写出所有用来描述输出输入关系的逻辑表达式;

(2) 将已得到的逻辑函数表达式简化成最简与或表达式,或视具体情况变换成其他适当的形式；

（3）根据逻辑函数表达式列真值表；

（4）根据真值表，进行分析并概括出给定组合逻辑电路的逻辑功能。

例 3.1 分析图 3.2 所示电路的功能。

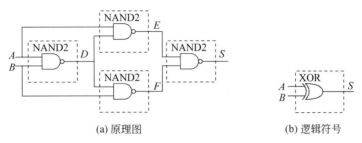

(a) 原理图　　　　　　　　(b) 逻辑符号

图 3.2 例 3.1 逻辑电路和符号

解：（1）写出逻辑表达式。

$D=\overline{AB}, E=\overline{AD}, F=\overline{DB}, S=\overline{EF}$

（2）化简逻辑表达式。

$S=\overline{\overline{AD}\cdot\overline{DB}}=AD+DB=A\,\overline{AB}+\overline{AB}B=A\oplus B$

（3）列真值表，如表 3.1 所示。

表 3.1　例 3.1 真值表

输　　　入		输　　　出
A	**B**	**S**
0	0	0
0	1	1
1	0	1
1	1	0

（4）对真值表中的数值进行分析可以看出，该电路完成了逻辑上的异或运算，异或逻辑符号见图 3.2(b)，它同时还可以实现二进制运算。

例 3.2 分析图 3.3(a)所示电路的功能。

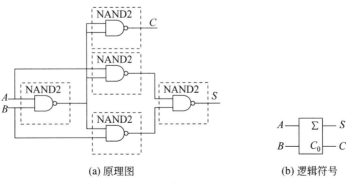

(a) 原理图　　　　　　　　(b) 逻辑符号

图 3.3　例 3.2 图

解：（1）写出逻辑表达式。

$$S=\overline{\overline{A\,\overline{AB}}\cdot\overline{B\,\overline{AB}}}$$

$$C=\overline{\overline{AB}}$$

（2）化简逻辑表达式。

$$S=\overline{A}B+A\overline{B}$$

$$C=AB$$

（3）列真值表，如表3.2所示。

表 3.2　例 3.2 真值表

输　　入		输　　出	
A	**B**	**S**	**C**
0	0	0	0
0	1	1	0
1	0	1	0
1	1	0	1

（4）根据图3.3和表3.2分析，可以将此电路看成是一个异或门（输出 S：同例3.1）和一个与门（输出 C）的合成，若 A、B 分别作为一位二进制数，则 S 就是 A 与 B 相加和的本位，C 就是 A 与 B 相加和的进位。这种电路被称为半加器，图3.3（b）为它的逻辑符号，其特点是不考虑从低位的进位。若要考虑从低位来的进位，则电路可以将半加器作为单元电路经过一定的组合设计得到。

在分析复杂一些的组合逻辑电路时，除了上述按照逻辑门逐级分析的办法外，还可以将电路进行模块划分。若熟悉一些重要的基本单元电路（如例3.2的半加器），则可以直接从单元电路入手，分析单元电路在新建电路中的作用，最终得出复杂电路的逻辑功能。

例 3.3　分析图3.4（a）所示电路的功能。

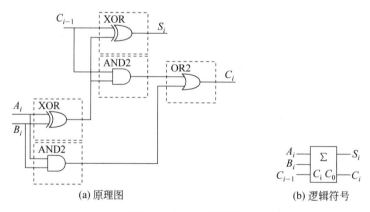

(a) 原理图　　　　　　　　(b) 逻辑符号

图 3.4　例 3.3 电路图

如图3.4（a）所示，其中，A_i、B_i 和 C_{i-1} 分别表示加数、被加数和从低位的进位，S_i 和 C_i 分别表示和的本位和进位。这样一个包括低位来的进位输入在内的二进制加法电路，称之为全加器,逻辑符号如图 3.4(b)所示。全加器的真值表如表 3.3 所示。

表 3.3 例 3.3 真值表

输 入			输 出		输 入			输 出	
A_i	B_i	C_{i-1}	S_i	C_i	A_i	B_i	C_{i-1}	S_i	C_i
0	0	0	0	0	0	0	1	1	0
0	1	0	1	0	0	1	1	0	1
1	0	0	1	0	1	0	1	0	1
1	1	0	0	1	1	1	1	1	1

(1)用两个半加器(虚线框)和一个或门实现了全加器:先求两个加数的半加和,再与低位的进位作第二次半加,所得结果即全加器的和。

(2)两个半加器的进位作逻辑加,即得全加器的进位。

例 3.4 分析图 3.5 所示电路的功能。

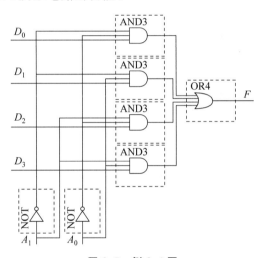

图 3.5 例 3.4 图

解:由图 3.5 写出逻辑表达式

$$F = (\overline{A_1}\,\overline{A_0})D_0 + (\overline{A_1}A_0)D_1 + (A_1\overline{A_0})D_2 + (A_1 A_0)D_3$$

根据表达式列出真值表,如表 3.4 所示。由表可以看出,当 $A_1 A_0$ 赋予不同的代码值时,输出 F 将获取相应的输入 $D_i (i=0,1,2,3)$。故电路相当于一个四路选择开关,对输入具有选择并输出的功能。

表 3.4 例 3.4 真值表

输 入		输 出
A_1	A_0	F
0	0	D_0
0	1	D_1
1	0	D_2
1	1	D_3

由以上例题可以看出，在组合电路的分析过程中，写出逻辑表达式、列出真值表并不难，而由真值表说明电路的功能对初学者来讲就比较难，它需要一定的知识积累。

3.1.2 传统的组合电路设计

所谓组合电路的设计，是指根据所要求实现的逻辑功能，设计出相应的逻辑电路的过程，在某些场合组合电路的设计也被称为逻辑综合。设计通常以电路简单、所用器件最少为目标。用代数法和卡诺图法化简逻辑函数，就是为了获得最简的形式，以便能用最少的门电路来组成逻辑电路。

组合电路的设计步骤大致如下：

（1）根据命题，分析输出输入关系，列出真值表；

（2）由真值表，写出有关逻辑表达式或画卡诺图；

（3）运用卡诺图或其他化简方法化简输出逻辑，注意化简的结果必须符合原来问题的要求，如：逻辑门类型的限制，输入端是否允许出现反变量等；

（4）根据输出逻辑表达式，画出逻辑电路图。

在进行组合逻辑电路的设计时，可以用多种逻辑电路实现同一逻辑函数。例如用逻辑电路来实现逻辑函数 $F = \overline{A \cdot \overline{AB} + B \cdot \overline{AB}}$。

（1）直接用与非门、与门、或非门实现，参见图 3.6(a)。

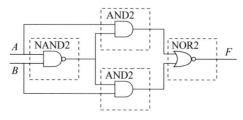

(a) 用与非门、与门、或非门实现

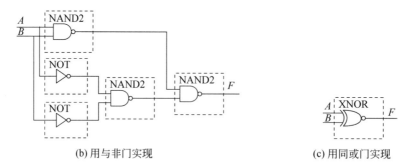

(b) 用与非门实现   (c) 用同或门实现

图 3.6 逻辑函数的代数变换

（2）逻辑代数变换后，用与非门实现

$$F = \overline{\overline{AB}(A+B)} = \overline{\overline{AB} \cdot \overline{\overline{A} \cdot \overline{B}}}$$

参见图 3.6(b)。

（3）代数变换后，用同或门实现

$$F = \overline{A(\overline{A}+\overline{B}) + B(\overline{\overline{A}+\overline{B}})} = \overline{\overline{AB} + \overline{A}B} = \overline{A}\overline{B} + AB$$

参见图 3.6(c)。

结论：以上均为同或门的逻辑电路和表达式，可见，一个逻辑问题对应的真值表是唯一的，但实现它的逻辑电路是多样的，可根据不同器件，通过逻辑表达式的变换来实现。

例 3.5　试设计一个 3 人多数表决电路。

解：(1) 设 3 人 A、B、C 为输入，同意为 1，不同意为 0；表决结果 F 为输出，F 始终同输入的大多数状态一致，即输入 A、B、C 之中有 2 个或 3 个为 1 时，输出为 1；其余情况，输出为 0。由此可列真值表，如表 3.5 所示。

表 3.5　例 3.5 真值表

输　　入			输　　出
A	B	C	F
0	0	0	0
0	0	1	0
0	1	0	0
0	1	1	1
1	0	0	0
1	0	1	1
1	1	0	1
1	1	1	1

(2) 画出卡诺图如图 3.7 所示。

(3) 卡诺图化简（也可先写出逻辑表达式，再根据逻辑代数运算法则化简）得最简与或表达式

$$F = AB + BC + AC$$

(4) 得出相应的逻辑图如图 3.8(a)所示。若要求用与非门实现，则还需将上述表达式变换成如下形式

$$F = \overline{\overline{AB} \cdot \overline{BC} \cdot \overline{AC}}$$

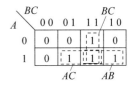

图 3.7　卡诺图

再画出相应的逻辑图，如图 3.8(b)所示。读者可进一步思考，若全部用两输入端与非门，怎么办？

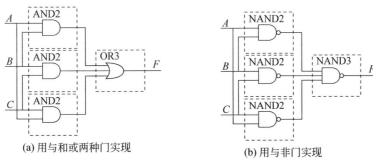

(a) 用与和或两种门实现　　　　(b) 用与非门实现

图 3.8　3 人表决器

例 3.6   试用两输入与非门和反相器设计一个四舍五入的逻辑电路。用以判别一位 8421 码是否大于等于 5，大于等于 5 时，电路输出为 1，否则为 0。

解：（1）根据题意列真值表。

假设输入的 8421 码用 A、B、C、D 表示，输出用 F 表示，则可得真值表如表 3.6 所示。当 $ABCD=0000\sim0100$ 时，$F=0$；当 $ABCD=0101\sim1001$ 时，$F=1$；需要说明的是：输入 $ABCD$ 不可能取值 $1010\sim1111$，这在逻辑电路设计中被称为约束条件，既然这些输入组合不会出现，也就不必要求对应的输出是什么，或者说输出可以是 1，也可以是 0，所以称其为任意项或无关项，一般在表达式中用 d（真值表中用×）表示。

表 3.6　例 3.6 真值表

输	入			输 出	输	入			输 出
A	B	C	D	F	A	B	C	D	F
0	0	0	0	0	1	0	0	0	1
0	0	0	1	0	1	0	0	1	1
0	0	1	0	0	1	0	1	0	×
0	0	1	1	0	1	0	1	1	×
0	1	0	0	0	1	1	0	0	×
0	1	0	1	1	1	1	0	1	×
0	1	1	0	1	1	1	1	0	×
0	1	1	1	1	1	1	1	1	×

（2）求最简与或表达式。

根据表 3.6 中最后 6 个最小项作无关项处理，可以写出函数的最小项表达式

$$F = \sum (m_5, m_6, m_7, m_8, m_9) + \sum d(m_{10}, m_{11}, m_{12}, m_{13}, m_{14}, m_{15})$$

直接填入卡诺图，如图 3.9 所示。由此可得最简与或表达式

$$F = A + BC + BD$$

（3）若要求用两输入与非门和反相器实现，则还需将上述表达式变换成如下形式

$$F = \overline{\overline{A + BC + BD}} = \overline{\overline{A} \cdot \overline{BC} \cdot \overline{BD}} = \overline{\overline{A} \cdot \overline{BC} \cdot \overline{BD}} = \overline{\overline{A} \cdot \overline{\overline{BC} + \overline{BD}}} = \overline{\overline{A} \cdot \overline{\overline{BC} \cdot \overline{BD}}}$$

（4）画出逻辑图，如图 3.10 所示。

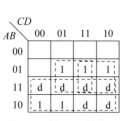

图 3.9　例 3.6 卡诺图

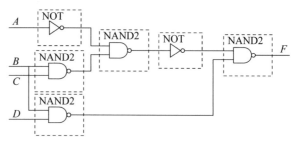

图 3.10　例 3.6 逻辑图

从以上例题可以看出,由命题列出真值表是电路设计的关键。而逻辑表达式的不同形式决定了逻辑电路的结构组成,所以要得到一个符合实际要求的逻辑电路,逻辑表达式的化简和变换同样非常重要。

例 3.7　试用两输入与非门和反相器设计一个优先排队电路。火车有高铁、动车和普通客车。它们进出站的优先次序是:高铁、动车和普通客车,同一时刻只能有一列车进出。

解:(1)由题意进行逻辑抽象。火车用输入变量高铁 A、动车 B、普通客车 C,输出信号为 F_A、F_B、F_C,当高铁 $A=1$ 时,无论动车 B、普通客车 C 为何值,$F_A=1$,$F_B=F_C=0$;当动车 $B=1$,且 $A=0$ 时,无论 C 为何值,$F_B=1$,$F_A=F_C=0$;当普通客车 $C=1$,且 $A=B=0$ 时,$F_C=1$,$F_A=F_B=0$。

(2)经过逻辑抽象,可列真值表,如表 3.7 所示。

表 3.7　例 3.7 真值表

输　　入			输　　出		
A	B	C	F_A	F_B	F_C
0	0	0	0	0	0
1	X	X	1	0	0
0	1	X	0	1	0
0	0	1	0	0	1

(3)写出逻辑表达式。

$$F_A = A, \quad F_B = \overline{A}B, \quad F_C = \overline{A}\,\overline{B}C$$

根据题意,变换成与非形式

$$F_A = A, \quad F_B = \overline{\overline{\overline{A}B}}, \quad F_C = \overline{\overline{\overline{A}\,\overline{B}C}} = \overline{\overline{\overline{A}B} \cdot C}$$

(4)画出逻辑电路图,如图 3.11 所示。

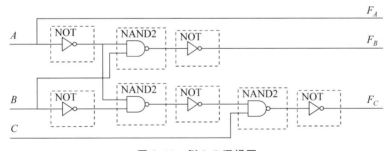

图 3.11　例 3.7 逻辑图

该逻辑电路可用一片内含 4 个两输入端的与非门 74LS00 和另一片内含 6 个反相器 74LS04 的集成电路组成,也可用两片内含 4 个两输入端的与非门 74LS00 的集成电路组成。注意:原逻辑表达式虽然是最简形式,但它需要一片反相器和一片三输入端的与门才能实现,器件数和种类都不能节省。由此可见最简的逻辑表达式用一定规格的集成器件实现时,其电路结构不一定是最简单和经济的。设计逻辑电路时应以集成器件为基本单元,而不应以单个门为单元,这是工程设计与理论分析的不同之处。

3.2 编码器与译码器

3.2.1 编码器

所谓编码,即将某一信息(输入)变换为某一特定的代码(输出),如把二进制码按一定规律编排,使每组代码都具有各自特定的含义。常见的编码器是将 m 个输入状态信息变换成一个 n 位二进制码,其中 m、n 满足 $2^n \geqslant m$,例如 $m=8$,$n=3$,就称 8 线-3 线编码器。编码器通常分为普通编码器和优先编码器两种,以下分别以 4 线-2 线编码器和 74LS148 为例予以介绍。

1. 普通编码器

普通编码器的特点是只允许在一个输入端加有效信号,否则输出将会出现混乱。

普通 4 线-2 线编码器真值表如表 3.8(a)所示。

表 3.8　4 线-2 线编码器真值表

(a) 普通 4 线-2 线编码器真值表

输　　　入				输　　出	
I_0	I_1	I_2	I_3	Y_1	Y_0
1	0	0	0	0	0
0	1	0	0	0	1
0	0	1	0	1	0
0	0	0	1	1	1

(b) 加控制端的普通 4 线-2 线编码器真值表

输　　　入				输　　出		状态指示
I_0	I_1	I_2	I_3	Y_1	Y_0	Y_S
0	0	0	0	$\times$	$\times$	0
1	0	0	0	0	0	1
0	1	0	0	0	1	1
0	0	1	0	1	0	1
0	0	0	1	1	1	1

编码器的输入为高电平有效。由真值表可得输出编码的逻辑表达式为

$$Y_1 = \bar{I}_0 \cdot \bar{I}_1 \cdot I_2 \cdot \bar{I}_3 + \bar{I}_0 \cdot \bar{I}_1 \cdot \bar{I}_2 \cdot I_3$$

$$Y_0 = \bar{I}_0 \cdot I_1 \cdot \bar{I}_2 \cdot \bar{I}_3 + \bar{I}_0 \cdot \bar{I}_1 \cdot \bar{I}_2 \cdot I_3$$

该电路存在的问题是当所有的输入都为 0 时,电路的输出为 $Y_1 Y_0 = 00$,和真值表中第一行的编码一样,无法区分,所以,提出一种解决方案,就是在输出端引入状态指示端子 Y_S 来区分有编码输入和无编码输入的情况,参见表 3.8(b)。

2. 优先编码器

在普通编码器中,存在一个输入端的竞争,例如 8 线-3 线编码器,当 1 号输入有效时输出应该是 001,2 号输入有效时输出应该是 010,但是如果 1 号输入和 2 号输入同时有效,此时输出应该是什么? 能够解决此问题编码器称为优先编码器,它允许两个以上的输入信号同时有效,但当同时输入几个有效信号时,优先编码器能按设定的优先级别,只对其中优先权最高的一个信号进行编码。74LS148 是一种带扩展功能的 8 线-3 线优先编码器,逻辑符号及对应的输入输出端子符号如图 3.12 所示。74LS148 有 8 个信号输入端 $\bar{I}_0 \sim \bar{I}_7$,低电平有效;有 3 个二进制码输出端 $\bar{Y}_0 \sim \bar{Y}_2$,低电平有效。此外,为了便于电路的扩展和使用的灵活性,还设置了输入使能端 $\bar{S}$、选通输出端 $\bar{Y}_S$ 和扩展端 $\bar{Y}_{EX}$ 作为优先编码工作状态标志。74LS148 的真值表如表 3.9 所示。

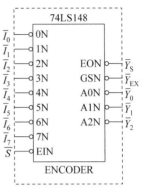

图 3.12　优先编码器 74LS148 的逻辑符号

表 3.9　74LS148 的真值表

使 能	输　　　入								输　　　出			状 态 指 示	
$\bar{S}$	$\bar{I}_0$	$\bar{I}_1$	$\bar{I}_2$	$\bar{I}_3$	$\bar{I}_4$	$\bar{I}_5$	$\bar{I}_6$	$\bar{I}_7$	$\bar{Y}_2$	$\bar{Y}_1$	$\bar{Y}_0$	$\bar{Y}_S$	$\bar{Y}_{EX}$
1	×	×	×	×	×	×	×	×	1	1	1	1	1
0	×	×	×	×	×	×	×	0	0	0	0	1	0
0	×	×	×	×	×	×	0	1	0	0	1	1	0
0	×	×	×	×	×	0	1	1	0	1	0	1	0
0	×	×	×	×	0	1	1	1	0	1	1	1	0
0	×	×	×	0	1	1	1	1	1	0	0	1	0
0	×	×	0	1	1	1	1	1	1	0	1	1	0
0	×	0	1	1	1	1	1	1	1	1	0	1	0
0	0	1	1	1	1	1	1	1	1	1	1	1	0
0	1	1	1	1	1	1	1	1	1	1	1	0	1

根据逻辑图,对照真值表可以看出 74LS148 如下的功能特点。

(1) 编码输入 $\bar{I}_7 \sim \bar{I}_0$ 低电平有效,编码输出 $\bar{Y}_2 \sim \bar{Y}_0$ 为反码输出。

(2) 编码输入 $\bar{I}_7 \sim \bar{I}_0$ 中,按脚标数字大小设置优先级,$\bar{I}_7$ 的优先级别最高,$\bar{I}_0$ 的优先级别最低。当 $\bar{I}_7 = 0$ 时,无论其他输入端是 0 还是 1,输出端只输出 $\bar{I}_7$ 的编码;当 $\bar{I}_7 = 1$、$\bar{I}_6 = 0$ 时,无论其他输入端是 0 还是 1,输出端只输出 $\bar{I}_6$ 的编码;其余以此类推。

(3) 输入使能端 $\bar{S}$ 的功能是:只有 $\bar{S} = 0$ 时 $\bar{Y}_2 \sim \bar{Y}_0$ 才可能输出编码信息,若 $\bar{S} = 1$,则表明该芯片未被选中,编码输出 $\bar{Y}_2 \sim \bar{Y}_0$ 全部为 1。

(4) 选通输出端 $\bar{Y}_S$ 和扩展端 $\bar{Y}_{EX}$ 主要用于功能扩展,其功能是:

① $\bar{Y}_S \bar{Y}_{EX} = 11$,电路处于禁止工作状态;

② $\bar{Y}_S \bar{Y}_{EX} = 10$,电路处于工作状态且 $\bar{I}_0 \sim \bar{I}_7$ 有编码信号输入;

③ $\overline{Y}_S\overline{Y}_{EX}=01$，电路处于工作状态但无编码信号输入。

由于没有编码信号输入时，$\overline{Y}_S=0$，所以 $\overline{Y}_S$ 也可以称为无编码信号输入指示端，它可用于芯片级联。又由于正常编码时，$\overline{Y}_{EX}=0$，所以 $\overline{Y}_{EX}$ 也可以称为编码状态指示端。

利用 74LS148 输出端还可以实现多片级联。例如，将两片 74LS148 级联起来，扩展得到 16 线-4 线优先编码器，如图 3.13 所示。其中，$\overline{I}_{15}\sim\overline{I}_0$ 是扩展后的 16 位编码输入端，低 8 位接片（1），高 8 位接片（2）；$Z_3\sim Z_0$ 是扩展后的 4 位编码输出端。按照优先顺序，只有 $\overline{I}_{15}\sim\overline{I}_8$ 均无输入信号时，才允许对 $\overline{I}_7\sim\overline{I}_0$ 的输入进行编码。因此，只要把片（2）的 $\overline{Y}_S$ 作为片（1）的 $\overline{S}$ 即可。另外，片（2）有编码输入时 $\overline{Y}_{EX}=0$，无编码输入时 $\overline{Y}_{EX}=1$，正好用它作为第 4 编码输出 Z_3。当 $\overline{I}_{15}=0$ 时，$Z_3=\overline{Y}_{EX}=0$，而且第 2 片的 $\overline{Y}_2\overline{Y}_1\overline{Y}_0=000$，使得 $Z_2Z_1Z_0=000$，产生对应的编码输出 0000。以此类推，可以得到其他输入信号的编码。

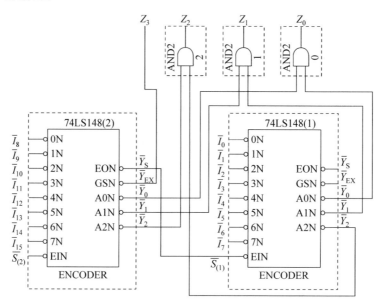

图 3.13　用两片 74LS148 构成的 16 线-4 线编码器

举例说明：

（1）当 $\overline{S}_{(2)}=1$ 时 $\overline{Y}_{S(2)}=1$，使 $\overline{S}_{(1)}=1$ 这时 74148（Ⅰ）（Ⅱ）均为禁止编码。它们的输出端 $\overline{Y}_2$、$\overline{Y}_1$、$\overline{Y}_0$ 都是 1，表示整个电路的输出是非编码输出。

（2）当 $\overline{S}_{(2)}=0$ 时高位（2）片允许编码，但如果 $\overline{I}_{15}\sim\overline{I}_8$ 都是高电平，即无编码请求，则 $\overline{Y}_{S(2)}=0$ 从而 $\overline{S}_{(1)}=0$，这时允许低位（1）片编码，同时高位输出端 $\overline{Y}_2$ $\overline{Y}_1$ $\overline{Y}_0=111$，使 Z_2、Z_1、Z_0 都打开，它的值取决于低位片的输出，而 Z_3 这时为 1，所以输出代码将在 $1000\sim 1111$ 之间变化。另一种情况请读者自己分析。

3.2.2　译码器

译码器的功能与编码器正好相反，即将编码时赋予代码的含义翻译过来。如：将以二进制代码表示的 n 个输入变量变换成 $m=2^n$ 个输出变量。

2 线-4 线译码器真值表如表 3.10 所示,当使能端 EI 为有效电平时(设高电平有效),对应每一组输入代码,只有其中一个输出端为有效电平。例如输出端的逻辑表达式 $Y_0 = EI \cdot \overline{A} \cdot \overline{B}$,其他类推。

表 3.10　2 线-4 线译码器真值表

输　　入			输　　出			
EI	**A**	**B**	**Y_0**	**Y_1**	**Y_2**	**Y_3**
0	×	×	0	0	0	0
1	0	0	1	0	0	0
1	0	1	0	1	0	0
1	1	0	0	0	1	0
1	1	1	0	0	0	1

1. 集成译码器

74LS138 是带有扩展功能的 3 线-8 线译码器,图 3.14 是译码器 74LS138 的逻辑符号。

由真值表表 3.11 和图 3.14 所示,$A_2 A_1 A_0$ 为 3 位二进制代码输入端,$\overline{F}_0 \sim \overline{F}_7$ 为 8 个输出端,S_1、$\overline{S}_2$、$\overline{S}_3$ 为 3 个输入使能控制端。由真值表可知,对于正逻辑,当 $S_1 = 1$、$\overline{S}_2 = \overline{S}_3 = 0$ 时,译码器才处于工作状态,否则所有输出端全为高电平,译码器处于禁止状态。当 $S_1 \overline{S}_2 \overline{S}_3$ 为 100 时,各输出端的逻辑表达式可简写为

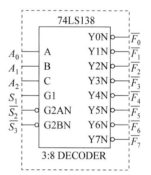

图 3.14　译码器 74LS138 的逻辑符号

$$\overline{F}_0 = \overline{\overline{A}_2 \overline{A}_1 \overline{A}_0} \qquad \overline{F}_4 = \overline{A_2 \overline{A}_1 \overline{A}_0}$$
$$\overline{F}_1 = \overline{\overline{A}_2 \overline{A}_1 A_0} \qquad \overline{F}_5 = \overline{A_2 \overline{A}_1 A_0}$$
$$\overline{F}_2 = \overline{\overline{A}_2 A_1 \overline{A}_0} \qquad \overline{F}_6 = \overline{A_2 A_1 \overline{A}_0}$$
$$\overline{F}_3 = \overline{\overline{A}_2 A_1 A_0} \qquad \overline{F}_7 = \overline{A_2 A_1 A_0}$$

表 3.11　译码器 74LS138 的真值表

使 能 输 入		代 码 输 入			译 码 输 出							
S_1	**$\overline{S}_2 + \overline{S}_3$**	**A_2**	**A_1**	**A_0**	**$\overline{F}_0$**	**$\overline{F}_1$**	**$\overline{F}_2$**	**$\overline{F}_3$**	**$\overline{F}_4$**	**$\overline{F}_5$**	**$\overline{F}_6$**	**$\overline{F}_7$**
0	×	×	×	×	1	1	1	1	1	1	1	1
×	1	×	×	×	1	1	1	1	1	1	1	1
1	0	0	0	0	0	1	1	1	1	1	1	1
1	0	0	0	1	1	0	1	1	1	1	1	1
1	0	0	1	0	1	1	0	1	1	1	1	1
1	0	0	1	1	1	1	1	0	1	1	1	1
1	0	1	0	0	1	1	1	1	0	1	1	1
1	0	1	0	1	1	1	1	1	1	0	1	1
1	0	1	1	0	1	1	1	1	1	1	0	1
1	0	1	1	1	1	1	1	1	1	1	1	0

即输出端的逻辑表达式可以写成如下形式：$\overline{F_i}=\overline{m_i}$，式中 m_i 是 A_2、A_1、A_0 这 3 个变量构成的相应编号的最小项，由这个式子可以看到，带使能控制输入的译码器又可以看成一个数据分配器，此内容在随后的章节中介绍，令使能控制端作为数据输入，而将 A_2、A_1、A_0 作为地址，则输入的数据将分配输出到由 A_2、A_1、A_0 指定的输出端。例如：当 $m_i=011$ 时，只有 3 号端口 $\overline{F_3}$ 有有效数据 0 输出，其余 7 个输出全部为 1，所以，有时将 A_2、A_1、A_0 称为译码器的地址输入。

如果仅为了控制译码器的工作，一个使能端就够了，该器件之所以设置了 3 个使能端 S_1、$\overline{S_2}$、$\overline{S_3}$，除了控制译码器是否工作外，还可以更灵活、更有效地扩大译码器的使用范围、扩展输入变量的个数。另外也可以通过 S_1、$\overline{S_2}$、$\overline{S_3}$、A_2、A_1、A_0 不同的输入组合实现不同的逻辑函数。

例 3.8   试用两片 74LS138 构成一个 4 线-16 线译码器。

解：74LS138 只有 3 个代码输入端，可是 4 线-16 线译码器有 4 个输入端，为此可将 74LS138 的某个控制端作为第四个输入端为 $A_3A_2A_1A_0$。

片 1 输出为 $\overline{F_0}\sim\overline{F_7}$，片 2 输出为 $\overline{F_8}\sim\overline{F_{15}}$。$A_3A_2A_1A_0$ 为 $1000\sim1111$ 时，片 2 译码，片 1 不译码；$A_3A_2A_1A_0$ 为 $0000\sim0111$ 时，片 1 译码，片 2 不译码。对此可将 A_3 同时接片 2 的 S_1 端和片 1 的 $\overline{S_2}$、$\overline{S_3}$ 端，$A_2A_1A_0$ 同时接两片的 ABC。同时，为保证两片的正常工作，片 1 的 S_1 应接 $+5\mathrm{V}$，片 2 的 $\overline{S_2}$ 和 $\overline{S_3}$ 应接地。由此可得逻辑电路图如图 3.15 的 4 线-16 线译码器所示。

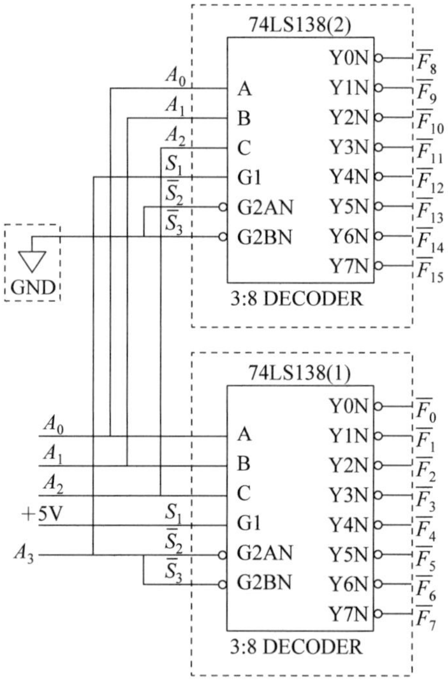

例 3.9   试用 74LS138 译码器实现逻辑函数 $Y(A,B,C)=\sum(m_1,m_4,m_7)$。

解：先将 3 个使能端按允许译码的条件进行处理，即 S_1 接 $+5\mathrm{V}$，$\overline{S_2}$、$\overline{S_3}$ 接地，将输入变量 A、B、C 分别接到 A_2、A_1、A_0 端，输出分别接 $\overline{F_0}\sim\overline{F_7}$ 则可得到各输出端的逻辑表达式

$$\overline{F_0}=\overline{\overline{A_2}\,\overline{A_1}\,\overline{A_0}},\qquad \overline{F_4}=\overline{A_2\,\overline{A_1}\,\overline{A_0}}$$

$$\overline{F_1}=\overline{\overline{A_2}\,\overline{A_1}\,A_0},\qquad \overline{F_5}=\overline{A_2\,\overline{A_1}\,A_0}$$

$$\overline{F_2}=\overline{\overline{A_2}\,A_1\,\overline{A_0}},\qquad \overline{F_6}=\overline{A_2\,A_1\,\overline{A_0}}$$

$$\overline{F_3}=\overline{\overline{A_2}\,A_1\,A_0},\qquad \overline{F_7}=\overline{A_2\,A_1\,A_0}$$

然后，进行如下变换

$$Y(A,B,C)=\sum(m_1,m_4,m_7)=\overline{A}\,\overline{B}C+A\overline{B}\,\overline{C}+ABC$$

若 $A_2=A,A_1=B,A_0=C$，则

图 3.15   4 线-16 线译码器

$$Y = \overline{A}BC + A\overline{B}C + ABC = \overline{A_2}\overline{A_1}A_0 + A_2\overline{A_1}A_0 + A_2A_1A_0$$

$$= \overline{\overline{\overline{A_2}\overline{A_1}A_0} + \overline{A_2\overline{A_1}A_0} + \overline{A_2A_1A_0}} = \overline{\overline{F_1} \cdot \overline{F_4} \cdot \overline{F_7}}$$

由此可得逻辑电路图如图 3.16 所示。

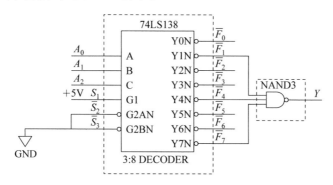

图 3.16 例 3.9 的电路图

例 3.10 试用 74LS138 译码器实现逻辑函数 $Y(A,B,C) = AB + BC + AC$。

解：将逻辑函数转换成最小项表达式，再转换成与非-与非形式。

$$Y = \overline{A}BC + A\overline{B}C + AB\overline{C} + ABC = m_3 + m_5 + m_6 + m_7$$

$$Y = \overline{\overline{m_3} \cdot \overline{m_5} \cdot \overline{m_6} \cdot \overline{m_7}}$$

用一片 74LS138 加一个与非门就可实现该逻辑函数，读者可以自行画出逻辑电路图。

2. 七段显示译码器

在各种数字系统中，都需要将数字量直观地显示出来，以方便人们读取和监视系统的工作情况，这就要数字显示电路来完成。数字显示电路通常由译码器、驱动器和显示部分组成。下面对数码显示器、译码及驱动器分别进行介绍。

1) 七段 LED 数码管显示器

数码显示器主要分为两类：

(1) 按发光物质不同，有发光二极管显示器、荧光数字显示器、液晶显示器和气体放电显示器。

(2) 按字形显示方式不同，分为字型重叠式、点阵式和分段式三种。目前以分段式发光二极管（或液晶）应用最普遍。

七段发光二极（LED）数码管有共阴极和共阳极两类。不同的数码管，要求配用与之相应的译码/驱动器，共阴数码管配用有效输出为高电平的译码/驱动器，共阳数码管配用有效输出为低电平的译码/驱动器。实验中常使用共阴数码管，其图形符号和内部电路如图 3.17 所示。只要将 74LS48/248 输出的 a、b、c、d、e、f、g 直接接到数码管相应的输入引线上，便可根据 74LS48/248 的输入显示相应的数码。

如图 3.17(a) 所示，利用不同发光段组合，显示 0～9 等阿拉伯数字和符号，见图 3.18 七段数字显示发光组合图。在实际应用中，10～15 常使用两位数字显示器进行显示。它接收 8421BCD 码，输出逻辑 1 为有效电位，即输出为 1 时，对应的字段点亮；输出为 0 时，对应的字段熄灭。显示的字形如图 3.18 所示。

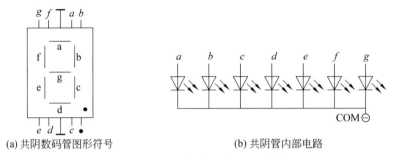

(a) 共阴数码管图形符号　　　　　　　　　(b) 共阴管内部电路

图 3.17　共阴数码管图形符号和内部电路

图 3.18　七段数字显示发光组合图

2）译码及驱动器

为了使数码管能将数码所代表的数字显示出来，必须将数码经译码器译出，然后经驱动器点亮对应的段。下面介绍常用的 74LS48/248、CD4511 显示译码器。

（1）74LS48/248 显示译码器。

74LS48/248 能将 4 位 8421BCD 码译成七段（a、b、c、d、e、f、g）输出，直接驱动 LED 数码显示器，显示对应的十进制数，74LS48/248 不仅能将 BCD 译码输出，而且对多余状态也给出显示；另外，还可以实现灯测试、灭灯、灭零等功能，真值表如表 3.12 所示。

$\overline{LT}$ 是灯测试输入端，低电平有效。在 $\overline{BI}$/RBO 不输入低电平的前提下（做输出端且 RBO=1），当 $\overline{LT}$=0 时，则无论其他输入端处于何种状态，$a \sim g$ 输出全为 1，显示器显示十进制数 8，平时处于高电平。利用此法可测试显示器的好坏。

$\overline{RBI}$ 是动态灭零输入端，低电平有效。$\overline{LT}$=1，且 $\overline{BI}$/RBO 作输出，如果 $\overline{RBI}$=0，当输入 $DCBA$=0000 时，各段输出 $a \sim g$ 均为 0，与 BCD 码 0000 对应的字形 0 熄灭，称为灭零，RBO 输出为低电平。利用这一点可达到熄灭十进制数字中不需要显示的前后 0 数字。

$\overline{BI}$/RBO（灭灯输入）是输入、输出合用的引出端，当它做输入并且 $\overline{BI}$=0 时，无论其他输入端是什么电平，输出 $a \sim g$ 均为 0，所以字形熄灭。

RBO 为动态灭零输出，受控于 $\overline{LT}$ 和 $\overline{RBI}$，当 $\overline{LT}$=1 且 $\overline{RBI}$=0，输入代码 $DCBA$=0000 时，RBO=0，否则 RBO=1。它主要用于显示多位数字时，多个译码器之间的连接。

$\overline{RBI}$（动态灭零输入）和 $\overline{BI}$/RBO（灭灯输入）不同，后者是无条件的，而前者只能在 $DCBA$=0000 时起作用。

表 3.12 74LS48 译码器的真值表

十进制或功能	输入 $\overline{LT}$	$\overline{RBI}$	D	C	B	A	$\overline{BI}/RBO$	输出 a	b	c	d	e	f	g	显示字符
灯测试	0	×	×	×	×	×	1	1	1	1	1	1	1	1	8
脉冲消隐	1	0	0	0	0	0	0	0	0	0	0	0	0	0	灭
消隐	×	×	×	×	×	×	0	0	0	0	0	0	0	0	灭
0	1	1	0	0	0	0	1	1	1	1	1	1	1	0	0
1	1	×	0	0	0	1	1	0	1	1	0	0	0	0	1
2	1	×	0	0	1	0	1	1	1	0	1	1	0	1	2
3	1	×	0	0	1	1	1	1	1	1	1	0	0	1	3
4	1	×	0	1	0	0	1	0	1	1	0	0	1	1	4
5	1	×	0	1	0	1	1	1	0	1	1	0	1	1	5
6	1	×	0	1	1	0	1	1	0	1	1	1	1	1	6
7	1	×	0	1	1	1	1	1	1	1	0	0	0	0	7
8	1	×	1	0	0	0	1	1	1	1	1	1	1	1	8
9	1	×	1	0	0	1	1	1	1	1	1	0	1	1	9

（2）CD4511 显示译码器。

CD4511 也是一种七段显示译码器，它属于 CMOS 器件，高电平输出电流可达 25mA。真值表如表 3.13 所示。其有效输出为高电平驱动共阴极七段 LED 数码管，由于 CD4511 驱动能力较强，在使用时，一般要在其各输出端与 LED 的输入端之间加 510Ω 左右的限流电阻。CD4511 与 74LS248 的区别除属于不同类型外，其工作情况也不同：CD4511 不显示多余状态，有锁存控制端 LE，当 LE＝1 时，可以将 $DCBA$ 对应的数码锁存并译码输出，但它没有 $\overline{RBI}$ 灭零（消隐）功能。

表 3.13 CD4511 译码器的真值表

输入 LE	$\overline{BI}$	$\overline{LT}$	D	C	B	A	输出 g	f	e	d	c	b	a	显示字符
×	×	0	×	×	×	×	1	1	1	1	1	1	1	8
×	0	1	×	×	×	×	0	0	0	0	0	0	0	灭
1	1	1	×	×	×	×			不	变				维持
0	1	1	0	0	0	0	0	1	1	1	1	1	1	0
0	1	1	0	0	0	1	0	0	0	0	1	1	0	1
0	1	1	0	0	1	0	1	0	1	1	0	1	1	2
0	1	1	0	0	1	1	1	0	0	1	1	1	1	3
0	1	1	0	1	0	0	1	1	0	0	1	1	0	4
0	1	1	0	1	0	1	1	1	0	1	1	0	1	5
0	1	1	0	1	1	0	1	1	1	1	1	0	1	6
0	1	1	0	1	1	1	0	0	0	0	1	1	1	7
0	1	1	1	0	0	0	1	1	1	1	1	1	1	8
0	1	1	1	0	0	1	1	1	0	1	1	1	1	9
0	1	1	1	0	1	0	0	0	0	0	0	0	0	灭
0	1	1	1	1	1	1	0	0	0	0	0	0	0	灭

例如,某译码显示电路有 4 位整数和 3 位小数。试画出译码器之间辅助控制端的连接线,要求电路能实现无意义位的"消隐",且当数字为 0 时,必须显示"0.0"。解决方案如图 3.19 所示。小数部分低位 RBO 接高位 $\overline{\text{RBI}}$,当小数部分低位为 0,且被灭掉时,高位才有灭零输入有效信号。

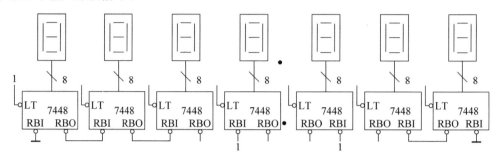

图 3.19 带消隐显示功能图

3.3 数据选择器和数据分配器

3.3.1 数据选择器的功能及工作原理

数据选择器又称多路开关,其逻辑功能是在地址信号的控制下,从多路数据中选择一路数据作为输出。图 3.20 是其逻辑功能示意图。四选一数据选择器方程为 $F = \overline{A_1}\overline{A_0}D_0 + \overline{A_1}A_0D_1 + A_1\overline{A_0}D_2 + A_1A_0D_3$。

例 3.11   用四选一数据选择器实现二变量异或表示式 $F = A_1\overline{A_0} + \overline{A_1}A_0$。

解:二变量异或表示式为 $F = A_1\overline{A_0} + \overline{A_1}A_0$,与四选一数据选择器的逻辑函数对比得出,可令 $D_1 = D_2 = 1, D_0 = D_3 = 0$,实现逻辑函数 F,逻辑图如图 3.21 所示。

例 3.12   用四选一数据选择器实现 3 变量逻辑函数

$$F = \overline{A_2}A_1A_0 + A_2\overline{A_1}A_0 + A_2A_1\overline{A_0} + A_2A_1A_0$$

解:三变量表示式转化为

$$F = \overline{A_2}A_1A_0 + A_2\overline{A_1}A_0 + A_2A_1(\overline{A_0} + A_0)$$

与四选一数据选择器方程

$$F = \overline{A_1}\overline{A_0}D_0 + \overline{A_1}A_0D_1 + A_1\overline{A_0}D_2 + A_1A_0D_3$$

对比,则令 $D_0 = 0, D_1 = D_2 = A_0, D_3 = 1$,实现电路如图 3.22 所示。

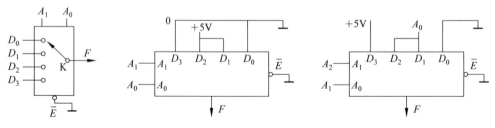

图 3.20 数据选择器   图 3.21 例 3.11 图   图 3.22 例 3.12 图
         原理示意图

3.3.2 常用集成数据选择器及其应用

1. 74LS153

74LS153 是集成双四选一数据选择器,逻辑电路图如图 3.23 所示,它的功能如表 3.14 所示。在控制端输入低电平有效,即 $\overline{E}=\overline{E}'=0$,数据选择器输出

$$F_1=\overline{B}\,\overline{A}C_0+\overline{B}AC_1+B\overline{A}C_2+BAC_3$$

F_2 同理,当 $\overline{E}=\overline{E}'=1$ 时,$F_1=F_2=0$。

表 3.14 74LS153 真值表

输 入			输 出
$\overline{E}(\overline{E}')$	B	A	$F_1(F_2)$
1	×	×	0
0	0	0	C_0
0	0	1	C_1
0	1	0	C_2
0	1	1	C_3

例 3.13 试用 74LS153 构成八选一数据选择器。

解: 八选一数据选择器应有 3 个地址输入端 $A_2A_1A_0$,可是 74LS153 只有两个地址输入端 A_1A_0。对此,最简便的办法是选控制端作为输入端(图 3.24 中用 $\overline{E}$ 表示)A_2。又因为八选一数据选择器只需要一个输出端,所以需将两个四选一数据选择器的两个输出相或作为八选一数据选择器的输出。两个四选一数据选择器的输入端共 8 个,正好作为八选一数据选择器的 8 个输入端。另外,为使 $A_2=0$ 时输入为 $D_0\sim D_3$ 的数据选择器工作,$A_2=1$ 时输入为 $D_4\sim D_7$ 的数据选择器工作,需将 A_2 接输入为 $D_0\sim D_3$ 的数据选择器的控制端,将 A_2 取非后接输入为 $D_4\sim D_7$ 的数据选择器的控制端。据此可得由 74LS153 构成的八选一数据选择器,如图 3.24 所示。

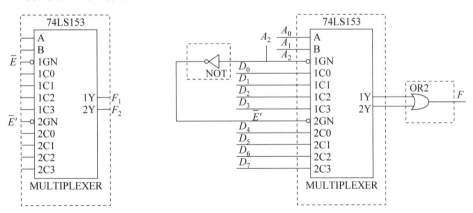

<table>
<tr><td align="center">图 3.23 74LS153 逻辑电路图</td><td align="center">图 3.24 74LS153 构成的八选一数据选择器</td></tr>
</table>

2. 74LS151

74LS151 是八选一数据选择器,逻辑符号如图 3.25 所示,真值表如表 3.15 所示。在

控制端输入低电平有效，即 $\overline{E}=0$ 时，数据选择器输出数据。74LS151 的输出逻辑函数为

$$F=\overline{A}_2\overline{A}_1\overline{A}_0 D_0 + \overline{A}_2\overline{A}_1 A_0 D_1 + \overline{A}_2 A_1\overline{A}_0 D_2 + \overline{A}_2 A_1 A_0 D_3 + A_2\overline{A}_1\overline{A}_0 D_4$$
$$+\overline{A}_2 A_1\overline{A}_0 D_5 + A_2 A_1\overline{A}_0 D_6 + A_2 A_1 A_0 D_7$$

表 3.15　74LS151 真值表

输　　入				输　　出
$\overline{E}$	A_2	A_1	A_0	F
1	×	×	×	0
0	0	0	0	D_0
0	0	0	1	D_1
0	0	1	0	D_2
0	0	1	1	D_3
0	1	0	0	D_4
0	1	0	1	D_5
0	1	1	0	D_6
0	1	1	1	D_7

例 3.14　试用 74LS151 实现逻辑函数 $F(A,B,C)=\sum(m_1,m_4,m_7)$。

解：因为八选一数据选择器 74LS151 的输出逻辑函数为

$$F=\overline{A}_2\overline{A}_1\overline{A}_0 D_0 + \overline{A}_2\overline{A}_1 A_0 D_1 + \overline{A}_2 A_1\overline{A}_0 D_2 + \overline{A}_2 A_1 A_0 D_3 + A_2\overline{A}_1\overline{A}_0 D_4$$
$$+\overline{A}_2 A_1\overline{A}_0 D_5 + A_2 A_1\overline{A}_0 D_6 + A_2 A_1 A_0 D_7$$

F 可以看成 A_2、A_1、A_0 和输入数据 $D_0 \sim D_7$ 的与或函数，它的表达式可以写成 $F=\sum_{i=0}^{7}m_i \cdot D_i$，式中 m_i 是 A_2、A_1、A_0 构成的最小项。显然当 $D_i=1$ 时，对应的最小项 m_i 在与或表达式中出现，当 $D_i=0$ 时，对应的最小项 m_i 就不在与或表达式中出现，利用这一点来实现组合逻辑函数，数据选择器的地址信号 A_2、A_1、A_0 作为输入变量，数据输入 $D_0 \sim D_7$ 作为控制变量。

令 $A_2=A, A_1=B, A_0=C$，则逻辑函数 $F(A,B,C)=\sum(m_1,m_4,m_7)$ 是要求 3 个最小项 m_1、m_4、m_7 出现，所以，设

$$D_1=D_4=D_7=1, D_0=D_2=D_3=D_5=D_6=0$$

由此可画出逻辑图如图 3.26 所示，可以实现逻辑函数 F。

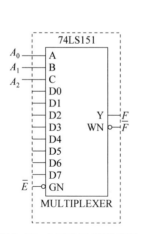

图 3.25　74LS151 逻辑符号

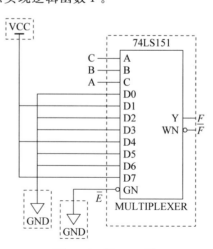

图 3.26　例 3.14 图

例 3.15　运用数据选择器产生 01101001 序列。

解：利用一片 74LS151 八选一数据选择器，只需 $D_0 = D_3 = D_5 = D_6 = 0$，$D_1 = D_2 = D_4 = D_7 = 1$，在输入端输入图 3.27(b)所示 $A \sim C$ 的波形，其数值从 $000 \sim 111$ 依次进行变化，即可产生 01101001 序列，如图 3.27 所示。

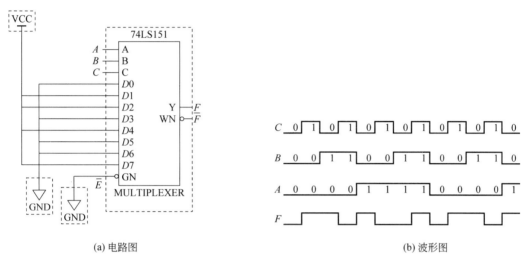

(a) 电路图　　　　　　　　　　　　　　　　　　　(b) 波形图

图 3.27　数据选择器产生序列信号

例 3.16　用数据选择器实现分时传输，要求用数据选择器分时传送四位 8421BCD 码，并译码显示。

解：一般情况下，一个数码管需要一个七段显示译码器。但也可利用 4 片四选一数据选择器和 1 片 2 线-4 线译码器组成动态显示，这样若干个数码管可共用一片七段译码显示器。

电路连接如图 3.28 所示，用 4 片四选一数据选择器，负责接收 4 位外部数据，它的 4 位 8421BCD 进行如下连接：个位全送至数据选择器的 D_0 位，十位送 D_1，百位送 D_2，千位送 D_3。当地址码为 00 时，数据选择器传送的是 8421BCD 的个位。当地址码为 01、10、11 时分别传送十位、百位、千位。经译码后就分别得到个位、十位、百位、千位的七段码，数码管受地址码经 2 线-4 线译码器的输出控制。当 $A_1 A_0 = 00$ 时，$Y_0 = 0$，则个位数码管亮。其他以此类推为十位、百位、千位数码管亮。

例如，当 $A_1 A_0 = 00$ 时，2 线-4 线译码器 $Y_0 = 1$，$DCBA = 1001$，则个位显示 9。同理，当 $A_1 A_0 = 01$ 时，$Y_1 = 1$，$DCBA = 0111$，十位显示 7。$A_1 A_0 = 10$ 时，$Y_2 = 1$，$DCBA = 0000$，百位显示 0。$A_1 A_0 = 11$ 时，$Y_3 = 1$，$DCBA = 1001$，千位显示 9。只要地址变量变化周期控制在大于 25 次/秒，人的眼睛就无明显闪烁感。

3.3.3　数据分配器

在数据传输过程中，有时需要将某一路数据分配到不同的数据通道上，能够完成这种功能的电路称为数据分配器或多路分配器或多路调节器。

数据分配器即数据的分路。将一个数据源来的数据分时送到多个不同的通道上去。

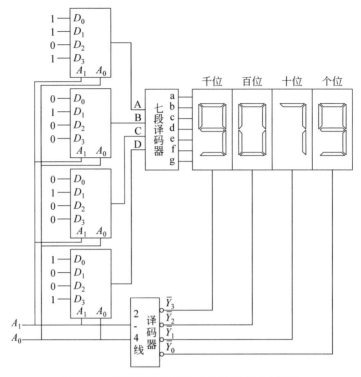

图 3.28　用数据选择器分时传输组成动态译码

相当于一个单刀多掷开关。例如，用 3 线-8 线译码器，将数据信号分配到 8 个不同的通道之一输出，如图 3.29 所示，将 $\overline{S_3}$ 接低电平，S_1 作为使能端，A_2、A_1、A_0 作为选择通道地址输入，$\overline{S_2}$ 作为数据输入 D，例如，当 $S_1=1$，$A_2A_1A_0=001$ 时，写出从 $\overline{F_1}$ 输出的逻辑表达式为：$\overline{F_1}=\overline{S_1\cdot\overline{S_2}\cdot\overline{S_3}\cdot\overline{A_2}\cdot\overline{A_1}\cdot A_0}=D$，其他通道输出的逻辑表达变量式类推。

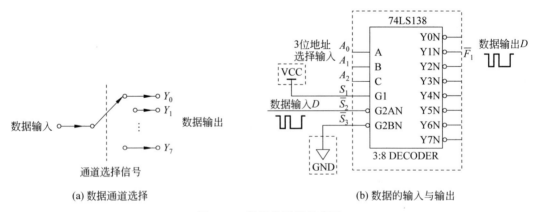

(a) 数据通道选择　　　　　　　　　　　　　　(b) 数据的输入与输出

图 3.29　数据分配器示意图

图 3.30 是四路数据分配器的逻辑电路图，其中 D 为数据输入端，A、B 为通道选择端，$W_0\sim W_3$ 为数据输出通道。例如，当 $AB=01$ 时，可得 $W_1=\overline{A}B\cdot D=D$，而其余输出为 0，因此，只有输出 W_1 得到与输入相同的数据。此数据分配器的真值表如表 3.16 所示，显然，数

据分配器实质上是地址译码器与数据 D 的组合,所以常用译码器实现数据分配。

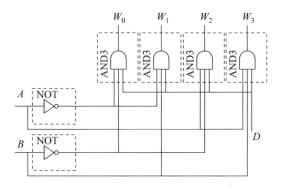

图 3.30　四路数据分配器逻辑电路

表 3.16　数据分配器真值表

输　入		输　　出			
A	B	W_0	W_1	W_2	W_3
0	0	D	0	0	0
0	1	0	D	0	0
1	0	0	0	D	0
1	1	0	0	0	D

例 3.17　试用 74LS138 实现原码和反码两种输出的八路数据分配器。

解：在译码器中介绍过,74LS138 输出为低电平有效。即当 S_1、$\bar{S}_2$、$\bar{S}_3 = 1$ 或任意值,同时 $\bar{S}_2 + \bar{S}_3 = 1$ 时,$\bar{F}_0 \sim \bar{F}_7$ 全为 1,译码器禁止工作。只有当 $S_1 = 1$,$\bar{S}_2 = \bar{S}_3 = 0$,满足译码条件时,将 $A_2 A_1 A_0$ 作为选择通道地址输入,若 $A_2 A_1 A_0 = 000$,由 74LS138 真值表(见表 3.11)可得 $\bar{F}_0 = 0$。如果选 $\bar{S}_2 + \bar{S}_3$ 端接数据 D,则 $\bar{F}_0 = D$。同理可得,若 $A_2 A_1 A_0 = 001$,则 $\bar{F}_1 = D$,$\cdots$,若 $A_2 A_1 A_0 = 111$,则 $\bar{F}_7 = D$。从而实现了原码输出的八路数据分配,电路如图 3.31(a)所示。74LS138 译码器作为数据分配器的真值表如表 3.17 所示。

表 3.17　译码器 74LS138 作为数据分配器时的真值表

使 能 输 入		代 码 输 入			译 码 输 出							
S_1	$\bar{S}_2 + \bar{S}_3$	A_2	A_1	A_0	$\bar{F}_0$	$\bar{F}_1$	$\bar{F}_2$	$\bar{F}_3$	$\bar{F}_4$	$\bar{F}_5$	$\bar{F}_6$	$\bar{F}_7$
0	$\times$	$\times$	$\times$	$\times$	1	1	1	1	1	1	1	1
$\times$	1	$\times$	$\times$	$\times$	1	1	1	1	1	1	1	1
1	D	0	0	0	D	1	1	1	1	1	1	1
1	D	0	0	1	1	D	1	1	1	1	1	1
1	D	0	1	0	1	1	D	1	1	1	1	1
1	D	0	1	1	1	1	1	D	1	1	1	1
1	D	1	0	0	1	1	1	1	D	1	1	1
1	D	1	0	1	1	1	1	1	1	D	1	1
1	D	1	1	0	1	1	1	1	1	1	D	1
1	D	1	1	1	1	1	1	1	1	1	1	D

同样，按照上述分析方法，不难得到反码输出的八路数据分配器，电路如图 3.31(b)所示。

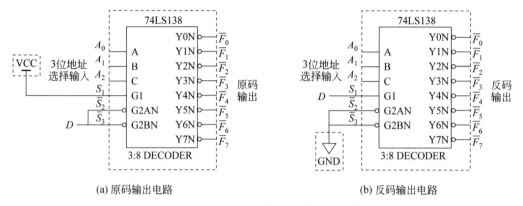

(a) 原码输出电路　　　　　　　　　　　　(b) 反码输出电路

图 3.31　74LS138 构成的八路数据分配器

在计算机系统中，常常用译码器产生各个单元的选通信号，就是预先将各个单元赋予编号，称为这个单元的地址，然后将译码器的相应输出连到每个单元的选通输入端。译码器的地址输入端则由计算机的中央控制单元（CPU）控制。当 CPU 要启动某个单元，就向译码器输出该单元的地址，该单元随即被选择通过。

3.4　数值比较器

3.4.1　数值比较器的工作原理

数值比较器是一种可以用来比较两个二进制数之间大小关系的组合逻辑电路，简称 COMP。

1. 一位数值比较器

一位数值比较器的逻辑电路图如图 3.32(a)所示，逻辑符号如图 3.32(b)所示。一

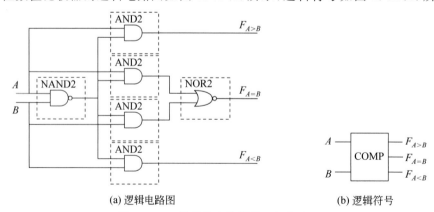

(a) 逻辑电路图　　　　　　　　　　　　(b) 逻辑符号

图 3.32　一位数值比较器的逻辑电路图

位数值比较器可以对两个一位二进制数 A 和 B 进行比较,比较结果分别由 $F_{A>B}$、$F_{A<B}$ 和 $F_{A=B}$ 给出。根据逻辑电路图可得

$$F_{A>B} = A \cdot \overline{AB} = A\overline{B}$$

$$F_{A=B} = \overline{A \cdot \overline{AB} + B \cdot \overline{AB}} = \overline{\overline{A}\overline{B} + \overline{A}\overline{B}} = \overline{A}\overline{B} + AB$$

$$F_{A<B} = \overline{AB} \cdot B = \overline{A}B$$

由此进一步可得一位数值比较器的真值表,如表 3.18 所示。

表 3.18　一位数值比较器的真值表

输　　入		输　　　出		
A	B	$F_{A>B}$	$F_{A=B}$	$F_{A<B}$
0	0	0	1	0
0	1	0	0	1
1	0	1	0	0
1	1	0	1	0

2. 两位数值比较器

由一位数值比较器可以写出两位数值比较器的真值表,如表 3.19 所示。

表 3.19　两位数值比较器的真值表

输　　入		输　　　出		
A_1　B_1	A_0　B_0	$F_{A>B}$	$F_{A=B}$	$F_{A<B}$
$A_1 > B_1$	×　×	1	0	0
$A_1 < B_1$	×　×	0	0	1
$A_1 = B_1$	$A_0 > B_0$	1	0	0
$A_1 = B_1$	$A_0 < B_0$	0	0	1
$A_1 = B_1$	$A_0 = B_0$	0	1	0

当高位(A_1、B_1)不相等时,无须比较低位(A_0、B_0),两个数的比较结果就是高位的比较结果。当高位相等时,两个数的比较结果由低位比较的结果决定。由表 3.19 可以写出如下逻辑表达式:

$$F_{A>B} = F_{A_1>B_1} + F_{A_1=B_1}F_{A_0>B_0}$$

$$F_{A<B} = F_{A_1<B_1} + F_{A_1=B_1}F_{A_0<B_0}$$

$$F_{A=B} = F_{A_1=B_1}F_{A_0=B_0}$$

根据表达式可以画出电路图,如图 3.33 所示。

两位数值比较器电路利用了 1 位数值比较器的输出作为中间结果。它的原理是,如果两位数 A_1A_0 和 B_1B_0 的高位不相等,则高位比较结果就是两数比较结果,与低位无关。这

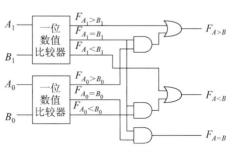

图 3.33　两位数值比较器电路图

时，由于中间函数$(A_1=B_1)=0$，使 3 个与门 G_1、G_2、G_3 均封锁，而或门都打开，高位比较结果则从或门直接输出。如果高位相等，即$(A_1=B_1)=1$，使 3 个与门 G_1、G_2、G_3 均打开，同时由于$(A_1>B_1)=0$ 和$(A_1<B_1)=0$ 作用，或门也打开，低位比较结果直接送达输出端。

3.4.2　集成数值比较器

74LS85 是一种带扩展功能的 4 位数值比较器，其逻辑符号如图 3.34 所示，真值表如表 3.20 所示。其中，$A_3\sim A_0$ 和 $B_3\sim B_0$ 分别是两个 4 位二进制数的输入端，$F_{A>B}$、$F_{A<B}$ 和 $F_{A=B}$ 是输出端，$I_{A>B}$、$I_{A<B}$ 和 $I_{A=B}$ 是级联输入端（又称芯片扩展端）。

表 3.20　4 位数值比较器 74LS85 的真值表

数 据 输 入				级 联 输 入			输　　出		
A_3B_3	A_2B_2	A_1B_1	A_0B_0	$I_{A>B}$	$I_{A=B}$	$I_{A<B}$	$F_{A>B}$	$F_{A=B}$	$F_{A<B}$
$A_3>B_3$	××	××	××	×	×	×	1	0	0
$A_3<B_3$	××	××	××	×	×	×	0	0	1
$A_3=B_3$	$A_2>B_2$	××	××	×	×	×	1	0	0
$A_3=B_3$	$A_2<B_2$	××	××	×	×	×	0	0	1
$A_3=B_3$	$A_2=B_2$	$A_1>B_1$	××	×	×	×	1	0	0
$A_3=B_3$	$A_2=B_2$	$A_1<B_1$	××	×	×	×	0	0	1
$A_3=B_3$	$A_2=B_2$	$A_1=B_1$	$A_0>B_0$	×	×	×	1	0	0
$A_3=B_3$	$A_2=B_2$	$A_1=B_1$	$A_0<B_0$	×	×	×	0	0	1
$A_3=B_3$	$A_2=B_2$	$A_1=B_1$	$A_0=B_0$	1	0	0	1	0	0
$A_3=B_3$	$A_2=B_2$	$A_1=B_1$	$A_0=B_0$	0	1	0	0	1	0
$A_3=B_3$	$A_2=B_2$	$A_1=B_1$	$A_0=B_0$	0	0	1	0	0	1

从表中看出

（1）若 $A_3>B_3$，则可以肯定 $A>B$，这时输出，$F_{A>B}=1$；若 $A_3<B_3$，则可以肯定 $A<B$，这时输出 $F_{A<B}=1$。

（2）当 $A_3=B_3$ 时，再去比较次高位 A_2，B_2。若 $A_2>B_2$，则 $F_{A>B}=1$；若 $A_2<B_2$，则 $F_{A<B}=1$。

（3）只有当 $A_2=B_2$ 时，再继续比较 A_1，B_1，以此类推，直到所有的高位都相等时，才比较最低位。这种从高位开始比较的方法要比从低位开始比较的方法速度快。

应用"级联输入"端能扩展逻辑功能，由真值表（见表 3.20）的最后 3 行可看出，当 $A_3A_2A_1A_0=B_3B_2B_1B_0$ 时，比较的结果决定于"级联输入"端，这说明：

（1）当应用一块芯片来比较四位二进制数时，应使级联输入端的"$I_{A=B}$"端接 1，"$I_{A>B}$"端与"$I_{A<B}$"端都接 0，这样就能完整地比较出三种可能的结果。

（2）若要扩展比较多位数时，可应用级联输入端作片间连接，以便组成位数更多的数值比较器，常用串联和并联方式实现。

用一片 74LS85 可以实现两个 4 位二进制数的比较，电路连接方法如图 3.35 所示。合理使用级联输入端，可以将多片连接，实现更多位二进制数的比较。图 3.36 给出了由两片 74LS85 连接而成的 8 位数值比较器，它是串联方式扩展。

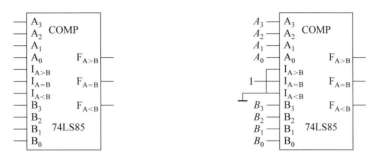

图 3.34　4 位数值比较器逻辑符号　　　图 3.35　两个 4 位二进制数的比较

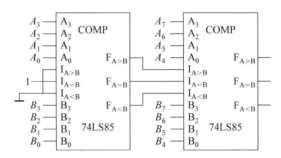

图 3.36　由两片 74LS85 连接而成的 8 位数值比较器

另一种并联方式扩展，图 3.37 给出了 4 位数值比较器扩展为 16 位数值比较器。

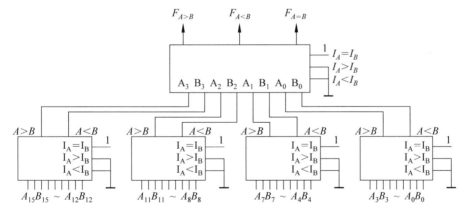

图 3.37　由 4 片 74LS85 并联而成的 16 位数值比较器

3.5　算术运算电路

3.5.1　加法运算电路

算术运算是数字系统的基本功能，是计算机中不可缺少的组成单元，而加法器是算术运算电路的核心；加、减、乘、除四则运算，在电路中经常是分解、转化成加法进行的。在 3.1.1 节中介绍过半加器和全加器，它是构成多位加法器的基础。多位加法器可以用来将两个多位二进制数相加。按运算方式的不同可分为串行进位和超前进位两种加法器。

1. 串行进位加法器

图 3.38 是一个 4 位串行进位加法器，由 4 个全加器构成。加法必须从最低位开始，依次向高位进行，因为高位的运算必须等到低位的进位产生以后才能建立，这种进位方式称为串行进位。

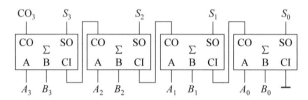

图 3.38　4 位串行进位加法器

串行进位加法器的特点是电路结构简单，运算速度较慢。

2. 超前进位加法器

为了提高运算速度，必须设法减小由于进位引起的时间延迟，方法就是超前由两个加数通过逻辑电路得出每一位全加器的进位输出信号构成各级加法器所需要的进位，而无须再从最低位开始向高位逐位传递进位信号，这就有效地提高了加法器的工作速度。采用这种电路结构形式的加法器叫做超前进位加法器。集成加法器 74LS283 就是一种典型的超前进位加法器，其逻辑符号如图 3.39 所示。其中，$A_3 \sim A_0$ 和 $B_3 \sim B_0$ 分别是两个 4 位二进制数的输入端，$S_3 \sim S_0$ 是两个 4 位二进制数相加结果的输出端，CI 是低位进位的输入端，CO 是向高位进位的输出端（有时称溢出端）。CI 和 CO 常用于功能的扩展。

一片 74LS283 只能完成 4 位二进制数的加法运算，但如果把若干片级联起来，则可以构成更多位数的加法器电路，图 3.40 给出了由两片 74LS283 构成的 8 位加法器。同理，可以把 n 片 74LS283 级联起来，构成 $4 \times n$ 位加法器电路。

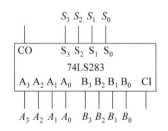

图 3.39　74LS283 的逻辑符号

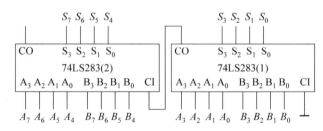

图 3.40　用 74LS283 构成的 8 位加法器

3.5.2　减法运算电路

在数字电路中,为了简化系统结构,通常不另外设计减法器,而是将减法运算变为加法运算来处理,即是通过加补码的方法来实现。

1. 反码和补码

这里只讨论数值码,即数码中不包括符号位。原码就是自然二进制码,反码是将原码中的 0 变为 1,1 变为 0,观察图 3.41 例子可以看出反码、原码及补码的一般关系式。其中 n 等于数码的位数。

$$N_\text{反} = (2^n - 1) - N_\text{原}$$

定义补码为 $N_\text{补} = 2^n - N_\text{原}$,则补码和反码的关系式为 $N_\text{补} = N_\text{反} + 1$。

由上面分析得知,一个数的反码可将原码经反相器获得,而由反码加 1 就可得到补码。

2. 由加补码完成减法运算

根据以上分析可得 A、B 两数相减的表达式: $A - B = A - (2^n - 1 - B_\text{反}) = A + B_\text{反} + 1 - 2^n$,即 A 减 B 可由 A 加 B 的补码并减 2^n 完成。下面分析减法用加法实现的运算过程,以 0101、0001 两数举例,如图 3.42 所示。

$2^n - 1: 1111$

| 原码: 0101 |
| 反码: 1010 |
| 补码: 1011 |

图 3.41　原码、反码及补码的
一般关系式图

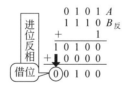 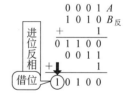

图 3.42　减法运算关系图

1) $A - B \geqslant 0$ 的情况

结果表明,在 $A - B \geqslant 0$ 时,借位信号为 0,所得的结果就是差的原码。

2) $A - B < 0$ 的情况

结果表明,在 $A - B < 0$ 时,借位信号为 1,所得的差不是原码输出,若对其再次取反加 1,则可得到差的原码。

3. 4 位减法运算电路

根据上面的举例分析,可以设计出如图 3.43 所示的运算电路。它由 4 个反相器将 B 的各位反相,并将进位输入端 C_{-1} 接逻辑 1 以实现加 1,由此求得 B 的补码。显然,并由高位的进位信号与 2^n 相减。当最高位的进位信号为 1(2^n)时,它们的差为 0;最高位的进位信号为 0 时,它们的差为 1;同时发出借位信号,因此,只要将最高位的进位信号反相即可实现减 2^n 的运算,反相器的借位信号用 V 表示,$V = 0$ 时差为正数,$V = 1$ 时差为负数。

若要求差值以原码形式输出，则需要再次进行变换，可以用异或门实现。求补相加得到的差输入到不同的异或门的一个输入端，而另一个输入端由借位信号 V 控制。当 $V=1$ 时，$D_3 \sim D_0$ 反相，并和 $C_{-1}=1$ 相加，实现求补运算；$V=0$ 时，$D_3 \sim D_0$ 不反相，加法器 74283(1)加 0000，维持原码。

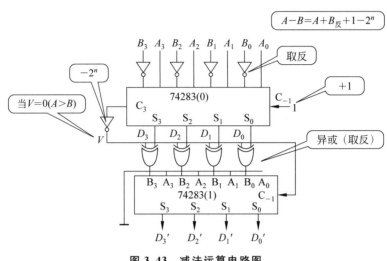

图 3.43　减法运算电路图

3.6　可编程逻辑器件

3.6.1　可编程逻辑器件概述

数字逻辑集成电路，如译码器、编码器、加法器、比较器等逻辑器件的逻辑功能都是固定不变的。用固定功能逻辑器件进行数字电路设计时，通常将系统划分成若干个模块，然后选择合适的标准逻辑器件连接成所需的电路。然而这种设计方法存在许多缺陷，首先是电路的体积和功耗大，涉及的器件数量多，器件间的连线多，从而导致电路的速度低，可靠性差；其次是设计方案不便于修改，一旦形成电路，更改或修改的工作量很大，而且设计人员需要非常熟悉大量的不同标准逻辑器件的性能和引脚封装，因此设计效率极低，设计完成后又很难对系统进行仿真、测试和修改。此外，所能构建的逻辑规模小，实现的逻辑功能有限，特别是设计的电路容易被复制，不利于知识产权的保护。可编程逻辑器件的出现彻底改变了这种不利的局面。

可编程逻辑器件(Programmable Logic Device,PLD)是在 20 世纪 70 年代就发展起来的一种新的集成电路元件，是一种半定制的集成电路，设计者可以根据需要对此器件的功能做进一步的设计和重构，PLD 集成了大量的逻辑单元和可编程连接资源，设计者可以利用计算机软件工具快速、方便地构建所需要的各种不同逻辑功能的数字系统。能够方便、快捷地完成对 PLD 的设计、编程、仿真和调试等工作，最大限度地消除了基于传统的设计方法和标准逻辑器件构成的数字电路系统的种种不利因素。

可编程逻辑器件可利用计算机辅助设计,即用原理图、状态机、布尔方程、硬件描述语言(HDL)等方法来表示设计思想,经一系列编译生成相应的目标文件,再由编程器或下载电缆将设计文件配置到目标器件中,可作为满足用户要求的专用集成电路使用。PLD 适用于小批量生产的系统,或在系统开发研制过程中采用。因此在计算机硬件、自动化控制、智能化仪表、数字电路系统等领域中得到了广泛的应用。它的应用和发展不仅简化了电路设计,降低了成本,提高了系统的可靠性和保密性,而且给数字电路设计方法带来了重大变化。

1. PLD 的发展历程

最早的可编程逻辑器件是 1970 年出现的 PROM,它由全译码的与阵列和可编程的或阵列组成,其阵列规模大、速度低,主要用途是作为存储器。

20 世纪 70 年代中期出现了可编程逻辑阵列(Programmable Logic Array,PLA)器件,它由可编程的与阵列和可编程的或阵列组成。由于其编程复杂,开发有一定的难度,因而没有得到广泛的应用。

20 世纪 70 年代末,推出了可编程阵列逻辑(Programmable Array Logic,PAL)器件,它由可编程的与阵列和固定的或阵列组成,采用熔丝编程方式,双极性工艺制造,器件的工作速度很高。由于它的输出结构种类很多,设计很灵活,因而成为第一个得到普遍应用的可编程的逻辑器件。

20 世纪 80 年代初,Lattice 公司发明了通用阵列逻辑(Generic Array Logic,GAL)器件,采用输出逻辑宏单元(Output Logic Macro Cell,OLMC)的形式和 EECMOS 工艺结构,具有可擦除、可重复编程、数据可长期保存和可重新组合结构等优点。GAL 比 PAL 使用更加灵活,因而在 20 世纪 80 年代得到广泛的应用。

20 世纪 80 年代中期,Xilinx 公司提出现场可编程概念,同时生产出了世界上第一片现场可编程门阵列(Field Programmable Gate Array,FPGA)器件,它是一种新型的高密度 PLD,采用 CMOS-SRAM 工艺制作,内部由许多独立的可编程逻辑模块组成,逻辑块之间可以灵活地相互连接,具有密度高、编程速度快、设计灵活和可再配置设计能力等许多优点。同一时期,Altera 公司推出 EPLD(Erasable Programmable Logic Device)器件,它采用 CMOS 和 UVEPROM 工艺制作,它比 GAL 器件有更高的集成度,可以用紫外线或电擦除,但内部互连能力比较弱。

20 世纪 80 年代末,Lattice 公司提出了在系统可编程(In System Programmable,ISP)技术。此后相继出现了一系列具备在系统编程能力的复杂可编程逻辑器件(Complex PLD,CPLD)。CPLD 是在 EPLD 的基础上发展起来的,采用 EECMOS 工艺,增加了内部互连线,改进了内部结构体系,比 EPLD 性能更好,设计更加灵活。

进入 20 世纪 90 年代,高密度 PLD 在生产工艺、器件的编程和测试技术等方面都有了飞速发展。器件的可用逻辑门数超过了百万门,并出现了内嵌复杂功能模块(如加法器、乘法器、RAM、CPU 核、DSP 核、PLL 等)的 SOPC(System on Programmable Chip)。目前世界各著名半导体器件公司如 Altera、Xilinx、Lattice 等均可提供不同类型的 CPLD 和 FPGA 产品,新的 PLD 产品不断面世。众多公司的竞争促进了可编程集成电路技术的提高,使其性能不断完善,产品日益丰富。

2. 目前流行可编程器件的特点

由于市场产品的需求和市场竞争的促进,成熟的 EDA 工具所能支持的,同时标志着最新 EDA 技术发展成果的新器件不断涌现,其特点主要表现为:

(1) 大规模。逻辑规模已达数百万门,近 10 万逻辑宏单元,可以将一个复杂的电路系统,包括诸如一个至多个嵌入式系统处理器、各类通信接口、控制模块和 DSP 模块等装入一个芯片中,即能满足所谓的 SOPC 设计。典型的器件有 Altera 的 Stratix 系列、Excalibue 系列;Xilinx 的 Virtex-Ⅱ Pro 系列、Spartan-3 系列(该系列达到了 90nm 工艺技术)。

(2) 低功耗。尽管一般的 FPGA 和 CPLD 在功能和规模上都能很好地满足绝大多数的系统设计要求,但对于有低功耗要求的便携式产品来说,通常都难以满足要求,但由 Lattice 公司推出的 ispMACH4000z 系列 CPLD 达到了前所未有的低功耗性能,静态功耗 $20\mu A$,以至于被称为零功耗器件,而其他性能,如速度、规模、接口特性等仍然保持了很好的指标。

(3) 模拟可编程。各种应用 EDA 工具软件设计、ISP 方式编程下载的模拟可编程及模数混合可编程器件不断出现。最具代表性的器件是 Lattice 的 ISPPAC 系列器件,其中包括常规模拟可编程器件 ISPPAC10、精密高阶低通滤波器设计专用器件 ISPPAC80、模数混合通用在系统可编程器件 ISPPAC20、在系统可编程电子系统电源管理器件 ISPPAC-POWER 等等。

(4) 含多种专用端口和附加功能模块的 FPGA。例如 Altera 的 Stratix、Cyclone、APEX 等系列器件,除内嵌大量 ESB(嵌入式系统块)外,还含有嵌入的锁相环模块(用于时钟发生和管理)、嵌入式微处理器核等。此外,Stratix 系列器件还嵌有丰富的 DSP 模块。

3.6.2　可编程器件的结构及工作原理

1. 可编程逻辑器件的基本结构

可编程逻辑器件的基本结构是由与阵列和或阵列、再加上输入缓冲电路和输出电路组成的,组成框图如图 3.44 所示。其中与阵列和或阵列是核心,与阵列用来产生乘积项,或阵列用来产生乘积项之和形式的函数。输入缓冲电路可以产生输入变量的原变量和反变量,输出结构可以是组合输出、时序输出或是可编程的输出结构,输出信号还可以通过内部通道反馈到输入端。

图 3.44　PLD 的基本结构框图

2. 可编程逻辑器件的分类及工作原理

可编程逻辑器件的分类没有统一标准,按其结构的复杂程度及结构的不同,可编程逻辑器件一般可分为 4 种:SPLD、CPLD、FPGA 和 ISP 器件。

1) 简单可编程逻辑器件(SPLD)

简单可编程逻辑器件是可编程逻辑器件的早期产品,包括可编程只读存储器(PROM)、可编程逻辑阵列(PLA)、可编程阵列逻辑(PAL)和通用阵列逻辑(GAL)。简单 PLD 的典型结构由与门阵列、或门阵列组成,能够以“积之和”的形式实现布尔逻辑函数。因为任意一个组合逻辑都可以用“与-或”表达式来描述,所以简单 PLD 能够完成大量的组合逻辑功能,并且具有较高的速度和较好的性能。

2) 复杂可编程逻辑器件(CPLD)

复杂可编程逻辑器件出现在 20 世纪 80 年代末期,其结构区别于早期的简单 PLD,最基本的一点在于:简单 PLD 为逻辑门编程,而复杂 PLD 为逻辑板块编程,即以逻辑宏单元为基础,加上内部的与或阵列和外围的输入/输出模块,不但实现了除简单逻辑控制之外的时序控制,又扩大了在整个系统中的应用范围和扩展性。

3) 现场可编程门阵列(FPGA)

现场可编程门阵列是一种可由用户自行定义配置的高密度专用集成电路,它将定制的 VLSI 电路的单片逻辑集成优点和用户可编程逻辑器件的设计灵活、工艺实现方便、产品上市快捷的长处结合起来,器件采用逻辑单元阵列结构,静态随机存取存储工艺,设计灵活,集成度高,可重复编程,并可现场模拟调试验证。

4) 在系统可编程(ISP)逻辑器件

在系统可编程逻辑器件(IN-System Programmable PLD)是一种新型可编程逻辑器件,采用先进的 E^2CMOS 工艺,结合传统的 PLD 器件的易用性、高性能和 FPGA 的灵活性、高密度等特点,可在系统内进行编程。

5) PLD 电路的逻辑符号表示

可编程逻辑器件内部核心由与阵列和或阵列构成,为了描述 PLD 的内部电路结构和便于画图,采用目前国际、国内通用的画法。

图 3.45 所示为 PLD 输入缓冲电路表示,提供了原变量和反变量两个互补的输出信号,图中,$B=A,C=\overline{A}$。

图 3.46 所示为一个三输入与门的 PLD 表示,图中 $F=A \cdot B \cdot C$。图 3.47 所示为一个三输入或门的 PLD 表示,图中 $F=A+B+C$。

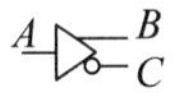

图 3.45　输入缓冲电路表示 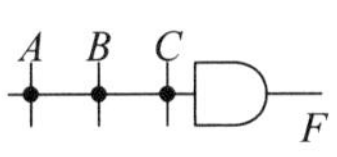　　图 3.46　三输入与门的 PLD 表示 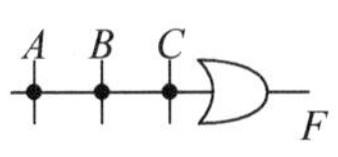　　图 3.47　三输入或门的 PLD 表示

图 3.48 所示为 PLD 中阵列交叉点上 3 种连接方式的表示法,其中,固定连接是厂家在制造芯片时已连接,是不可编程的。而可编程连接和可编程断开是靠编程实现的。

(a) 固定连接单元　　(b) 被编程接通单元　　(c) 被编程擦除单元

图 3.48　3 种连接方式的表示

6）可编程逻辑器件的编程特性及编程元件

可编程逻辑器件的编程特性有一次可编程和重复可编程两类。一次可编程的典型产品是 PROM、PAL 和熔丝型 FPGA，其他大多数是可重复编程的。用紫外线擦除产品的编程次数一般在几十次的数量级，采用电擦除的次数多一些，采用 E^2CMOS 工艺的产品，擦写次数可达几千次，而采用 SRAM 结构，则可实现无限次编程。

最早的 PLD 器件（如 PAL），大多采用 TTL 工艺，后来的 PLD 器件（如 GAL、CPLD、FPGA 及 ISP-PLD）都采用 MOS 工艺（如 NMOS、CMOS、E^2CMOS 等）。一般有下列 5 种编程元件：熔丝开关（一次可编程，要求大电流）；可编程低阻电路元件（多次编程，要求中电压）；EPROM（要求有石英窗口，紫外线擦除）；E^2PROM；基于 SRAM 的编程元件。

在熔丝式工艺的 PLD 中（如 PAL），在尚未编程前交叉点上的熔丝处于接通状态，通过编程可将有用的熔丝保留（连接），将无用的熔丝熔断（断开），即可得到所需电路。在 E^2CMOS 工艺的 PLD 中每个交叉点设有 E^2CMOS 编程单元，通过编程使该单元处于导通或截止状态，并可多次编程改变状态。

3.6.3　可编程逻辑器件的产品及开发

1. 可编程只读存储器

当与阵列固定，或阵列可编程时，称为可编程只读存储器（PROM），其结构如图 3.49 所示。这种可编程逻辑器件一般用作存储器，其输入为存储器的地址，输出为存储单元的内容。由于与阵列采用全译码器，随着输入的增多，阵列规模按输入的 2^n 增长。当输入的数目太大时，器件功耗增加，而巨大的阵列开关时间也会导致其速度缓慢。但 PROM 价格低，易于编程，同时没有布局、布线问题，性能完全可以预测。它不可擦除、不可重写的局限性也由于 EPROM、E^2PROM 的出现而得到解决，也还是具有一定应用价值的。

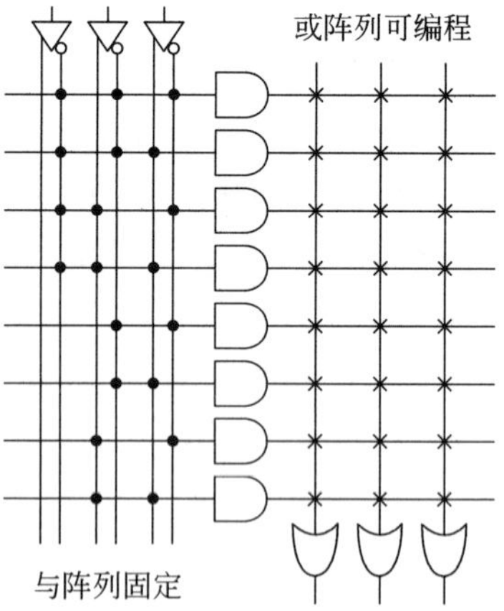

2. 可编程逻辑阵列

当与阵列和或阵列都是可编程时，称为可编程逻辑阵列（PLA），其结构如图 3.50 所示。由于与阵列可

图 3.49　PROM 基本结构

编程，使得 PROM 中由于输入增加而导致规模增加的问题不复存在，从而有效地提高了芯片的利用率。PLA 用于含有复杂的随机逻辑置换的场合是较为理想的，但其慢速特性

和相对高的价格妨碍了它被广泛使用。

3. 可编程阵列逻辑

当或阵列固定,与阵列可编程时,称为可编程阵列逻辑(PAL),其结构如图 3.51 所示。与阵列的可编程特性使输入项可以增多,而固定的或阵列又使器件得到简化。在这种结构中,每个输出是若干乘积项之和,其中乘积项的数目是固定的。PAL 的这种基本门阵列结构对于大多数逻辑函数是很有效的,因为大多数逻辑函数都可以方便地化简为若干个乘积项之和,即与或表达式,同时这种结构也提供了较高的性能和速度,所以一度成为 PLD 发展史上的主流。PAL 有几种固定的输出结构,不同的输出结构对应不同的型号,可以根据实际需要进行选择。

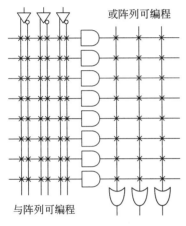

图 3.50　PLA 阵列结构

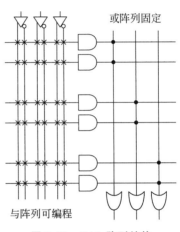

图 3.51　PAL 阵列结构

4. 通用阵列逻辑

PAL 的第二代产品 GAL,吸收了先进的浮栅技术,并与 CMOS 的静态 RAM 结合,形成了 E^2PROM 技术,从而使 GAL 具有了可电擦写、可重复编程、可设置加密的功能。GAL 的输出可由用户来定义,它的每个输出端都集成着一个可编程的输出逻辑宏单元(Output Logic Macro Cell,OLMC)。如图 3.52 所示 GAL16V8 的逻辑框图中,在 12～19 号引脚内就各有一个 OLMC。

GAL22V10 的 OLMC 内部结构如图 3.53 所示。从图中可以看出,OLMC 中除了包含或门阵列和 D 触发器之外,还有两个多路选择器(MUX),其中四选一 MUX 用来选择输出方式和输出极性,二选一 MUX 用来选择反馈信号。这些选择器的状态都是可编程控制的,通过编程改变其连线可以使 OLMC 配置成多种不同的输出结构,完全包含了PAL 的几种输出结构。普通 GAL 器件只有少数几种基本型号就可以取代数十种 PAL 器件,因而 GAL 是名副其实的通用可编程逻辑器件。GAL 的主要缺点是规模较小,对于较为复杂的逻辑电路显得力不从心。

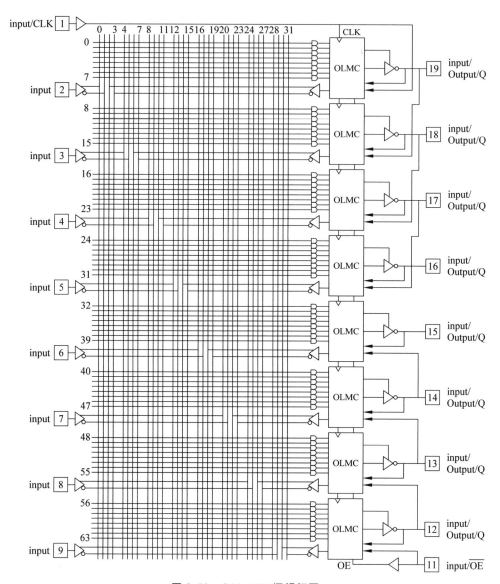

图 3.52　GAL16V8 逻辑框图

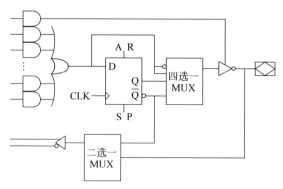

图 3.53　GAL22V10 的 OLMC 结构框图

3.6.4　复杂可编程逻辑器件 CPLD

复杂可编程逻辑器件是随着半导体工艺不断完善、用户对器件集成度要求不断提高的形势下发展起来的。最初是在 EPROM 和 GAL 的基础上推出可擦除可编程逻辑器件,也就是 EPLD(Erasable PLD),其基本结构与 PAL/GAL 相仿,但集成度要高得多。近年来器件的密度越来越高,所以许多公司把原来的 EPLD 的产品改称为 CPLD,但为了与 FPGA、ISP-PLD 加以区别,一般把限定采用 EPROM 结构实现较大规模的 PLD 称为 CPLD。

CPLD 是将多个可编程阵列逻辑(PAL)器件集成到一个芯片,具有类似 PAL 的结构。CPLD 器件中至少包含 3 种结构:可编程逻辑功能块(FB)、可编程 I/O 单元、可编程内部连线。FB 中包含有乘积项、宏单元等。图 3.54 是 CPLD 的结构原理图。

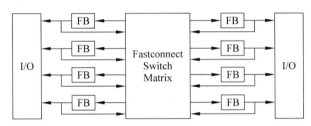

图 3.54　CPLD 的结构原理图

目前,世界上主要的半导体器件公司,如 Altera、Xilinx 和 Lattice 等,都生产 CPLD 产品。不同的 CPLD 有各自的特点,但总体结构大致相似。在此将以 Altera 公司的 MAX7000 系列器件为例来介绍 CPLD 的基本原理和结构。

MAX7000 系列是高密度、高性能的 CMOS CPLD,采用先进的 $0.8\mu m$ CMOS E^2PROM 技术制造。MAX7000 系列提供 600~5000 可用门,引线端子到引线端子的延时为 6ns,计数器频率可达 151.5MHz。它主要有逻辑阵列块、宏单元、扩展乘积项、可编程连线阵列和 I/O 控制模块组成,其中的 EPM7128E 的结构框图如图 3.55 所示。EPM7128E 有 4 个专用输入,它们能用作通用输入,或作为每个宏单元和 I/O 引线端子的高速的、全局的控制信号,如时钟(Clock)、清零(Clear)和输出使能(Out Enable)。

1. 逻辑阵列块

由图 3.55 可见,EPM7128E 主要由逻辑阵列模块(LAB)以及它们之间的连线构成的,而逻辑阵列块又由 16 个宏单元的阵列组成,LAB 通过可编程连线阵(PIA)和全局总线连接在一起。全局总线由所有的专用输入、I/O 引线端子和宏单元馈给信号组成。

每个 LAB 有如下输入信号:

- 来自通用逻辑输入的 PIA 的 36 个信号;
- 用于寄存器辅助功能的全局控制信号;
- 从 I/O 引线端子到寄存器的直接输入通道。

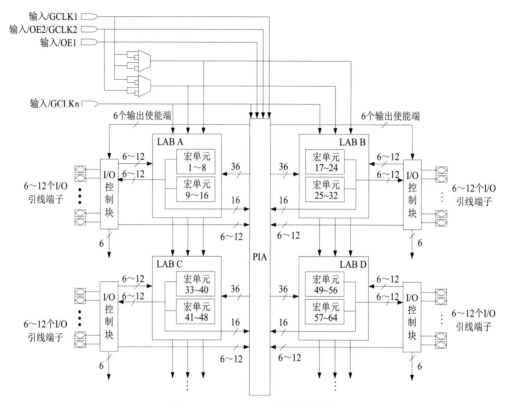

图 3.55 EPM7128E 的结构框图

2. 宏单元

MAX7000 宏单元能够独立地配置为时序或组合工作方式。宏单元由 3 个功能模块组成，它们是逻辑阵列、乘积项选择矩阵和可编程触发器，EPM7128E 的宏单元如图 3.56 所示。

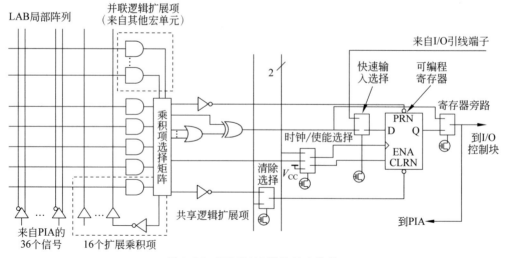

图 3.56 EPM7128 器件的宏单元

逻辑阵列用于实现组合逻辑。它给每个宏单元提供 5 个乘积项。乘积项选择矩阵分配这些乘积项作为到"或"门和"异或"门的主要逻辑输入，以实现组合逻辑函数；或者把这些乘积项作为宏单元中触发器的辅助输入：置位、清零、时钟和时钟使能控制，每个宏单元的一个乘积项可以反相后送回到逻辑阵列。这个"可共享"的乘积项能够连到同一个 LAB 中的任何其他乘积项上。

作为寄存器使用时，每个宏单元的触发器可以单独地编程为具有时钟控制的 D、T、JK 或 RS 触发器。如果需要的话，可将触发器旁路，以实现组合逻辑工作方式。在输入时，规定所希望的触发器类型，然后 MAX＋PLUSII 对每一个寄存器能选择最有效的触发器工作方式，以设计所需要的器件资源最少。

每一个可编程的触发器可以按 3 种不同的方式实现时钟控制。

- 全局时钟信号。这种方式可以达到最快的从时钟到输出的性能。
- 全局时钟信号，并由高电平有效的时钟信号所使能。这种方式可以为每个触发器提供使能信号，并仍达到全局时钟的快速时钟到输出的性能。
- 用乘积项实现阵列的时钟。在这种方式下，触发器由来自隐埋的宏单元或 I/O 引线端子的信号来进行时钟控制。

EPM7128 可以得到两个全局时钟信号。这两个全局时钟信号可以是全局时钟引线端子 GCLK1 和 GCLK2 的信号，也可以是 GCLK1 和 GCLK2 求"反"后的信号。

每个触发器也支持异步清零和异步置位功能。如图 3.56 所示，乘积项选择矩阵分配乘积项来控制这些操作。虽然乘积项驱动触发器的置位和复位信号是高电平有效，但在逻辑阵列中将信号反相可得到低电平有效的控制。此外，每一个触发器的复位功能可以由低电平有效的、专用的全局复位引线端子 GCLRn 信号来驱动。

所有同 I/O 引线端子相联系的 EPM7128 宏单元还具有快速输入特性，这些宏单元的触发器有直接来自 I/O 引线端子的输入通道，它旁路了 PIA 组合逻辑。这些直接输入通道允许触发器作为具有极快(3ns)输入建立时间的输入寄存器。

3. 扩展乘积项

尽管大多数逻辑函数能够用每个宏单元中的 5 个乘积项实现，但有一些逻辑函数会更为复杂，需要附加乘积项。为提供所需的逻辑资源，不是利用另一个宏单元，而是利用 MAX7000 结构中具有的共享和并联扩展乘积项("扩展项")。这两种扩展项作为附加的乘积项直接送到本 LAB 的任意宏单元中。利用扩展项可保证在实现逻辑综合时，用尽可能少的逻辑资源，得到尽可能快的工作速度。

1）共享扩展项

每个 LAB 有多达 16 个共享扩展项。共享扩展项就是由每个宏单元提供的一个未投入使用的乘积项，并将它们反相后反馈到逻辑阵列，便于集中使用。每个共享扩展项后增加一个短的延时。图 3.57 给出共享扩展项是如何馈送到多个宏单元的。

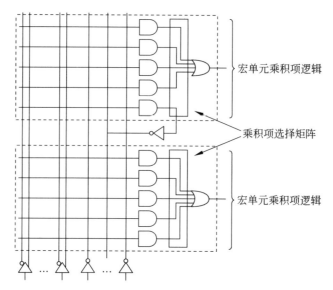

图 3.57　共享扩展项

2) 并联扩展项

并联扩展项是一些宏单元中没有使用的乘积项，并且这些乘积项可分配到邻近的宏单元去实现快速复杂的逻辑函数。并联扩展允许多达 20 个乘积项直接馈送到宏单元的"或"逻辑。其中 5 个乘积项由宏单元本身提供，15 个并联扩展项由 LAB 中邻近宏单元提供。

Quartus Ⅱ 编译器能够自动地给并联扩展项布线，可最多把 3 组、每组最多 5 个并联扩展项连到所需的宏单元上，每组扩展项将增加一个短的延时。例如，若一个宏单元需要 14 个乘积项，编译器采用本宏单元的 5 个专有的乘积项，并分配给它两组并联扩展项（第 1 组包含 5 个乘积项，第 2 组包含 4 个乘积项），于是总延时增加了 2 倍（由于用了两组并联扩展项，故为 2 倍延时）。

在 LAB 内有两组宏单元。每组含 8 个宏单元（例如，一组宏单元是 1～8，另一组是 9～16）。在 LBA 中形成两个出借或借用的并联扩展项的链。一个宏单元可以从较小编号的宏单元中借用并联扩展项，例如，宏单元 8 能够从宏单元 7，或从宏单元 7 和 6，或从宏单元 7、6 和 5 中共用并联扩展项。在 8 个宏单元的一个组内，最小编号的宏单元仅能出借并联扩展项，而最大编号的宏单元仅能借用并联扩展项。图 3.58 表示了并联扩展项是如何从邻近的宏单元中借用的。

4. 可编程连线阵列

可编程连线阵列 PIA 的作用是在各逻辑宏单元之间以及逻辑宏单元和 I/O 单元之间提供互连网络。各逻辑宏单元通过可编程连线阵列接收来自专用输入或输出端的信号，并将宏单元的信号反馈到其需要到达的 I/O 单元或其他宏单元。这种互连机制有很大的灵活性，它允许在不影响引脚分配的情况下改变内部的设计。

图 3.59 所示是 PIA 布线示意图。CPLD 的 PIA 布线具有可累加的延时，这使得 CPLD 的内部延时是可预测的，从而带来较好的时序性能。

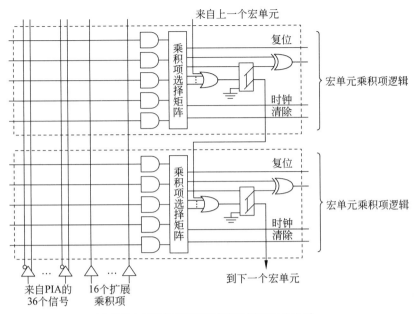

图 3.58　并联扩展项

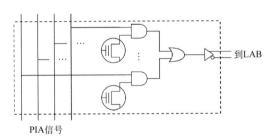

图 3.59　PIA 布线示意图

5. I/O 控制块

I/O 控制块允许每个 I/O 引脚单独地配置为输入、输出和双向工作方式。所有 I/O 引脚都有一个三态缓冲器,它由全局输出使能信号中的一个信号控制,或者把使能端直接连到地(GND)或电源(V_{CC})上。当三态缓冲器的控制端连到地(GND)时,输出为高阻态,此时 I/O 引脚可用作专用输入引脚。当三态缓冲器的控制端接高电平(V_{CC})时,输出被使能。

图 3.60 给出了 EPM7128 的 I/O 控制块。它有 6 个全局输出使能信号,这 6 个使能信号由下述信号驱动:两个输出使能信号、一个 I/O 引线端子的集合或一个 I/O 宏单元,并且也可以是这些信号"反相"后的信号。

3.6.5　现场可编程门阵列 FPGA

FPGA 器件在结构上,由逻辑功能块排列为阵列,它的结构可以分为 3 个部分:可编程逻辑块(Configurable Logic Blocks,CLB)、可编程 I/O 模块 IOB(Input/Output Block,

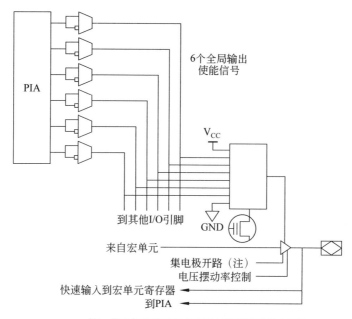

注：集电极开路输出仅在MAX7000S器件中有效

图 3.60　I/O 控制块结构图

IOB)和可编程内部连线(Programmable Interconnect,PI),如图 3.61 所示。CLB 在器件中排列为阵列,周围有环形内部连线,IOB 分布在四周的引脚上。CLB 能够实现逻辑函数,还可以配置成 RAM 等复杂的形式。

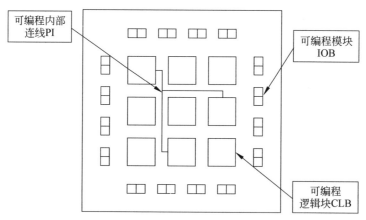

图 3.61　FPGA 的结构原理

1. 常见 FPGA 的结构

常见 FPGA 的结构主要有 3 种类型:查找表结构、多路开关结构和多级与非门结构。

1) 查找表型 FPGA 结构

查找表型 FPGA 的可编程逻辑块是查找表,由查找表构成函数发生器,通过查找表实现逻辑函数,查找表的物理结构是静态存储器(SRAM)。M 个输入项的逻辑函数可以由一个 2^M 位容量 SRAM 实现,函数值存放在 SRAM 中,SRAM 的地址线起输入线的作用,地址即输入变量值,SRAM 的输出为逻辑函数值,由连线开关实现与其他功能块的连接。

下面以全加器为例,说明查找表实现逻辑函数的方法。全加器的真值表如表 3.21 所示,其中,A_n 为加数,B_n 为被加数,C_{n-1} 为低位进位,S_n 为和,C_n 为产生的进位。这样的一个全加器可以由三输入的查找表实现,在查找表中存放全加器的真值表,输入变量作为查找表的地址。

从理论上讲,只要能够增加输入信号线和扩大存储器容量,查找表就可以实现任意多输入函数。但事实上,查找表的规模受到技术和经济因素的限制。每增加一个输入项,查找表 SRAM 的容量就需要扩大一倍,当输入项超过 5 个时,SRAM 容量的增加就会变得不可忍受。16 个输入项的查找表需要 64KB 位容量的 SRAM,相当于一片中等容量的 RAM 的规模。因此,实际的 FPGA 器件的查找表输入项不超过 5 个,对多于 5 个输入项的逻辑函数则由多个查找表逻辑块组合或级联实现。此时逻辑函数也需要作些变换以适应查找表的结构要求,这一步在器件设计中称为逻辑分割。至于怎样逻辑函数才能用最少数目的查找表实现逻辑函数,是一个求最优解的问题,针对具体的结构有相应的算法来解决这一问题。这在 EDA 技术中属于逻辑综合的范畴,可由工具软件来进行。

表 3.21　全加器真值表

A_n	B_n	C_{n-1}	S_n	C_n
0	0	0	0	0
0	0	1	1	0
0	1	0	1	0
0	1	1	0	1
1	0	0	1	0
1	0	1	0	1
1	1	0	0	1
1	1	1	1	1

2) 多路开关型 FPGA 结构

在多路开关型 FPGA 中,可编程逻辑块是可配置的多路开关。利用多路开关的特性对多路开关的输入和选择信号进行配置,接到固定电平或输入信号上,从而实现不同的逻辑功能。例如,二选一多路开关的选择输入信号为 s,两个输入信号分别为 a 和 b,则输出函数为 $f = sa + \bar{s}b$。如果把多个多路开关和逻辑门连接起来,就可以实现数目巨大的逻辑函数。

多路开关型 FPGA 的代表是 Actel 公司的 ACT 系列 FPGA。以 ACT-1 为例,它的基本宏单元由 3 个二输入的多路开关和一个或门组成,如图 3.62 所示。

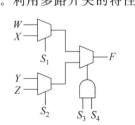

图 3.62　多路开关型 FPGA 逻辑块

这个宏单元共有 8 个输入和 1 个输出，可以实现的函数为：

$$F = (\overline{S_3 + S_4})(\overline{S_1}w + S_1x) + (S_3 + S_4)(\overline{S_2}Y + S_2Z)$$

对 8 个输入变量进行配置，最多可实现 702 种逻辑函数。

当 $W = A_n, x = \overline{A_n}, S_1 = B_n, Y = \overline{A_n}, Z = A_n, S_2 = B_n, S_3 = C_n, S_4 = 0$ 时，输出等于全加器本地和输出 S_n：

$$S_n = (\overline{C_n + 0})(\overline{B_n}A_n + B_n\overline{A_n}) + (C_n + 0)(\overline{B_n}\overline{A_n} + B_nA_n) = A_n \oplus B_n \oplus C_n$$

除上述多路开关结构外，还存在多种其他形式的多路开关结构。在分析多路开关结构时，必须选择一组二选一的多路开关作为基本函数，然后再对输入变量进行配置，以实现所需的逻辑函数。在多路开关结构中，同一函数可以用不同的形式来实现，取决于选择控制信号和输入信号的配置，这是多路开关结构的特点。

3）多级与非门型 FPGA 结构

采用多级与非门结构的器件是 Altera 公司的 FPGA。Altera 公司的与非门结构基于一个与-或-异或逻辑块，如图 3.63 所示。这个基本电路可以用一个触发器和一个多路开关来扩充。多路开关选择组合逻辑输出、寄存器输出或锁存器输出。异或门用于增强逻辑块的功能，当异或门输入端分离时，它的作用相当于或门，可以形成更大的或函数，用来实现其他算术功能。

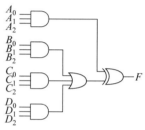

图 3.63 多级与非门型
FPGA 逻辑块

Altera 公司 FPGA 的多级与非门结构同 PLD 的与或阵列很类似，它是以"线与"形式实现与逻辑的。在多级与非门结构中线与门可编程，同时起着逻辑连接和布线的作用，而在其他 FPGA 结构中，逻辑和布线是分开的。

2. Cyclone 系列 FPGA 器件的基本结构

Altera 公司 Cyclone 系列的 FPGA 具有典型性，在此以 Cyclone 系列为例做简单的介绍。

Cyclone 器件主由逻辑阵列块（LAB）、嵌入式存储器块、I/O 单元和 EAB、M4K、PLL 等嵌入式模块构成，在各个模块之间存在丰富的互连线和时钟网络。

1）Cyclone FPGA 的 LE 单元的内部结构

Cyclone 器件的可编程资源主要来自逻辑阵列块（LAB），而每个 LAB 都是由多个 LE 来构成。LE（Logic Element）即逻辑宏单元，是 Cyclone FPGA 器件的最基本的可编程单元，职能类似于 GAL 的 OLMC。图 3.64 显示了 Cyclone FPGA 的 LE 单元的内部结构。

观察图 3.64 可以发现，LE 主要由一个 4 输入的查找表 LUT、进位链逻辑和一个可编程的寄存器构成。4 输入的 LUT 可以完成所有的 4 输入、1 输入的组合逻辑功能。进位链逻辑带有进位选择，可以灵活地构成 1 位加法或者减法逻辑，并可以切换。每一个 LE 的输出都可以连接到局部布线、行列、LUT 链、寄存器链等布线资源。

每一个 LE 中的可编程寄存器可以被配置成 D、T、JK 和 RS 触发器模式。每个可编程寄存器具有同步数据装载、异步数据装载、时钟、时钟使能、清零和异步置位/复位控制

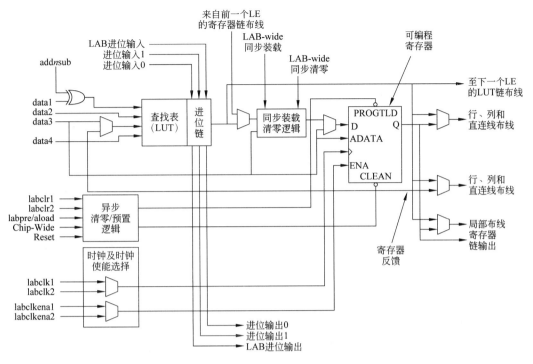

图 3.64 Cyclone LE 的结构图

信号。

LE 中的时钟、时钟使能选择可以灵活配置寄存器的时钟以及时钟使能信号。对于只需要完成组合逻辑实现的情况,可将该触发器旁路,LUT 的输出可作为 LE 的输出。

LE 有 3 个输出驱动内部互连,其中一个驱动局部互连,另两个驱动行或列的互连资源。LUT 和寄存器的输出可以单独控制。可以实现在一个 LE 中,LUT 驱动一个输出,而寄存器驱动另一个输出。因而在一个 LE 中的触发器和 LUT 能够用来完成不相关的功能,因此能提高 LE 的资源利用率。

除上述的 3 个输出外,在一个逻辑列块中 LE,还可以通过 LUT 链和寄存器链进行互连。在同一个 LAB 中的 LE 通过 LUT 链级联在一起,可以实现宽输入(输入多于 4个)的逻辑功能。在同一个 LAB 的 LE 里的寄存器可以通过寄存器链级联在一起,构成一个移位寄存器,而 LE 中 LUT 资源可以单独实现组合逻辑功能。

2) Cyclone 中的嵌入式模块

在 Cyclone FPGA 器件中含有许多功能强大、使用灵活的嵌入式模块。

嵌入式存储器(Embedded Memory)是最典型、应用最广的嵌入式模块之一。嵌入式存储器一般称为 EAB(嵌入式阵列块)。Cyclone 中的 EAB 称为 M4K,由数十个 M4K 存储器块构成。每个 M4K 存储器块具有很强的伸缩性,可以实现的功能包括 4096 位 RAM、200MHz 高性能存储器、真正的双端口存储器、单个双端端口存储器、单端口存储器、字节使能、校验位、移位寄存器、FIFO 和 ROM 等,所有这些都可以通过编程设计组合并调用 FPGA 中已嵌入的大量 EAB 模块来构建。

在 Cyclone 中的嵌入式存储器可以通过多种连线与可编程资源实现连接,这大大增强了 FPGA 的性能,扩大了 FPGA 的应用范围。此外,在 Cyclone FPGA 中还含有 1～4 个嵌入式锁相环 PLL,可以用来调整时钟信号的波形、频率和相位。

Cyclone 支持多种 I/O 接口,符合多种 I/O 标准,可以支持差分的 I/O 标准,诸如 LVDS(低压差分串行)和 RSDS(去抖动差分信号),当然也支持普通端口的 I/O 标准,比如 LVTTL(低压 TTL 电平)、LVCMOS、SSTL 和 PCI 等,通过这些常用的端口与其他芯片沟通。

Cyclone 器件可以支持最多 129 个通道的 LVDS 和 RSDS。器件内的 LVDS 缓冲器可以支持最高达 640Mbps 的数据传输速度。与单端的 I/O 标准相比,这些内置于 Cyclone 器件内部的 LVDS 缓冲器保持了信号的完整性,并具有更低的电磁干扰和更好的电磁兼容性(EMI)及更低的电源功耗。

在数字逻辑电路的设计中,时钟 Clock、复位信号往往需要作用于系统中的每个时序逻辑单元,因此在 Cyclone 器件中设置有全局控制信号。由于系统的时钟延时会大大影响系统的性能,在 Cyclone 中设置了复杂的全局时钟网络,以减少时钟信号的传输延迟,特别适合于设计同步时序逻辑电路。

3.7 组合逻辑电路竞争与冒险

3.7.1 竞争冒险及产生原因

前面分析组合逻辑电路时,都没有考虑门电路的延迟时间对电路产生的影响。实际上,从信号输入到稳定输出需要一定的时间。不同通路上门的级数不同、连线的延迟或者门电路平均延迟时间的差异,使信号从输入传输到输出级的时间不同。由于这些原因,可能会使逻辑电路发生短暂的与理想情况不符的逻辑信号,通常称为毛刺(尖脉冲)信号,一般情况下,毛刺信号存在的时间非常短暂。但是,若组合电路的负载是一个对脉冲敏感的电路,那么毛刺信号将可能使负载电路发生误动作,从而造成严重后果。对此在设计时应采取措施加以避免。以下通过例子来观察毛刺的产生过程。

对于图 3.65 所示的电路,如果 A、B、C、D 这 4 个输入信号电平变换不是同时发生的,这将导致输出信号 OUT 出现毛刺,仿真波形如图 3.66 所示。此外,由于无法保证所有内部连线的长度一致,即使 4 个输入信号在输入端同时变化,到达或门的时间也会不一样,从而也可导致毛刺的产生。如果将它们的输出直接连接到其他器件的控制输入端,必然会导致错误的后果。

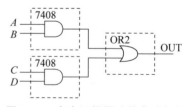

图 3.65 存在逻辑冒险的电路示例

同一个门的输入信号,由于它们在此前通过不同数目的门,经过不同长度的导线后到达门输入端的时间会有先有后,这种现象称为竞争。逻辑门因输入端的竞争而导致输出产生不应有的尖峰干扰脉冲(又称过渡干扰脉冲)的现象,称为冒险。所以在数字电路设计完成后,必须检查设计系统的工作性能,其中包括检查输出信号是否含有毛刺。

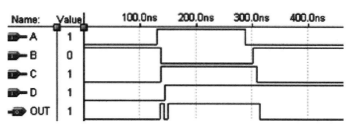

图 3.66　存在逻辑冒险电路的仿真波形

3.7.2　竞争冒险的判断方法

传统条件下判断一个电路是否可能产生冒险现象(险象)有两种方法:代数法和卡诺图法。在函数表达式中,若某个变量 A 同时以原变量和反变量形式出现,且在一定条件下该函数表达式可变成 $A+\overline{A}$ 或者 $A\overline{A}$ 的形式,则与该函数表达式所对应的电路在 A 发生变化时,由于竞争可能产生冒险。

1. 代数法

代数法是根据逻辑电路的结构来判断是否具有产生静态逻辑冒险的条件。具体方法是:首先检查某个输入变量是否同时以原变量和反变量出现在函数表达式中,如果该变量仅以一种形式出现,则它的变化不会引起静态逻辑冒险。如某变量有两种形式出现,则在不做任何化简的条件下,判断是否存在与其他变量的特殊组合,使函数变成 $A+\overline{A}$ 或者 $A\overline{A}$ 的形式,如存在这样的特殊组合,则电路可能会产生逻辑冒险,举例如下。

例 3.18　某逻辑函数表达式为 $F=A\overline{B}+BC$,试判断该逻辑电路是否可能产生冒险现象。

解:表达式中 B 以原变量和反变量的形式出现。假设输入变量 $A=C=1$,将 A 和 C 的值代入表达式,得 $F=\overline{B}+B$,理论上无论 B 为何值,该函数表达式 F 的值恒为 1。当 B 发生变化时,可能使电路产生冒险现象。

2. 卡诺图法

用卡诺图检查电路是否有可能产生险象比代数法更为直观和方便。具体方法是:首先画出函数的卡诺图,并画出函数表达式中各项所对应的圈。然后观察卡诺图是否存在某两个圈"相切"的情况。若存在相切的情况,则说明电路有可能产生逻辑冒险。

以例 3.18 为例,画出卡诺图如图 3.67(a)所示,包含 m_4、m_5 和包含 m_3、m_7 的圈相切,这说明电路可能存在险象。与代数法所得的结论是一致的。

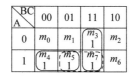

(a) 两圈相切　　　　　　　　　(b) 增加冗余项

图 3.67　例 3.18 的卡诺图

3.7.3　消除竞争冒险的方法

1. 增加冗余项

当卡诺图中有两个圈相切时，可能会产生冒险。如果在相切处增加一个圈，就可以消除冒险现象，所增加的乘积项成为冗余项。

在例 3.18 中原函数表达式为 $F=A\bar{B}+BC$，如果将 m_5、m_7 圈起来，如图 3.67(b)中的虚线框所示，所对应的函数 $F=A\bar{B}+BC+AC$，比原来的函数多了一个冗余项 AC。当 $A=C=1$ 时，$F=B+\bar{B}+1$，输出保持为 1，从而消除了可能产生的冒险现象。

2. 选通法

在电路中增加选通脉冲来避免冒险的发生，选通脉冲的极性和加入的位置应根据具体结构而定。

在图 3.68(a)中，选通脉冲 SEL 采用高电平有效的形式，加在输入级与非门的输入端。当输入信号 A、B、C、D 变化时，选通信号 SEL＝0，迫使电路的输出 $F=0$。当输入信号稳定以后，选通信号 SEL＝1，电路输出正确的逻辑电平。

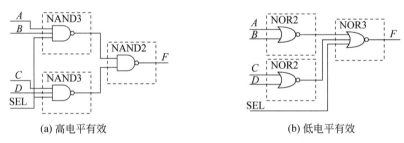

(a) 高电平有效　　　　　　　　　　　(b) 低电平有效

图 3.68　用选通脉冲避免冒险

在图 3.68(b)中，选通脉冲 SEL 采用低电平有效的形式，加在输出或非门的输入端，当输入信号变化时，选通信号 SEL＝1，迫使电路的输出 $F=0$。当输入信号稳定以后，选通信号 SEL＝0，电路输出正确的逻辑电平。

3. 滤波法

通常竞争冒险是一个尖脉冲，所以在输出端接一个很小的滤波电容，如图 3.69 所示，就可以消除。

虽然这种方法简单易行，但会使输出波形因上升时间和下降时间的延长而变坏。

冒险现象和毛刺电平问题的解决一直是数字逻辑设计工程中十分棘手却又必须面对的问题。以上给出的解决方法只能针对低速小规模逻辑电路的部分设计情况，没有多少实用价值，至于现代高速大规模数字系统，其问题远非仅通过卡诺图或逻辑方程就能发现和解决的，只能在自动化设计技术中通过相应方法去解决。

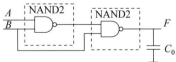

图 3.69　用滤波法消除竞争-冒险

习 题 3

3.1 写出如图 3.70 所示电路中 X、Y、Z 的最简"与或"表达式,并列真值表分析其逻辑功能。

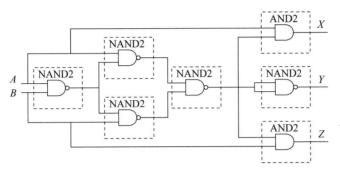

图 3.70 习题 3.1 的电路图

3.2 分析图 3.71 所示电路的逻辑功能。

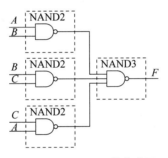

图 3.71 习题 3.2 的电路图

3.3 试分析图 3.72 电路的逻辑功能。

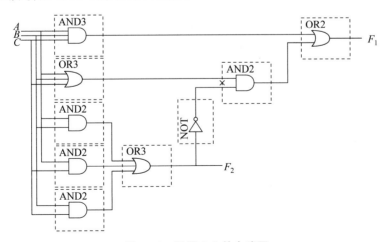

图 3.72 习题 3.3 的电路图

3.4 试分析图 3.73 电路的逻辑功能。

3.5 试分析图 3.74 电路的逻辑功能。

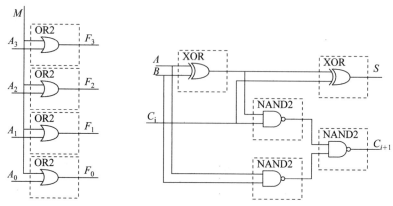

图 3.73 习题 3.4 的电路图　　　　图 3.74 习题 3.5 的电路图

3.6 用与非门设计 4 变量的多数表决电路。当 A、B、C、D 中有 3 个或 3 个以上为 1 时输出为 1，否则为 0。

3.7 试用与非门设计一个水箱水位指示电路。水箱示意图如图 3.75 所示，A、B、C 为三个电极，当电极被水浸没时，会点亮特定的指示灯。水面在 A、B 间为正常状态，点亮绿灯 G；在 B、C 间或在 A 以上为异常状态，点亮黄灯 Y；在 C 以下为危险状态，点亮红灯 R。

3.8 试用与非门设计一个数据选择器。S_1、S_0 为选择端，A、B 为数据输入端。选择器的功能如表 3.22 所示。选择器可以反变量输入。

表 3.22　选择器真值表

S_1	S_0	F
0	0	$A \cdot B$
0	1	$A + B$
1	0	$A \odot B$
1	1	$A \oplus B$

3.9 图 3.76 所示电路为低电平有效的 8421 码二-十进制译码器，列出该电路的真值表。

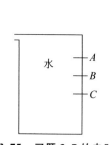

图 3.75 习题 3.7 的电路图

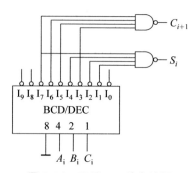

图 3.76 习题 3.9 的电路图

3.10　分析图 3.77 所示的电路,写出 F_1、F_2、F_3 的函数表达式。图中的集成电路是 4 线-10 线译码器。

3.11　试用两片 74LS138 实现 8421BCD 码的译码。

3.12　试用 74LS138 和与非门实现下列函数。

(1) $F = A\bar{B} + \bar{A}C + \bar{B}C$

(2) $F = A\bar{B} + \bar{A}C + \bar{B}C + \bar{A}BD$

(3) $F = (A + \bar{B}C)\bar{D} + (A + \bar{B})\overline{CD}$

(4) $F = \overline{\overline{A\bar{B}} + ABD(B + \bar{C}D)}$

(5) $F_1 = \sum m(2,6,8,9,11,12,14)$

(6) $F_2 = \sum m(2,3,4)$

(7) $F_3 = \sum m(0,6,8,11,12,15)$

3.13　由输出低电平有效的 3 线-8 线译码器和八选一数据选择器构成的电路如图 3.78 所示,试问:

(1) $X_2 X_1 X_0 = Y_2 Y_1 Y_0$ 时,输出 $F = ?$

(2) $X_2 X_1 X_0 \neq Y_2 Y_1 Y_0$ 时,输出 $F = ?$

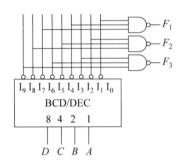

图 3.77　题 3.10 的电路图

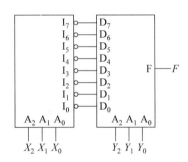

图 3.78　习题 3.13 的电路图

3.14　设计用 3 个开关控制一个电灯的逻辑电路,要求改变任何一个开关的状态都能改变电灯的亮灭。要求用数据选择器实现。

3.15　试用 74LS138 和 74LS151 构成两个 4 位二进制数比较器。其功能是两个二进制数相等输出为 1,否则为 0。

3.16　试用一片四选一数据选择器设计一个判定电路。该电路输入为 8421BCD 码,当输入数大于 1 且小于 6 时输出为 1,否则为 0。

3.17　试用输出低电平有效的 3 线-8 线译码器和逻辑门设计一组合电路。该电路输入 X 和输出 F 均为 3 位二进制数。两者之间的关系如下:

$$2 \leqslant X \leqslant 5 \text{ 时}, \quad F = X + 2$$
$$X \leqslant 2 \text{ 时}, \quad F = 1$$
$$X > 5 \text{ 时}, \quad F = 0$$

3.18　试分析图 3.79 电路的逻辑功能。图中 G_1、G_0 为控制端,A、B 为输入端。要求写出 G_1、G_0 四种取值下的 F 的表达式。

3.19   试分析图 3.80 所示逻辑图的逻辑功能。

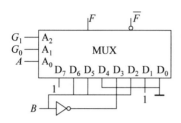 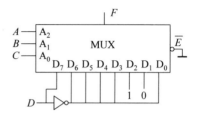

图 3.79   习题 3.18 的电路图   图 3.80   习题 3.19 的电路图

3.20   试用 4 位并行加法器 74LS283 设计一个 4 位加减法运算电路。当控制信号 $M=0$ 时相加，$M=1$ 时相减。

3.21   已知输入信号 A、B、C、D 的波形如图 3.81 所示，选择集成逻辑门设计实现产生输出 F 的组合逻辑电路。

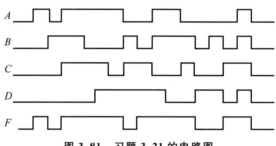

图 3.81   习题 3.21 的电路图

3.22   用 8 选 1 数据选择器设计一个组合逻辑电路，该电路有 3 个输入逻辑变量 A、B、C 和 1 个工作状态变量 M，当 $M=0$ 时，电路实现"意见一致"功能（A、B、C 状态一致时输出为 1，否则输出为 0），而 $M=1$ 时，电路实现"多数表决"功能，即输出与 A、B、C 中多数状态一致。

3.23   某工厂有 A、B、C 三台设备，其中 A 和 B 的功率相等，C 的功率是 A 的两倍。这些设备由 X 和 Y 两台发电机供电，发电机 X 的最大输出功率等于 A 的功率，发电机 Y 的最大输出功率是 X 的三倍。要求设计一个逻辑电路，能够根据各台设备的运转和停止状态，以最节约能源的方式启、停发电机。

3.24   用与非门实现下列函数，并检查有无竞争冒险，若有请设法消除。

(1) $F_1 = \sum m(2,6,8,9,11,12,14)$

(2) $F_2 = \sum m(0,2,3,4,8,9,14,15)$

(3) $F_3 = \sum m(1,5,6,7,11,12,13,15)$

(4) $F_4 = \sum m(0,2,4,10,12,14)$

3.25   什么是基于乘积项的可编辑逻辑结构？

3.26   用 PROM 设计一个将 4 位二进制码转换为格雷码的代码转换电路。

3.27   简单 PLD 器件包括哪几种类型的器件，它们之间有什么相同点和不同点？

3.28   试分析图 3.82 的逻辑电路,写出输出逻辑函数表达式。

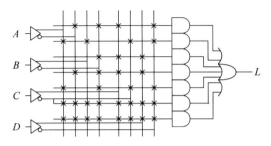

图 3.82   习题 3.28 的图

3.29   PLA 设计一个组合逻辑电路,用来实现下列一组逻辑函数。

$Y_1 = \overline{A}B\overline{C}D + ABC\overline{D} + CD$

$Y_2 = \overline{A}\,\overline{B}CD + \overline{A}BC\overline{D} + B\overline{C}D$

$Y_3 = \overline{A}BD + \overline{B}C\overline{D}$

$Y_4 = BD + \overline{B}\,\overline{D} + CD$

第 4 章

chapter **4**

组合逻辑电路的自动化设计

本章通过分析传统数字电路设计中存在的问题,引出自动化设计与分析的流程和方法,无论是组合电路的传统分析与设计方法,还是通用逻辑器件本身及其使用的技术,在当今迅速发展的数字系统设计技术中都很难发现它们的踪迹了,所以编写本章是为了初学者能借助这些知识顺利地跨入现代数字技术设计实践的领域。本章将重点介绍数字系统设计的自动化设计方法,包括相关的基础知识、Quartus II 软件的使用方法、组合电路的时序分析方法、硬件实现方法 Verilog、HDL 的组合逻辑电路设计方法等。

4.1 数字电路自动化设计与分析流程

4.1.1 传统数字电路设计中存在的问题

面对现代数字产品及其数字系统开发的要求,传统数字电路技术存在以下诸多问题而无法适应现代数字电路的开发。

(1) 低速。传统数字电路多由诸如 74 系列或 CMOS4000 系列等通用逻辑器件构成,它们的最高工作频率仅数十兆,而现代数字系统可以达到上千兆。

(2) 设计规模小。从卡诺图的逻辑化简应用中就能了解,卡诺图所能处理的数字电路模块的变量数非常有限。因此组合电路的设计规模只能在数十至数百个等效逻辑门的规模。而现代数字系统的规模常超过 1000 万个逻辑门,上千个逻辑变量,这就必须依赖基于计算机的功能强大的 EDA 软件才能完成这类设计。

(3) 分析技术无法适应需要。首先,如第 3 章中给出的组合逻辑电路的传统分析方法只能适用于小规模逻辑电路,如果电路的规模达到数千门乃至数百万门,无法仅通过电路原理图来分析其逻辑功能。其次,即使对于此类小规模逻辑电路的分析,这种传统分析方法也只能得到电路的逻辑功能,而无法获得精确的延时特性。从而无从了解电路的硬件特性、工作速度、竞争冒险情况等在实用逻辑电路设计中重要存在信息。然而如果利用现代逻辑电路设计技术,对任何规模的逻辑电路,在计算机的帮助下都能高效准确地对逻辑电路进行分析,进行功能仿真与时序仿真。

(4) 设计效率低,成本高。由于传统数字电路的设计是基于手工的,几乎整个设计过程,包括设计对象的功能描述、逻辑分析、逻辑化简、原理图绘制、电路设计,直至硬件系统实现和测试,几乎都靠手工设计技术来完成。而且一旦在最终测试中发现设计(包括逻辑功能和时序特性)不符合要求,就得重新搭接电路。因此,即使是设计一个由数百个逻辑门构成的特小型电路模块,设计周期也将很长,而设计效率的降低必然导致设计成本的提高和产品竞争力的降低。显然,相对于能满足市场要求的数百万门规模且高效设计的现代数字产品,传统的数字产品没有任何生存的机会。

(5) 可靠性低。由于传统数字电路多由 74 系列或 CMOS4000 系列等通用逻辑器件构成,规模若稍大,系统中包含的此类器件的数量将增大,系统故障率将提高。这是因为系统的故障率是每一个器件故障率的总和。而现代数字产品,无论规模多大,通常仅由数片,甚至单一芯片实现,这就是所谓的片上系统(System on a Chip),因此可靠性很高。

(6) 体积大、功耗大。如上所述,传统数字电路多由大量 74 系列等通用逻辑器件构成,且工作电压大多是 5V,因此体积大,功耗大,无法实现便携式产品,没有市场竞争力。现代数字系统由于能实现单片系统,且工作电压甚至可以小于 1V,因此市场前景很好。例如,可以安置于人体内的心脏起搏器,不但体积微小,而且仅靠微型电池就能持续工作许多年,这是传统数字电路所无法实现的。

(7) 功能有限。由于传统逻辑器件本身功能所限,以及受到传统设计技术和检测技术落后的限制,传统数字电路的功能通常都十分简单,适用面也十分狭窄。然而基于强大的自动化数字设计技术,一个单芯片上就能实现诸如高速数字信号处理系统、功能强大的工业自动化控制系统,乃至整个计算机系统的功能。

(8) 无法实现功能升级。由于传统数字电路的结构和对应的功能是固定的,一旦数字电路系统设计完成,其整个功能就已确定并固定下来,如果希望改变功能,必须重新开始设计。而现代数字系统中,特别是通信电路系统中,有时希望能瞬间升级硬件功能,以适应新的通信编译码协议。

(9) 知识产权不易保护。由于传统通用逻辑器件的功能是标准的,是与器件的型号一一对应的,如果都由这些器件构成系统,那么整个逻辑结构是透明的,别人很容易通过了解系统的器件组成和电路连线的关系获得整个系统的硬件组成,从而复制整个系统。然而现代数字系统设计者有多种方法可以对自己的作品进行加密。

现代数字系统电子设计自动化(EDA)技术是从传统的数字电路设计技术中发展而来的,是现代数字电路和数字产品设计的重要工具。

4.1.2　Quartus Ⅱ 简介

Quartus Ⅱ 是美国 Altera 公司研发的大规模 PLD 开发集成环境。Altera 是世界最大可编程逻辑器件供应商之一。Quartus Ⅱ 在 21 世纪初推出,界面友好,使用便捷。Quartus Ⅱ 在 Max+plus Ⅱ 的基础上添加了更加丰富的器件类型,支持和更加友好的图形界面,它提供了一种与结构无关的软件设计环境,使设计者能方便地进行设计输入、快速处理和器件编程。

Quartus Ⅱ 提供了能满足各种特定设计的需要,也是单芯片可编程系统设计的综合性环境。Quartus Ⅱ 完全支持 VHDL、Verilog HDL 的设计流程,如图 4.1 所示,在输入处理上,其内部嵌有 VHDL、Verilog 综合器,模块化的编译器,包括的功能模块有分析与综合器（Analysis&Synthesis）、适配器（Fitter）、配置文件的装配器（Assembler）、时序分析器（Timing Analyzer）、对应于下载部分的编程器，还有设计辅助模块（Design Assistant）、EDA 网表文件生成器（EDA Netlist Writer）和编辑数据接口（Compiler Database Interface）等。

　　图 4.1 中的上半部分是 Quartus Ⅱ 编译设计主控界面，它显示了 Quartus Ⅱ 自动设计的各主要处理环节和设计流程，包括设计输入编辑、设计分析与综合、适配、编程文件汇编（装配）、时序参数提取以及编程下载几个步骤。图 4.1 的下半部分的流程框图，是与此图上面的 Quartus Ⅱ 设计流程相对应的标准的数字电路系统设计自动化开发流程。

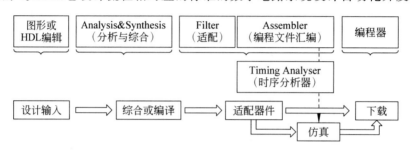

图 4.1　Quartus Ⅱ 设计流程

4.1.3　自动化设计流程

1. 设计输入方式

　　基于 EDA 软件的 PLD 器件开发流程参见图 4.2，图中所示的"原理图/VHDL 文本编辑"是根据设计目标，即按照数字系统的功能要求进行建模，将需要实现的功能进行逻辑抽象，用一定的方法描述出来，数字电路功能的描述方法很多，如真值表、电路原理图、输入输出信号波形、电路状态图，或者直接用特定的计算机语言（如硬件描述语言 HDL）描述出来，输入计算机，使用 EDA 工具软件来进行后续的处理。

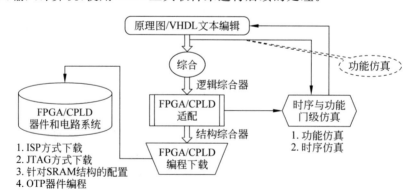

图 4.2　应用于 FPGA/CPLD 的 EDA 设计流程

1）图形输入

图形输入通常包括原理图输入、状态图输入和波形图输入三种常用方法。本章先给出基于原理图编辑输入方法的示例,这是一种类似于传统电子设计方法的原理图编辑输入方式,即在工具软件的图形编辑界面上绘制能完成特定功能的数字电路原理图,原理图由相应的逻辑器件和连线构成,图中的逻辑器件可以是设计软件库中预制的功能模块,如与门、非门、或门、触发器以及各种含 74 系列器件功能的宏功能块,甚至还有一些功能更强大的自定义生成的功能模块,电路图编辑绘制完成后,EDA 软件将对输入的图形文件进行排错,再将其编译成适用于逻辑综合的网表文件,用原理图表达的输入方法的优点是显而易见的,设计者不需要增加新的相关知识,设计过程形象直观。

2) 硬件描述语言 HDL 输入

硬件描述语言 HDL 是 EDA 技术的重要组成部分。目前常用的 HDL 主要有 VHDL、Verilog HDL、System Verilog 和 system C。其中 Verilog HDL、VHDL 在 EDA 设计中使用最多,也得到几乎所有的主流 EDA 工具的支持。Verilog HDL(以下常简称为 Verilog)由 Gateway Design Automation 公司的 Phil Moorby 在 1983 年创建。这种方式与计算机软件语言编辑输入基本一致,就是将使用某种硬件描述语言(HDL)的电路设计文本,如 VHDL 或 Verilog 的源程序进行输入,在完成编辑输入后,其他如图 4.2 所示的所有设计过程都由计算机软件完成。

下面将会介绍和使用到原理图和 Verilog 的基础知识,并通过一些示例使初学者掌握自动化设计的基本方法,更多的知识可通过查阅有关资料去进一步学习。

2. 逻辑综合

图 4.2 所示流程的第二步是综合,即逻辑综合,完成综合的软件模块称为逻辑综合器。

一般来说,综合是仅对应于 HDL 而言的。利用 HDL 综合器对设计进行综合是自动化设计十分重要的一步,因为综合过程是电路文本描述与硬件实现的一座桥梁,综合就是将电路的高级语言转换成低级的、可与 PLD 器件的基本结构相映射的电路网表文件(如图 4.3 所示)。当输入的 HDL 文件在计算机中检测无误后,即进行逻辑综合。综合

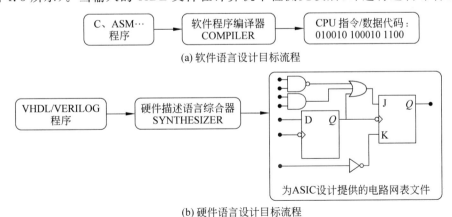

(a) 软件语言设计目标流程

(b) 硬件语言设计目标流程

图 4.3 软件/硬件描述语言编译/综合工具的不同之处

过程中 HDL 综合器一般都可以生成一种或多种文件格式网表文件,在这种网表文件中用各自的格式描述电路的结构。图 4.3 很形象地说明了针对软件语言的编译器及其编译结果和针对硬件语言的综合器及其综合结果之间的区别。

整个综合过程就是将设计者在 EDA 平台上编辑输入的 HDL 文本、原理图等描述的输入,依据给定的硬件结构组件和约束控制条件进行编辑、化简、优化、转换和综合,最终获得逻辑门级电路,甚至更低层的电路描述网表文件,而针对 C 等程序的编译器的结果是 CPU 的指令代码或数据代码,它们并没有改变或生成任何硬件电路结构。

3. 适配

图 4.2 所示流程的第三个步骤是适配,完成适配的软件模块称适配器。适配器一般也称为结构综合器,它的功能是将由综合器产生的描述电路连接关系的网表文件配置于指定的目标器件中,如 PLD 器件中,使之产生最终的下载文件。适配器将综合后的网表文件针对某一具体的目标器件进行逻辑映射操作,其中包括底层器件配置、逻辑分割、逻辑优化、逻辑布局布线操作。适配完成后可以利用适配所产生的仿真文件做精确的时序仿真,同时产生可用于编程的文件,给装配器进行编程文件的汇编。

4. 功能仿真与时序仿真

图 4.2 所示流程的第四个步骤是仿真,完成仿真的软件模块称仿真器。在硬件系统实现,即编程下载前必须利用对适配生成的结果进行模拟测试,就是所谓的仿真,仿真就是让计算机根据一定的算法和一定的仿真库对系统设计进行模拟,以验证设计的准确性,在自动化设计过程中提供了两种类型的模拟测试仿真。

(1)功能仿真:直接针对所设计的电路模块逻辑功能进行测试模拟,以了解其实现的功能是否满足原设计要求的过程,此仿真过程不涉及具体器件的任何硬件特性。传统数字电路系统设计中的逻辑分析都是面向单纯的逻辑功能的分析,这是浅层次的分析。

(2)时序仿真:接近真实器件运行特性的仿真。仿真文件中已包含了器件硬件特性参数,因而仿真精度高。但时序仿真的仿真文件必须来自针对具体器件的综合器与适配器,产生的仿真网表文件中包含了精确的硬件延迟信息。时序仿真是自动设计技术最优秀的特性和最重要的硬件调试工具之一。传统的设计技术最缺乏的是没有针对设计系统硬件延迟特性的测试和手段,从而导致一系列的设计缺陷和技术缺陷,随着计算机的普及,现代的数字电路系统设计将被广泛应用。

5. 编程下载与硬件测试

图 4.2 所示流程的第五个步骤是编程下载,完成编程下载的软件模块称编程器。把适配后生成的下载或配置文件,通过编程器或编程电缆向 FPGA 或 CPLD 等器件进行下载,以便进行硬件调试和验证。

最后将含有整个设计系统的 FPGA 或 CPLD 的硬件系统进行统一测试,从而验证设计项目实际工作情况,排除错误,从而进一步改进设计。

4.2 原理图输入法组合逻辑电路设计

本节使用原理图输入的设计方式,通过完成一个简单组合电路的设计和测试,详细介绍 Quartus Ⅱ 的完整设计流程,使读者能够迅速掌握利用 Quartus Ⅱ 完成数字系统自动化设计的基本方法。其实,以下介绍的设计流程具有一般性,它同样适用于其他输入方法的设计,如 HDL 硬件描述语言的输入或混合输入等设计方法。

4.2.1 编辑输入图形文件

将电路原理图在计算机上编辑输入前,首先需要建立工作库文件夹,以便存储工程项目设计文件。任何一项设计都是一个工程(Project),都必须首先为此工程建立一个放置与此工程相关的所有设计文件的文件夹。此文件夹将被 Quartus Ⅱ 默认为工作库(Work Library)。一般地,不同的设计工程项目最好放在不同的文件夹中,而同一工程的所有文件都必须放在同一文件夹中,注意不要将文件夹放在计算机已有的安装目录中,更不要将工程文件直接放在根目录中,此外,文件夹名不能用中文,最好也不要用数字。

首先,利用 Windows 资源管理器来新建一个文件夹。这里假设本项设计的文件夹取名为 MY_PROJECT,并存在 D:/FPGA 下,路径名为 D:/FPGA/MY_PROJECT。

建立文件夹以后就可以通过 Quartus Ⅱ 的原理图编辑器编辑电路了,步骤如下:

(1) 打开原理图编辑窗。打开 Quartus Ⅱ,选择左上角 File→New 命令。在 New 窗口中的 Device Design Files 选项卡中选择原理图文件类型,这里选择 Block Diagram/Schematic File(见图 4.4),即可在原理图编辑窗(见图 4.5)中加入所需的电路元件了。

(2) 文件存盘。选择 File→Save As 命令,找到已设立的文件夹路径:D:/FPGA/MY_PROJECT,将此空原理图文件存盘。存盘文件名可取为 YMQ.bdf。当出现问句 Do you want to create 时,单击"是"按钮,则直接进入创建工程流程;单击"否"按钮,可按以下的方法创建工程流程。本示例中先单击"否"按钮。

(3) 打开建立新工程管理窗口。使用 New Project Wizard 可以为工程指定工作目录、分配工程名称,指定最高层设计实体的名称,还可以指定要在工程中使用的设计文件、其他源文件、用户库和开发工具,以及目标器件系列和具体器件等。在此要利用 New Project Wizard 工具选项创建此设计工程,即令当前设计 YMQ.bdf 为工程(现在还是一个空文件)。

选择左上角的 File→New Project Wizard 命令,即弹出工程设置对话框(见图 4.6)。单击此对话框第二栏右侧的按钮,找到文件夹 D:/FPGA/MY_PROJECT,选中已存盘的文件 YMQ.bdf,再单击"打开"按钮,即出现如图 4.6 所示的设置情况。其中第一栏的 D:/FPGA/MY_PROJECT 表示工程所在的工作库文件夹,第二栏的 YMQ 表示此项工程的工程名,工程名可以取任何其他的名称,也可直接用顶层文件名或实体名;第三栏是当前工程顶层文件的实体名,这里即为 YMQ。

(4) 将设计文件加入工程中。单击图 4.6 窗口下方的 Next 按钮,在弹出的对话框中

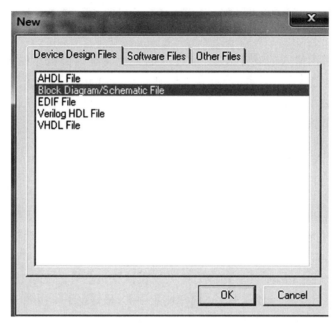

图 4.4　选择原理图编辑文件类型

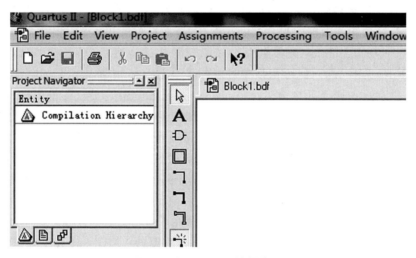

图 4.5　打开原理图编辑窗口

单击 File name 栏的按钮，将与工程相关的文件（如刚才新建的 YMQ. bdf）加入此工程，再单击右侧的 Add 按钮，即得到如图 4.7 所示的窗口。

（5）选择目标芯片。单击 Next 按钮，选择目标芯片。首先在 Family 栏选芯片系列，在此假设准备选择的目标器件是 EP2C5T144C8。这里 EP2C5 表示 CycloneⅡ系列及此器件的逻辑规模；E 表示带有金属地线底板的 TQFP 封装；C8 表示速度级别（此速度级别的器件）。

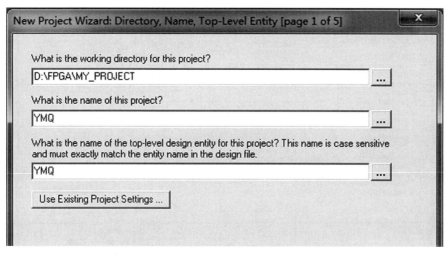

图 4.6　利用 New Project Wizard 创建工程 YMQ

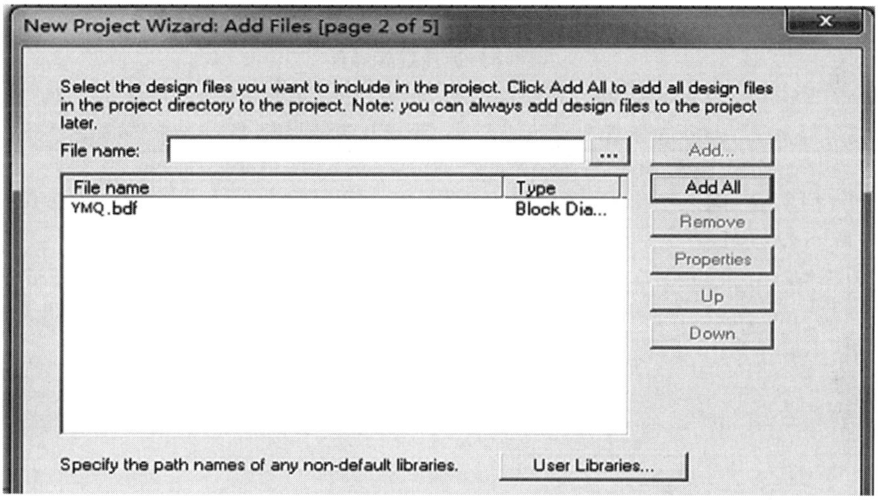

图 4.7　将所有相关的文件都加入此工程

　　快捷的方法是通过图 4.8 所示窗口右边的 3 个 Filters 窗口过滤选择: 分别选择 Package 为 TQFP;Pin 为 144,并口 Speed 为 8。

　　(6) 工具设置。单击 Next 按钮后,弹出的下一个窗是 EDA 工具设置(EDA Tool Settings)窗口。此窗口有 3 项选择: EDA design entry/synthesis tool,即选择输入的 HDL 类型和综合工具;EDA simulation tool,用于选择仿真工具;EDA timing analysis tool,用于选择时序分析工具;这是除 Quartus II 自含的所有设计工具以外,外加的第三方工具。在此可以暂时跳过这一步。单击 Next 按钮后即弹出工程设置统计窗口,显示相关设置情况。最后单击 Finish 按钮,即已设定好此工程,并出现 YMQ 的工程管理窗,或称 Compilation Hierarchies 窗口,主要显示本工程项目的层次结构(见图 4.9)。注意此工程管理窗口左上角所示的工程路径、工程名 YMQ、当前已打开的文件名 YMQ。

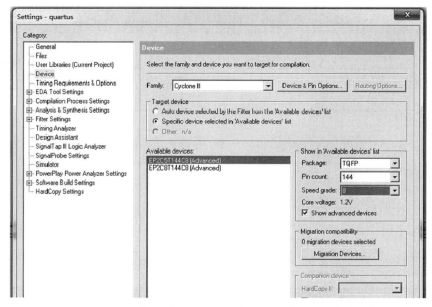

图 4.8　选择目标器件

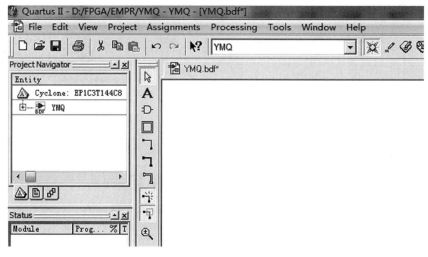

图 4.9　YMQ 工程管理窗

（7）编辑脉冲发生器示例电路。

设计一个简单的脉冲发生器，主要由 74LS138 和两个与非门构成（见图 4.10），其中 A、B、C 是译码输入，$Y[7..0]$ 是译码输出，P 是脉冲输出端。其中 $Y[7..0]$ 是总线表示方法，它是 8 个单独信号 $Y[7]\sim Y[0]$ 的集合表示法。

双击 YMQ 名称打开原理图编辑窗口；在此编辑窗口内任意一点双击，将弹出一个逻辑电路器件输入对话框（见图 4.11），库文件中包括 3 个目录，分别为 megafunctions 目录下为宏功能元件，others 目录下为老版的 Maxplus Ⅱ 软件中常用功能元件（包括 74 系列芯片），primitives 目录下为一些基本的元件，在此对话框左栏的 Name 框内输入所需

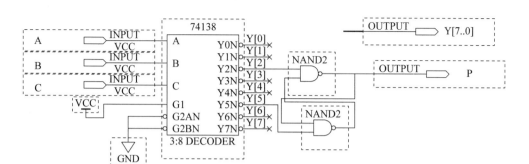

图 4.10　脉冲发生器示例电路

元件的名称,在此为 74LS138,调入元器件。

或者在图中空白位置右击,选择 Enter Symbol 命令,在出现的 Library 路径 F: /altera/quartus 50(版本号)/libraries/others(自己电脑中 QuartusⅡ 软件安装的位置)中选择 74 系列芯片,在其中选择 74LS138。

由于仅考虑器件的逻辑功能,同类功能的器件,如 74LS138、74HC138、74S138 等一律命名为 74LS138。然后单击 OK 按钮,即可将此元件调入编辑窗中。再以同样方法调入两个二输入与非门,名称是 NAND2,以及输入输出端口,名称分别是 INPUT 和 OUTPUT。输入输出端口的名称可以通过双击端口元件,在弹出的对话框中输入,如 A、B、C。最后根据图 4.10 直接用鼠标拖出连线将它们连接起来,将建好的文件存盘。

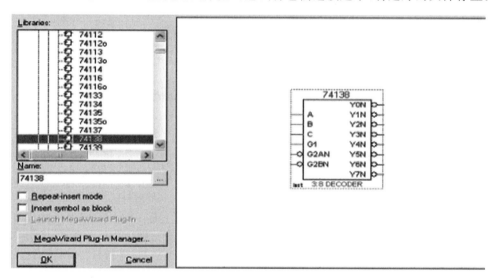

图 4.11　在元件调用对话框调出 74LS138

4.2.2　功能简要分析

图 4.10 所示电路的主要器件是 74138 译码器,在第 3 章里介绍了元件 74138 的功能和它的真值表,在这通过译码器和两个与非门构成一个脉冲发生电路,其功能分析可参见第 3 章内容。

4.2.3 编译工程

1. 编译前设置

在对当前工程进行编译处理前，必须做好必要的设置，对编译加入一些约束，使之在自动化处理后获得更好的编译结果以满足设计要求。

（1）选择 FPGA 目标芯片。目标芯片的选择也可以这样来实现：选择 Assignments 菜单中的 Settings 命令，在弹出的对话框中（见图 4.12）选择 Category→Device 选项。选择需要的 FPGA 目标芯片，如 EP2C5T144C8（此芯片已在建立工程时已经选定了）。

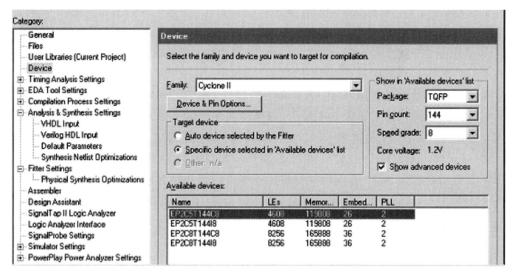

图 4.12　由 Setting 对话框选择目标器件 EP2C5T144C8

（2）选择配置器件的工作方式。单击图 4.12 中的 Device&Pin Options 按钮，进入 Device&Pin Options 选择窗口（图略）。首先选择 General 选项卡，并在 Options 栏内选中 Auto-restart Configuration after error，使对 FPGA 的配置失败后才能自动重新配置。

（3）选择配置器件和编程方式。如果希望对编程配置文件能在压缩后通过 AS 模式下载到配置器件中，则在编译前要做好设置。在此选中 Configuration，即出现如图 4.13 所示窗口。选中下方的 Generate compressed bitstreams 复选框，就能产生用于 EPCS 的 POF 压缩编程文件。

在 Configuration 选项卡中，选择配置器件为 EPCS4。其配置模式可选择 Active Serial（默认）。这种方式只对专用的 Flash 技术的配置器件（专用于 Cyclone/ II / III 等系列 FPGA 的 EPCS4、EPCS16 等）进行编程。PC 对 FPGA 的直接配置方式都是 JTAG。

对 FPGA 进行所谓"掉电保护式"编程通常有 3 种：主动串行模式（AS Mode）、间接编程模式和被动串行模式（PS Mode）。

（4）双功能输入输出端口设置。选择双目标端口设置页 Dual-Purpose Pins（见图 4.14），将 nCEO 原来的 Use as programming Pin 改为 Use as regular I/O（nCEO 端口

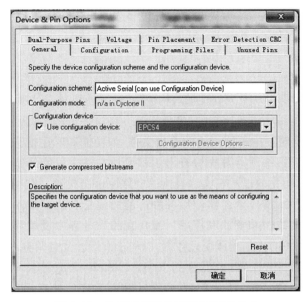

图 4.13　选择配置器件型号和压缩方式

作为编程口时,可用于多 FPGA 芯片的配置),这样可以将此端口也用做普通 I/O 口。请特别关注此项设置必须事先完成,对于已选的 EP2C 系列器件需关注此器件引脚的配置情况,可查阅相关资料。

（5）选择目标器件闲置引脚的状态。此项选择在某些情况下十分重要。选择图 4.14 所示窗口的 Unused Pins 选项卡,此选项卡中可根据实际需要选择为输入状态

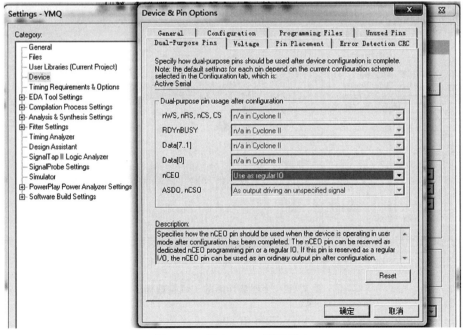

图 4.14　指定 nCEO 脚的状态

（呈高阻态，推荐此项选择），输出状态（呈低电平）或输出不定状态，或不做任何选择。

在其他选项卡也可做一些选择，各选项的功能可参考窗口下方的 Description 说明。

2. 全程编译

Quartus Ⅱ编辑器是由一系列处理模块构成的，这些模块对设计项目的检错、逻辑综合、结构综合、输出结果的编辑进行配置、时序分析等。在这一过程中，为了把设计项目适配到 FPGA 目标器件中，将同时产生不同用途的输出文件，如功能和时序信息文件、器件编程的目标文件等。编译开始后，编译器首先检查出工程设计文件中可能的错误信息，供设计者排错。然后产生一个结构化的以网表文件表达的电路原理图文件。在编译前，设计者可以通过各种不同的约束设置，指导编译器使用各种可能的综合和适配技术，以提高设计项目的工作速度，优化器件的结构和资源利用率。而且在编译过程中及编译完成后，可以从编译报告窗口获得所有相关的详细编译统计数据，以利于设计者及时调整设计方案。

编译前首先选择 Processing 菜单的 Start Compilation 命令，启动全程编译（Full Compilation）包括以上提到的 Quartus Ⅱ对设计输入的多项处理操作，其中包括排错，数据网表文件提取，逻辑综合、适配、装配文件（仿真文件与编程配置文件）生成，以及基于目标器件硬件性能的工程时序分析等。

编译过程中要注意工程管理窗口下方的 Processing 栏中的编译信息（见图 4.15）。如果启动编译后发现有错误，在下方的 Processing 处理栏中会以红色显示出错说明文字，并告知编译不成功。对于此栏的出错说明，可双击相应条目，则在多数情况下即弹出对应层次的文件。并用深色标记指出错误所在，改错后再进行编译直至排除所有错误。

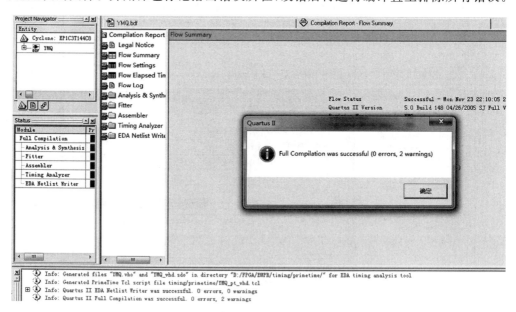

图 4.15   全程编译后的工程管理窗

Processing 栏出现的 Warning 报警信息是以蓝色文字出现的，但也要注意，有的 Warning 信息并不影响编译结果的正常功能，有的则不然。如果编译成功，可以见到如

图 4.15 所示的工程管理窗口左上角显示出工程 YMQ 的层次结构和其中结构模块耗用的逻辑宏单元数,在此栏下是编译处理流程,包括数据网表建立、逻辑综合(Synthesis)、适配(Fittering)、配置文件装配(Assembling)和时序分析(Timing Analysis)等信息,最下面栏内是编译处理信息;中栏(Compilation Report 栏)是编译报告项目选择列表,单击其中各项可以详细了解编译与分析结果。

例如,单击 Flow Summary 选项,将在右栏显示硬件耗用统计报告,其中报告了当前工程耗用的逻辑宏单元数、D 触发器个数、内部 RAM 位等。

如果单击 Timing Analyzer 项旁边的＋号,则能通过单击以下列出的各项目,看到当前工程所有相关时序特性报告。如果单击 Fitter 项的＋号,则能通过单击以下列出的各项看到当前工程所有相关硬件特性适配报告,如其中的 Floorplan View 可观察此项工程在 FPGA 器件中逻辑单元的分布情况和使用情况。

4.2.4 时序仿真测试电路功能

工程编译通过后,必须对其功能和时序性质进行测试,以了解设计结果是否满足原设计要求。步骤如下:

(1) 打开波形编辑器,选择菜单 File 中的 New 命令,在 New 窗口中选择 Verification 项下的 Vector Waveform File,单击 OK 按钮,即出现空白的仿真波形编辑器,注意将窗口放大,以利观察。

(2) 设置仿真时间区域。对于时序仿真来说,将仿真时间轴设置在一个合理的时间区域里十分重要。通常设置的时间范围在数十微秒间,在 Edit 菜单中选择 End Time 命令,在弹出的窗口中的 Time 栏处输入 80.0,单位选 μs,整个仿真域的时间即设定为 80μs(见图 4.16),单击 OK 按钮,结束设置。

图 4.16 设置仿真时间长度(End time 指令)

(3) 波形文件存盘。选择 File 中的 Save as 命令,将以默认名为 YMQ.vwf 的波形文件存入文件夹 D:/FPGA/MY_PROJECT 中。

(4) 将工程 YMQ 的端口信号名加入波形编辑器中。首先选择 View→Utility Windows→Node Finder 命令,弹出的对话框如图 4.17 所示,在 Filter 框中选"Pins: all"(通常已默认此选项),然后单击 List 按钮,于是在下方的 Nodes Found 窗口中出现设计中的 YMQ 工程的所有端口名(通常希望 Node Finder 窗是浮动的,可以右击此窗边框,在弹出的快捷菜单中取消选中 Enable Docking 选项即可)。注意如果此对话框中的 List 不显示 YMQ 工程的端口引脚名,需要重新对原理图编译一次,即选择 Processing→Start

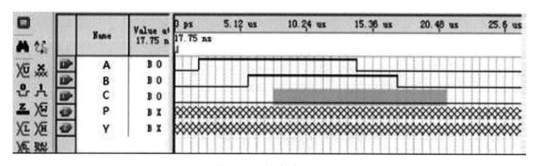

Compilation 选项,然后再重复以上操作过程。

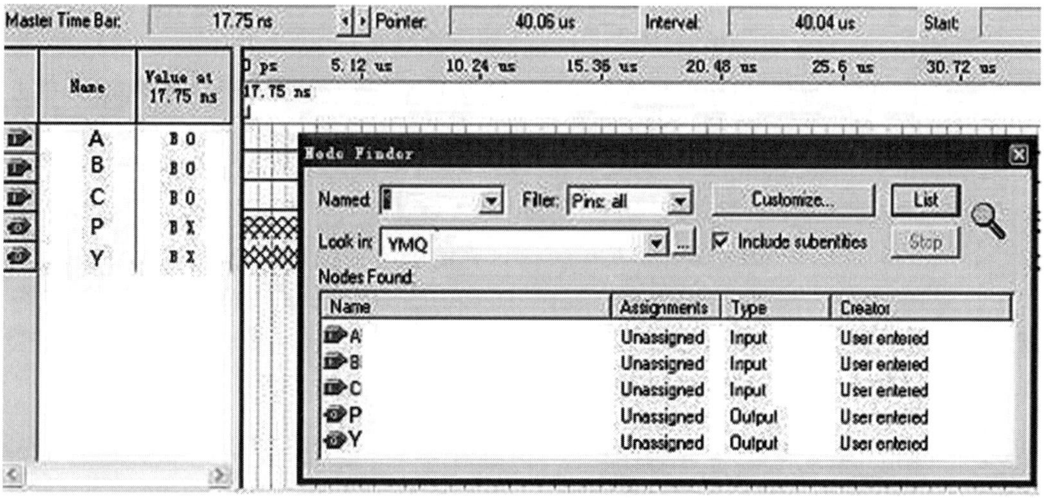

图 4.17　从 Node Finder 窗向波形编辑器加入信号

（5）用鼠标将重要的端口名 A、B、C、P 和输出总线信号 Y 分别拖到波形编辑窗之后,关闭 Nodes Finder 窗口,再单击波形窗左侧的全屏显示按钮,使其全屏显示,单击放大缩小按钮后,再用鼠标在波形编辑区域右击,使仿真坐标处于适当位置,如图 4.18 上方所示,这时仿真时间横坐标设定在数十微秒数量级。

（6）编辑输入激励信号。即对输入引脚 A、B、C 设置输入高电平或低电平的信号,以便通过观察输出信号来了解电路的功能,用鼠标拖曳的方式,选中某个变量的一段输入值,使之变成蓝色条,再单击左列的高电平设置按钮 1 或 0,如图 4.18 所示。

图 4.18　仿真波形图

为了清楚地观察仿真波形,举例说明此示例的输入信号 A、B、C 的设置:用鼠标拖曳 A 使之变成蓝色,再单击 Xc 符号,在出现的菜单中选择 Timing 选项中给定一个脉冲信号,其时钟周期为 3ns,同样选 B 的时钟周期为 6ns,C 的时钟周期为 12ns。

单击如图 4.18 所示的输出信号 Y 左边的＋号,则能展开此总线中的所有信号,如果双击此＋号左旁的信号标记 O,将弹出对该信号数据格式设置的对话框。在该对话框的 Radix 栏有 7 种选择,这里选择默认的二进制数 Binary 表达方式,设置好的激励信号波形图如图 4.18 所示,完成后必须对波形文件再次存盘。

（7）仿真参数设置。选择菜单 Assignment→Settings 命令，在 Settings 窗口下选择 Category→Simulator 选项（见图 4.19），在右侧的 Simulation mode 栏中选择 Timing（通常默认），即选择时序仿真，并选择仿真激励文件名 YMQ.vwf（通常默认），并选中 Simulation period 选择框下 Run simulation until all vector stimuli are used（全程仿真）单选按钮。

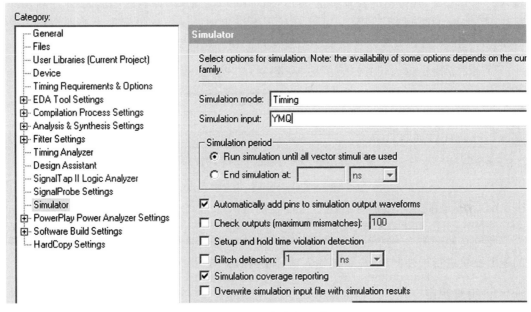

图 4.19　仿真参数设置

（8）启动仿真器。现在所有设置完毕。选择菜单 Processing→Start Simulation 命令，直到出现 Simulation was successful，仿真结束。

（9）观察分析仿真结果。仿真波形文件 Simulation Report 通常会自动弹出（见图 4.20），可清晰地看出电路的功能。对应于输入端 A、B、C 不同电平的输入，译码器输出 Y[7..0] 的输出电平和数据与 74138 真值表数据能很好地对应。同时可以观察到当两个与非门与 74138 的不同输出端连接时，可以输出不同脉宽的脉冲信号 P，且第一组输

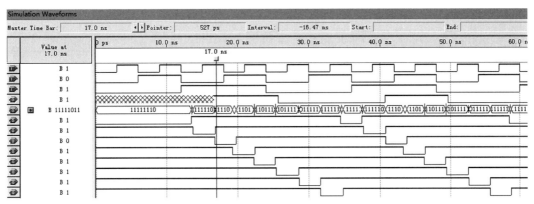

图 4.20　脉冲发生电路的仿真波形输出

入信号器件，P 的上升沿前的电平为不确定（P 的波形呈网状），而对第二组及此后的所有输入信号，输出的 P 才为确定电平。

单击图 4.20 左侧的放大缩小按钮，对波形区域连续按左键，放大仿真时间区域，可以直观了解输入输出信号的延时情况。如图 4.21 所示，可以清晰地看到信号从 A 输入，到 P 口输出的延时情况。为了精确测量，先单击左侧的箭头按钮，再用右击图 4.21 中 A 输入的上升沿处，在弹出的菜单中选择 Insert Time Bar 命令，即出现如图 4.21 中所示的标注 19.09ns 的时间指示标尺。对于 P 的上升沿也如此。二标尺刻度之差即为此电路当实现于 EP2C5T144C8 器件中两个指定端口的精确延时量，这正是时序仿真的优势。

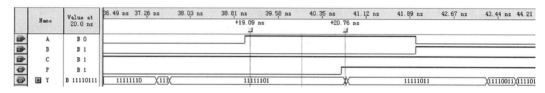

图 4.21　输入 A 与输出 P 的延时波形显示

4.2.5　引脚锁定和编程下载

无论是原理图输入法还是硬件描述语言输入法都要进行硬件测试，为了能对设计好的逻辑模块进行硬件测试，应将其输入输出信号锁定在芯片确定的引脚上，编译后下载。

1. 引脚锁定

确定需锁定的引脚（可查阅相关资料）假设为：输入信号引脚 A、B、C 分别锁定于拨码开关的 3 个控制端 PIN70、PIN72、PIN73；译码输出 Y[7]～Y[0] 分别锁定于开发板上的 8 个发光管 PIN144、PIN1、PIN2、PIN3、PIN4、PIN7、PIN10、PIN11；脉冲输出 P 锁定于数码管 LEDC 的小数点：PIN49。确定了锁定引脚编号后就可以完成以下引脚锁定操作了。

（1）打开工程。在菜单 File 中选择 Open Project 命令，并选择工程文件 YMQ，打开此前已设计好的工程。选择 Assignments→Assignment Editor 命令，即进入如图 4.22 所示的 Assignment Editor 编辑窗口。在 Category 栏中选择 Locations。

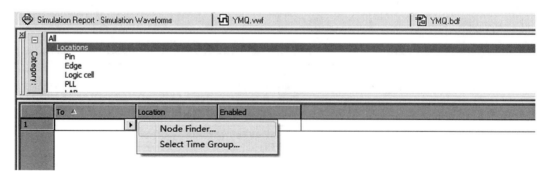

图 4.22　利用 Assignment Editor 编辑器锁定 FPGA 引脚

（2）双击 To 栏的 new，即出现一个按钮，单击此按钮，并选择弹出菜单中的 Node Finder 项（见图 4.22）。在弹出的如图 4.23 所示的对话框中选择本工程要锁定的端口信号名，单击 OK 按钮，所有选中的信号名即进入图 4.22 的 To 栏内。然后在每个信号对应的 Location 栏内输入引脚号即可，完成后如图 4.24 所示。

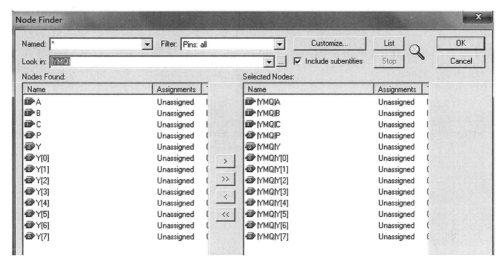

图 4.23　选择需要锁定的引脚

	To	Location	Enabled
1	A	PIN_70	Yes
2	B	PIN_72	Yes
3	C	PIN_73	Yes
4	P	PIN_49	Yes
5	Y[0]	PIN_144	Yes
6	Y[1]	PIN_1	Yes
7	Y[2]	PIN_2	Yes
8	Y[3]	PIN_3	Yes
9	Y[4]	PIN_4	Yes
10	Y[5]	PIN_7	Yes
11	Y[6]	PIN_10	Yes
12	Y[7]	PIN_11	Yes
13	<<new>>		

图 4.24　引脚锁定对话框

（3）保存这些引脚锁定的信息后，必须再编译（启动 Start Compilation）一次，才能将引脚锁定信息编译进编程下载文件中。此后就可以准备将编译好的 SOF 文件下载到实验系统的 FPGA 中了。

2. 对 FPGA 编程配置文件下载

引脚锁定并编译完成后，Quartus Ⅱ将生成多种形式的针对所选目标 FPGA 的编程文件，其中最主要的是 POF 和 SOF 文件，前者是编程目标文件，用于对配置器件编程；后者是静态 SRAM 目标文件，用于对 FPGA 直接配置，在系统直接测试中使用。这里首先将 SOF 格式配置文件通过 JTAG 口载入 FPGA 中进行硬件测试。步骤如下：

（1）打开编程窗。首先将实验系统和 USB-Blaster 编程器连接，打开电源。在菜单 Tools 中选择 Programmer 命令，弹出如图 4.25 所示的编程窗口。在 Mode 栏选 JTAG（默认），并选中下载文件右侧的第一小方框。注意要核对下载文件路径与文件名。如果此文件没有出现或有错，单击左侧 Add File 按钮，手动选择配置文件 YMQ.sof。

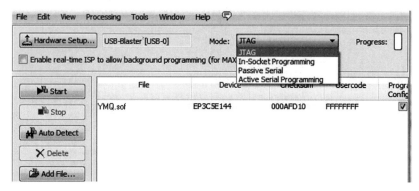

图 4.25　选择编程下载文件和下载模式

（2）设置编程器。若是初次安装的 Quartus Ⅱ，在编程前必须进行编程器选择操作。若准备选择 USB-Blaster 编程器，则单击 Hardware Setup 按钮（见图 4.25）可设置下载接口方式，在弹出的 Hardware Setup 对话框（见图 4.26）中，选择 Hardware Settings 选项卡，再双击此选项卡中的选项 USB-Blaster 之后，单击 Close 按钮，关闭对话框即可。这时应该在编程窗右上显示出编程方式：USB-Blaster。

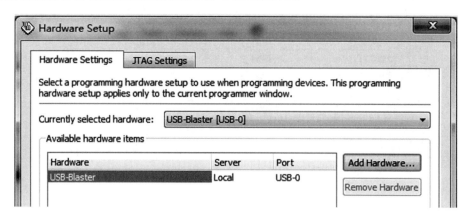

图 4.26　加入编程下载方式

最后单击下载标符 Start 按钮，即进入对目标器件 FPGA 的配置下载操作。当 Progress 显示为 100%，或处理信息栏中出现 Configuration Succeeded 时，表示编程成功。

（3）测试 JTAG 口。如果要测试 USB-Blaster 编程器与 FPGA 的 JTAG 口是否连接好，可以单击图 4.25 所示编程对话框的 Auto Detect 按钮，看是否能读出实验系统上的 FPGA 的型号。

（4）硬件测试。成功下载 YMQ.sof 后，可以使用相应的实验设备进行测试，判断 FPGA 中模块的逻辑功能和工作情况。

3. 间接模式对 FPGA 配置器件编程

将 SOF 文件配置进 FPGA 的目的是为了对下载到 FPGA 的数字电路进行硬件测试和实际功能评估，由于此文件代码是在 FPGA 中 LUT 内的 SRAM 中，所以系统一旦掉电，所有信息都将丢失。为了使系统上的 FPGA 在上电后能自动获取 SOF 配置文件而迅速建立起相应的逻辑电路结构，必须事先对此 FPGA 专用的配置 Flash 芯片（例如 EPCS4 芯片）进行编程，将 SOF 文件（或是由 SOF 转化的文件）烧写固化到里面。此后，每当上电，FPGA 即能从 EPCS 芯片中获得配置文件来构建起拥有指定功能的逻辑系统，通过专用的编程器 USB-Blaster，计算机能经由 JTAG 口，与 FPGA 建立起双向联系。通过这条通道，计算机可以向 FPGA 直接配置 SOF 文件，也能向 EPCS 器件烧写文件，或实时收集内部的运行信息，还能对 FPGA 的内部逻辑及嵌入的各种功能模块进行测控。

前面介绍的是直接模式下载，它涉及复杂的保护电路为了更可靠地下载，以下介绍利用 JTAG 口对 EPCS 器件进行间接配置的方法。具体流程是首先将 SOF 文件转化为 JTAG 配置文件，再通过 FPGA 的 JTAG 口为 EPCS 器件编程，步骤如下：

（1）将 SOF 文件转化为 JTAG 间接配置文件。选择 File 菜单的 Convert Programming Files 命令，在弹出的窗口（见图 4.27）中做如下选择：

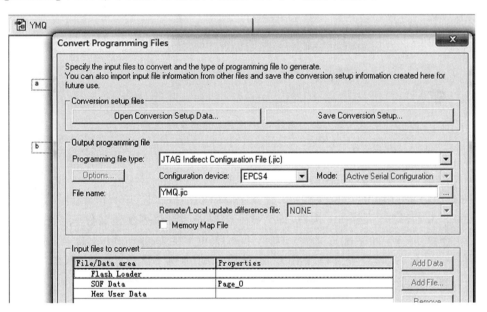

图 4.27　设定 JTAG 间接编程文件

① 首先在 Programming file type 下拉列表框中选择输出文件类型为 JTAG 间接配置文件类型：JTAG Indirect Configuration File，后缀为 .jic。

② 然后在 Configuration device 下拉列表中选择配置器型号。

③ 再于 File name 文本框中输入输出文件名，如 YMQ. jic。

④ 选择下方 Input files to convert 栏中的 Flash Loader，再单击右侧的 Add Device 按钮，对于弹出的 Select Devices 器件选择窗口（见图 4.28），于左栏中选定目标器件的系列，如 CycloneⅢ；再于右栏中选择具体器件 EP3C10。选中 Input files to convert 栏中的 SOF Data 项，然后单击右侧的 Add File 按钮，选择 SOF 文件图 YMQ. sof（见图 4.29）。

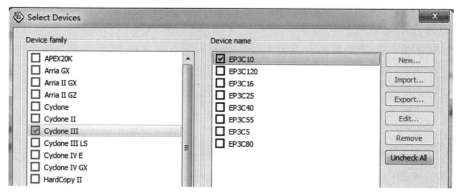

图 4.28　选择目标器件 EP3C10

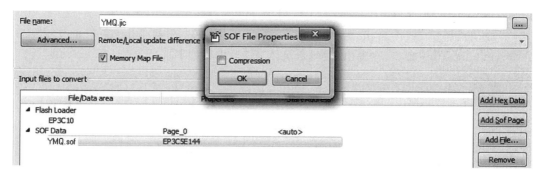

图 4.29　选定 SOF 文件后选择文件压缩

为了使 EPCS4 能为今后可能的应用（如 SOPC 的 C 程序代码存放）腾出空间，需要压缩后进行转换。所以首先单击选中 Input files to convert 栏中的 YMQ. sof 文件名，然后单击右下方的 Properties 按钮，在弹出的对话框中选择 Compression 复选框（见图 4.29）。最后单击 Generate 按钮，即生成所需要的间接编程配置文件。

（2）下载 JTAG 间接配置文件。选择 Tool 菜单下的 Programmer 命令，选择 JTAG 模式，加入 JTAG 间接配置文件 YMQ. jic，如图 4.30 所示，做必要的选择，单击 Start 按钮后进行编程下载。

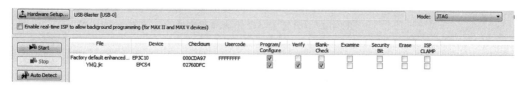

图 4.30　用 JTAG 模式经由 FPGA 对配置器件 EPCS4 进行间接编程

为了证实下载后系统是否能正常工作,在下载完成后,必须关闭系统电源,再打开电源,以便启动 EPCS 器件对 FPGA 的配置。然后观察 FPGA 内模块的工作情况。

另需注意,由于 FPGA 的输入输出端口 I/O 电平是 3.3V(包括下载于 FPGA 内部的 74 系列模块,如 74138 等),所以所有输入 FPGA 的信号电平必须在这个范围内。如果信号来自传统的 TTL 电平的 74LS 器件,必须在进入 FPGA 的信号通道上串接一个 200Ω 左右的电阻,且输入信号的频率越高,此电阻的阻值应该越小。若是输出信号,此类 3.3VI/O 电平的 FPGA 可以直接驱动 74LS、74HC、CD4000 等系列的器件。

4.3　Verilog HDL 语言输入法组合逻辑电路设计

在现代数字电路系统设计中,为了高效地描述和设计组合电路,工程师可以用 HDL 进行开发和设计,并将设计好的所有功能模块集成于 FPGA 或 CPLD 芯片中,从而实现电路的功能。下面先介绍一些硬件描述语言的基本知识,然后通过例子给出具体的设计方法。

4.3.1　Verilog HDL 语法简介

硬件描述与编程语言之间共有的一个特性是层次化概念的使用,利用 Verilog 可以定义模块,然后利用这些模块构造更复杂的设计。描述模块内部的基本方式有两种:结构描述和行为描述。

1. 结构描述

结构描述就是文本形式描述逻辑电路图。对于图 4.31 所示结构的异或电路(x、y 和 z 都是一位二值逻辑变量,$z=\bar{x}y+x\bar{y}$),其具体的模块描述如下:

```
1  module xor(z,x,y);
2  input x,y;
3  output z;
4  wire invx,invy,w1,w2;
5  inverter inv1(invy,y);
6  inverter inv2(invx,x);
7  and_gate and1(w1,x,invy);
8  and_gate and2(w2,y,invx);
9  or_gate or1(z,w1,w2);
10 endmodule
```

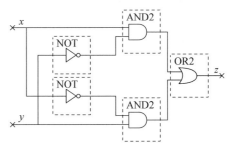

图 4.31　异或电路的门级逻辑图

在编辑中需要注意如下几个问题:

(1) 在 Verilog HDL File 文本编辑窗中编辑程序时,必须关闭中文输入工具,在纯英文编辑环境中编辑。因为 HDL 综合器不认识中文标点符号,如逗号、分号等。

(2) 第 1 行中的 module 是关键词,是电路模块的引导词,它的结尾词是第 10 行的关键词 endmodule,凡是关键词必须小写。module 和 endmodule 构成了一个"括号",在它们之间的内容是对电路的描述。module 右侧 xor 称为实体名,是设计者为当前设计取的名,区分大小写,且用英文字母表示。这个名很重要,因为当前此文件存盘的文件名必须是 xor.v,即存盘文件名必须与实体名一致,且后缀是.v。此名改动后,存盘文件名也必须随之改动。

第 1 行右侧括号中的文字(z,x,y)是此电路模块所有的端口信号名。

（3）第 2 行用关键词 input 定义了此模块的输入信号 x、y。

（4）第 3 行用关键词 output 定义了此模块的输出信号 z。

xor 模块的 Verilog 描述列出了异或电路所示的所有 5 个逻辑门,并用变量名表示连接线。其中使用了 3 种不同类型的模块：inverter、and_gate 和 or_gate。这些模块的描述也应当包含在整个电路的描述中。然而,与软件相似,其中通常有基本元件库可用,因此描述可以相当简洁。5 个逻辑门分别用不同的名字命名（inv1、inv2、and1、and2 和 or1）,以便在后面的仿真和调试中能应用它们。invx、invy、w1 和 w2 作为模块的内部变量,必须被声明,因为它们既不是输入,也不是输出,而是用作链接模块内部组件的连线。

2. 行为描述

与结构描述相同,行为描述只给出模块的功能,而不涉及具体的实现。上述 xor 模块的行为描述可以写成：

```
1 module xor(z,x,y);
2 input x,y;
3 output z;
4 assign z=x^y;
5 endmodule
```

上述模块描述中赋值语句 assign z＝x^y 表明,z 应当不断地被赋予 x 和 y 的异或值。^符号表示 Verilog 中的异或运算。这种持续赋值语句与编程语言中的赋值语句是截然不同的。它不是执行一次,而是执行多次。只要 x 或 y 的值发生改变,就要重新执行该语句,从而确保 z 的值始终正确。

此例中的赋值语句可用 always 块来表示,此时 z 应该被声明为 reg 类型,即：

```
1 reg z;
2 always @(x,y)begin
3 z=x^y;
4 end
```

always 块用于说明应在什么时候更新该模块的输出值以及如何更新。对于 xor 模块,只要 x 或 y 的值发生改变,z 就应当被赋予 x 和 y 异或后的值。@符号后面的括号里定义了敏感列表。在 begin-end 块中声明用于决定如何更新 z 的值的语句。always 块的敏感列表表明,如果 x 和 y 中任意一个的值发生变化,那么就应当执行 always 块中的语句。这与编程语言有本质的不同,因为在编程语言中语句是顺序执行的。在本例中,敏感列表中的值发生变化就会引起语句的执行。HDL 之所以这样做,是因为实际电路正是这样工作的,z 的附加声明清楚地告诉仿真器应该如何去做。

always 块中也可以包含更复杂的语句,如循环语句和条件语句。在上述 xor 模块的

always 块中将 z＝x^y 改成"if（x）z＝～y；else z＝y；",电路功能不变。if 语句实现了 x 和 y 的异或,并对 z 赋值。其中,～符号用于表示变量的求反。

对于简单的组合电路,一般采用赋值语句例中 assign 语句,实现行为描述,因为赋值语句将设计者从拼写敏感列表的负担中解脱了出来。只要语句右边的任意变量取值发生变化,就会重新执行该语句。

当然,为了得到一个完整的设计,所有模块都需要完整的结构描述。然而,行为描述也是必要的,因为在设计过程的早期,设计者可能不希望在后面可能还会发生变化的结构上花费太多精力,描述所需的功能,然后对整个设计进行仿真和调试,往往更容易。也可以利用自动综合工具将行为描述转化为结构描述,这些工具将从根本上提高设计者的生产力,由于某些模块只是用于提供设计所需的仿真环境,它们可能不需要在电路中实现。

3. 延时

除了用敏感列表来模拟实际硬件特性外,Verilog 通过延时语句来模拟另一个实际硬件特性——延时。例如,如果希望异或电路的延时为 6 个时间单位,那么可以在其行为描述中添加如下的延时语句:

```
1  module xor(z, x, y):
2      input  x, y;
3      output z:
4      reg    z:
5      always@(x, Y)begin
6      #6 z=x^y;
7      end
8  endmodule
```

延时语句的作用是将 z 的赋值推迟到 6 个时间单位之后,所以 z 的变化将比引起它改变的 x 或 y 的变化晚 6 个时间单位。上述代码中的 always 模块与赋值语句 assign ♯6 z＝x^y 是等价的。注意,延时语句只在行为描述中有意义。在结构描述中,通常由大多数基本子模块(这些模块本身不包含任何子模块)提供从输入到输出的延时信息。

由于篇幅所限,如果读者希望深入了解 Verilog 语言的语法,可以阅读有关参考书。

4.3.2　用 Verilog 进行组合电路的设计

本节将以组合电路内最常用的工具真值表为例,进行设计。利用 Quartus Ⅱ 处理真值表的最好方法是先将真值表表达成 Verilog 的程序文本形式。考虑到直接学习 Verilog 的语言规则和编程技术会花费太多的课时,目前也没有这个必要。这里最有效的方法是给出一个针对真值表的 Verilog 表达程序,仅将此程序的描述看成一种特殊的表格,即特殊的真值表的表达形式,直接用来设计与实现。

1. Verilog 描述

打开 Quartus Ⅱ,打开 4.2 节的示例工程 YMQ。选择菜单 File→New 命令,在 New 窗口(见图 4.4)的 Device Design Files 选项卡中选择 Verilog HDL File 的 HDL 文本编辑器。

在弹出的文本编辑窗中输入如下所示的 case 语句程序（以后简称为 case 语句描述），并以 YMQ.v 的文件名存盘。该程序实际上就是其真值表的 Verilog 的一种描述。事实上，如果有了真值表，就可以模仿此文本，将对应的数据填入其中，此"表"的其他描述可以基本保持不变。

```
 1 module YMQ    (A,B,C,Y);
 2     input A,B,C;
 3     output [7:0] Y;
 4     reg [7:0] Y;
 5     always @ (A,B,C,Y)
 6 case ({C,B,A})
 7     3'B000 : Y<=8'B11111110;
 8     3'B001 : Y<=8'B11111101;
 9     3'B010 : Y<=8'B11111011;
10     3'B011 : Y<=8'B11110111;
11     3'B100 : Y<=8'B11101111;
12     3'B101 : Y<=8'B11011111;
13     3'B110 : Y<=8'B10111111;
14     3'B111 : Y<=8'B01111111;
15   default : Y<=8'B11111110;
16 endcase
17 endmodule
```

编辑时请注意：

(1) 和 4.3.1 节一样，第 1 行说明了所有端口信号名，第 2 行定义了输入信号 A、B、C，第 3 行定义了输出信号 Y，在 Y 的左侧多了描述[7:0]，这表明 Y 是一个 8 位数据端口。这是一种矢量表达方式，即 Y[7:0]。对于电路，也可称为总线表达方式；等效于定义了 8 个一位输出口，分别对应 Y[7]～Y[0]。对于多个同类信号，矢量表达方式比较方便。当然也可以单独定义，如：output Y7,Y6,Y5,Y4,Y3,Y2,Y1,Y0。

(2) 第 4 行是定义输出信号的类型，reg 是关键词，与 output 定义方式相同。

(3) 第 5 行中，关键词 always@ 可照抄，右侧括号中的内容称为敏感信号，可以将此模块的输入输出信号名列于其中，列多了也不算错，每一信号名用逗号分开。

(4) 第 6 行是描述真值表的 case 语句开始句。关键词 case 和第 16 行的 endcase 也构成了一个"括号"，在它们之间的内容是对"真值表"数据的描述。case 右侧括号中的{C,B,A}是输入信号数据的合并，即大括号有合并数据的功能。例如，若 C=0，B=1，A=1，则{C,B,A}=3'B011。3'B011 是 Verilog 的二进制数表示法，其中的 3'表示此数有 3 位，B 表示右侧的数据是二进制数。所以这时的{C,B,A}就等于二进制数 011。

(5) 第 7～14 行可以看成真值表的描述句。以第 8 句为例，3'B001 表示，当{C,B,A}=001，即当 C、B、A 分别输入 0、0、1 时，Y[7:0]输出 11111101。即 Y[7]，…，Y[1]，Y[0]分别输出 1，…，0，1。在这里，符号":"表示"于是"的意思，符号"<="表示向 Y 输出数据的意思。

(6) 第 15 行的 default 是关键词，它构成一个固定语句，必须放入。此句表示，当{C,B,A}不取以上任一数据时的默认输出操作。

2. 将 Verilog 文本转化为电路元件

在完成了 YMQ 文件编辑和存盘后,就要将其变成一个电路元件,以备调用。如图 4.32 所示,选择 File→Create/Update→Create Symbol Files 命令。这时 Quartus Ⅱ 首先对文件进行检查,如果没有错误,就会将其转化为一个元件,放在当前工程库中,即放在文件夹 D:/FPGA/MY_PROJECT 中。

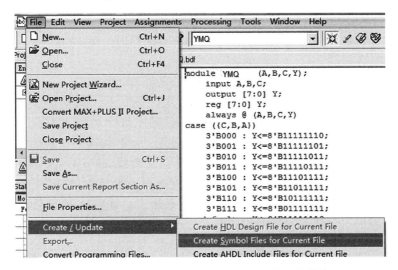

图 4.32　将 HDL 文本转化成可以调用的元件模块

3. 完成电路设计

双击原理图编辑窗的任意空白位置,即能打开元件调用窗。单击左上角 Libraries 栏的 Project,将出现已转换好的元件的元件名 YMQ(见图 4.33),单击 OK 按钮,将此元件调入原理图(见图 4.10)中,然后删去 74138,用 YMQ 取代之。连线时注意用信号线来连接,如图 4.34 所示,在 YMQ 的输出端必须标上 Y[7..0],其中是两个点,它表示输出有 8 根线。注意,在原理图表示中,矢量描述是 Y[7..0],而在 Verilog 程序中的描述是 Y[7:0]。

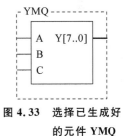

图 4.33　选择已生成好的元件 YMQ

现在,图 4.34 与图 4.10 的电路功能完全相同,只是图 4.10 中电路的译码器 74138 内部是用原理图元件构建的,而图 4.34 的译码器 YMQ 是用 Verilog 文本描述的。

4. 逻辑功能测试

与对图 4.10 所示电路的处理相同,也要对图 4.34 的电路进行测试,测试方法也相同。首先进行汇总编译,然后建立仿真波形文件。输入输出端的名称并没有变化,因此可以用原来的 vwf 文件进行仿真。由于元件 YMQ 的功能与 74138 相同,所以仿真波形结果也相同。

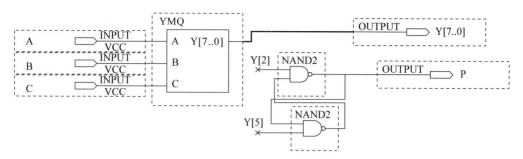

图 4.34　用 HDL 文本描述的 3-8 译码器 YMQ 的连接电路

4.3.3　三人表决电路的语句表达方式

用 Verilog 设计一个三人表决电路，进一步阐述组合逻辑电路设计的一般性。图 4.35 是三人表决电路的 case 语句描述，将其变成元件后构成的电路如图 4.36 所示。使用该元件在 Quartus Ⅱ 的原理图编辑窗中设计表决电路，建立对应的工程，选择目标器件后，即可对此电路进行编译和仿真测试。仿真波形如图 4.37 所示，可以判定此项设计是正确的。注意，图 4.37 的毛刺尖脉冲是输入数据在硬件电路中的延时造成的，原因是逻辑信号的变化，导致的电路的延时。

```
abc JG3.v
1   module JG3 (ABC,X,Y);
2       input [2:0] ABC;
3       output X,Y;
4       reg X,Y;
5       always @ (ABC,X,Y)
6   case (ABC)
7       3'B000 :begin   X<=1'B0; Y<=1'B1;end
8       3'B001 :begin   X<=1'B0; Y<=1'B0;end
9       3'B010 :begin   X<=1'B0; Y<=1'B0;end
10      3'B011 :begin   X<=1'B0; Y<=1'B0;end
11      3'B100 :begin   X<=1'B0; Y<=1'B0;end
12      3'B101 :begin   X<=1'B1; Y<=1'B0;end
13      3'B110 :begin   X<=1'B1; Y<=1'B0;end
14      3'B111 :begin   X<=1'B1; Y<=1'B0;end
15      default :begin  X<=1'B1; Y<=1'B0;end
16  endcase
17  endmodule
```

图 4.35　三人表决电路的 case 语句描述

比较 YMQ 的文本图 4.32 和图 4.35 中的文本会发现，图 4.35 的程序多了一组 begin_end 描述。描述 begin_end 也是关键词，称为块语句。块语句本身没有什么功能，此语句只相当于一个"括号"，在此"括号"中的语句都被认定归属于同一操作模块，Verilog 要求：凡是在 case 语句中，输出信号多于一组的情况，必须加上 begin_end 描述

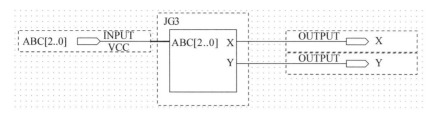

图 4.36　三人表决电路的电路原理图

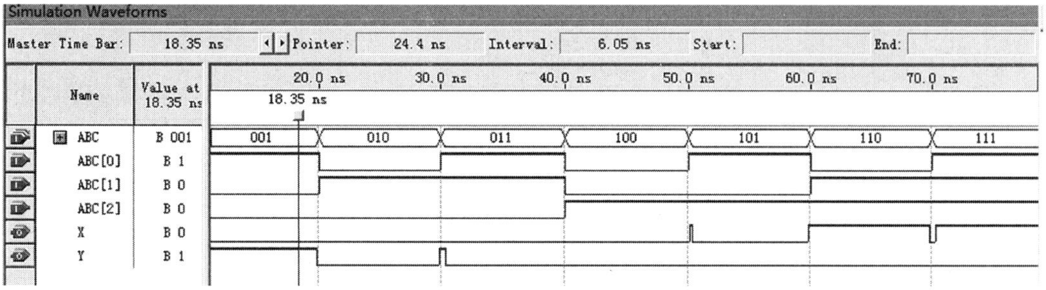

Simulation Waveforms										
Master Time Bar:	18.35 ns	◀ ▶	Pointer:	24.4 ns	Interval:	6.05 ns	Start:		End:	

	Name	Value at 18.35 ns	20.0 ns	30.0 ns	40.0 ns	50.0 ns	60.0 ns	70.0 ns
	ABC	B 001	001 / 010	011	100	101	110	111
	ABC[0]	B 1						
	ABC[1]	B 0						
	ABC[2]	B 0						
	X	B 0						
	Y	B 1						

图 4.37　三人表决电路的仿真波形

"括"起来。YMQ 的程序由于只有一组输出,故可省去 begin_end 描述。

以第二条赋值语句为例,"3'B001: begin X<=1'B0;Y<=1'B0;end"为例,其含义是当 ABC=001 时,X 输出 0,Y 输出 0。

4.3.4　Verilog 的其他表达方式

以上的示例表明,用 case 语句来表示描述组合电路的真值表很灵活,这使得组合电路的设计变得非常容易。以下再给出两则描述组合电路的不同形式的 case 语句描述形式,读者可以根据自己的设计需要,灵活套用。

1. 文字表达方式的多路选择器设计

以上所介绍的用 case 语句表达真值表的多个示例表明,需要将输入输出信号中所有可能出现的数据都列于真值表中,然后用 case 语句描述出来。这种方式的好处是直观,但缺点是所能表达的组合电路的规模太小,实用意义不大。例如以上的表决电路只涉及 3 个人,没有实用意义。如果表决的人多达 30 人、300 人,其真值表就将大到无法用简单的真值表来表达了。因此在实际设计中使用文字表达会高效得多。

例如,要设计一个 8 位四选一多路选择器,如果用以上的方法,首先列出此电路输入输出所有可能的二进制数据的真值表,然后用 case 语句描述此真值表,理论上也可以完成设计,但实际执行起来就很不容易。

如果按图 4.38 给出的 case 语句描述方法就十分简洁。程序中,当通道控制信号 S 分别被输入 00、01、10、11 时,8 位输出端口 DOUT 将分别输出来自 A0、A1、A2、A3 端口的 8 位数据。当然用此法设计多路多位数据分配器也是相同形式。图 4.39 是多路选择器的元件(将文本转化成的元件模块)。

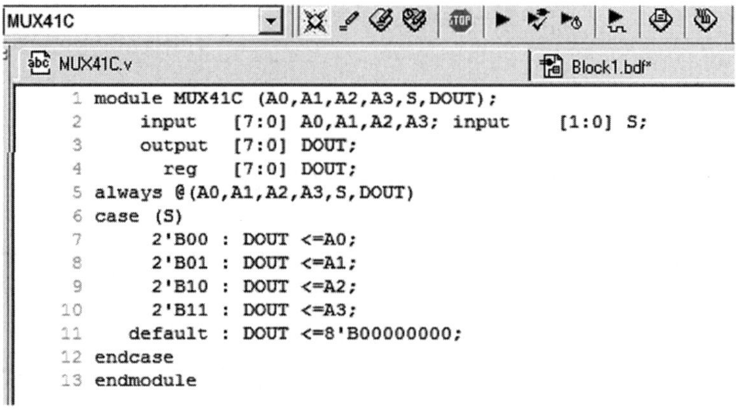

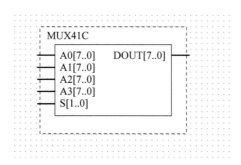

```
MUX41C                                   ✕ ✎ ◈ ◈ ◈ | ☜ | ▶ ☞ ☞ | ☜ | ⊕ ⦿
abc MUX41C.v                                                    📄 Block1.bdf*
 1  module MUX41C (A0,A1,A2,A3,S,DOUT);
 2     input    [7:0] A0,A1,A2,A3; input     [1:0] S;
 3     output   [7:0] DOUT;
 4        reg   [7:0] DOUT;
 5  always @(A0,A1,A2,A3,S,DOUT)
 6  case (S)
 7     2'B00 : DOUT <=A0;
 8     2'B01 : DOUT <=A1;
 9     2'B10 : DOUT <=A2;
10     2'B11 : DOUT <=A3;
11    default : DOUT <=8'B00000000;
12  endcase
13  endmodule
```

图 4.38　用"真值表"描述多路选择器

图 4.39　多路选择器的元件模块

2. 含有条件判定情况的真值表的 case 语句设计

　　一般的真值表的输入输出数据是一开始就确定的,且直接写在表中的。但有的组合电路需要根据外部的控制信号,在相同的输入数据情况下有不同的输出。图 4.40 就是一个这样的程序。其对应的原理图元件模块如图 4.41 所示。此程序的仿真波形如图 4.42 所示。

　　图 4.40 的第 8 行的含义如下:当输入端 DIN[1:0]=01 时,DOUT 输出 010,且若选择控制输入端 S=1(高电平),则 DATA 输出 110,否则(即 S=0)DATA 输出 011。显然,如果把这里的 if 语句翻译成电路的话,就是一个二选一的多路选择器,其选择控制端是 S。

　　此句的表达有一个固定格式,即:

```
if() …;else…;
```

　　注意此句必须以 if 开始,条件描述必须放在括号内,如(S==1),其中的比较符号是双等号==;此外,如上所述,如果赋值语句多于一条,必须加块语句 begin_end 的表达形式。

　　通过以上 Verilog 的几个示例,使读者了解了 case、begin 和 if 语句的表达方式与使用特点,即可迅速掌握用 Verilog 文本程序描述和设计组合逻辑电路的方法。注意,无论

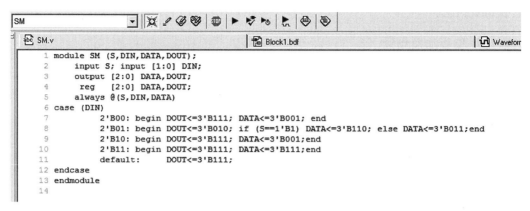

```
    module SM (S,DIN,DATA,DOUT);
1
2       input S; input [1:0] DIN;
3       output [2:0] DATA,DOUT;
4          reg    [2:0] DATA,DOUT;
5       always @(S,DIN,DATA)
6   case (DIN)
7           2'B00: begin DOUT<=3'B111; DATA<=3'B001; end
8           2'B01: begin DOUT<=3'B010; if (S==1'B1) DATA<=3'B110; else DATA<=3'B011;end
9           2'B10: begin DOUT<=3'B111; DATA<=3'B001;end
10          2'B11: begin DOUT<=3'B111; DATA<=3'B111;end
11          default:     DOUT<=3'B111;
12  endcase
13  endmodule
14
```

图 4.40　含条件判断情况的"真值表"表达

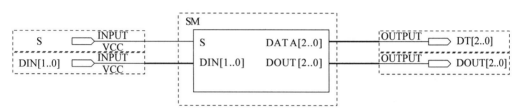

图 4.41　对应图 4.40 程序的电路元件模块

图 4.42　含条件判断情况的"真值表"仿真波形

用 case 语句如何表达,或者用电路原理图如何描述,对其实际逻辑功能的判断绝不能仅停留在语句描述的判断或电路结构的分析上,因为这只能作为一种初步的定性判断,而真正重要的是必须通过时序仿真来确定设计模块的逻辑功能和时序特性,这是现代逻辑设计有别于传统设计的一个十分重要的方面。

4.3.5　4 位串行加法器综合设计

算术运算电路是计算机中不可缺少的组成单元,由于在数字计算机中两个二进制数之间的算术运算无论是加、减,还是乘、除,都是变成若干步加法运算进行的,因此加法器是构成算术运算电路的基本单元,本节应用自动化设计与分析的方法给出一种 4 位串行加法器层次化设计的实例。先使用 Verilog 文本设计 1 位半加器,随后设计 1 位全加器,再利用层次化的方法结合原理图法设计一个 4 位串行加法器,并给出它们的仿真波形。在第 3 章已给出了加法器的工作原理和真值表,本节按照自动化设计方法设计并给出设计及仿真结果。

1. 1位半加器设计

用 Verilog 结构描述半加器：

```
bjq.v
1  module bjq(a,b,c,s);
2  input a,b;
3  output c,s;
4  and(c,a,b);
5  xor(s,a,b);
6  endmodule
```

第4行、第5行是门电路的调用，半加器的仿真波形如图4.43所示，从仿真波形可以看出它符合真值表，时序波形中输出存在延迟和竞争现象，它是符合实际情况的。

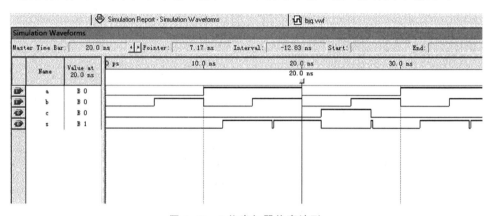

图4.43　1位半加器仿真波形

2. 1位全加器设计

用 Verilog 结构描述全加器：

```
qjq.v
 1  module qjq(a,b,cin,s,cout);
 2  input a,b,cin;
 3  output s,cout;
 4  wire s1,s2,s3,s4;
 5  and(s1,a,b);
 6  and(s2,b,cin);
 7  and(s3,cin,a);
 8  xor(s4,a,b);
 9  xor(s,s4,cin);
10  or(cout,s1,s2,s3);
11  endmodule
```

一位全加器的仿真波形如图 4.44 所示,从仿真波形可看出它符合真值表。

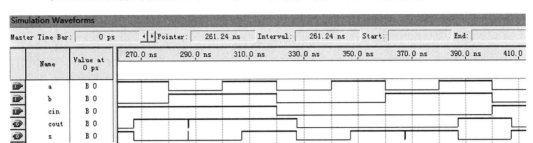

图 4.44　1 位全加器仿真波形

3. 4 位串行加法器层次化设计

1) 首先将 Verilog 文本编译成功的全加器转化为电路元件

在完成了 qjq.v 文件编辑和存盘后,还要将其变成一个电路元件,以备调用。选择 File→Create/Update→Create Symbol Files...命令,这时 Quartus Ⅱ 首先对文件进行检查,如果没有错误,就会将其转化为一个全加器元件模块,放在当前工程库中,此例放在文件夹 f:/lxh/dqjq 中。

2) 完成 4 位串行加法器电路设计

双击原理图编辑窗的任意空白位置,即能打开元件调用窗。单击左上角 Libraries 栏的 Project,将出现已转换好的元件的元件名 qjq,如图 4.45 所示,单击 OK 按钮,将此元件调入原理图编辑窗口中,对元件和输入输出端口进行连接,连线时注意用信号线来连

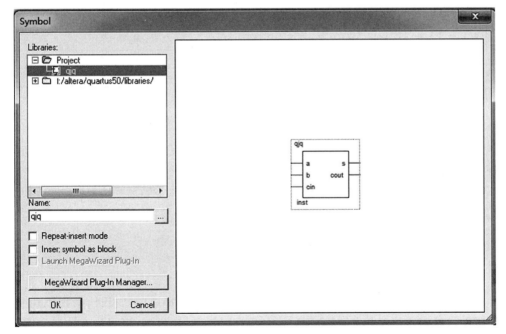

图 4.45　将 HDL 文本转化成可以调用的元件 qjq

接，将4个全加器按照串行进位方式连接，如图4.46所示。

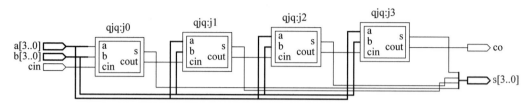

图4.46　4位串行进位全加器原理图

3）时序逻辑功能测试

该图中调用了4次全加器，它们被级联起来，通过将低位全加器的进位输出信号接到高位全加器的进位输入端，完成了串行进位，4位全加器的运算时间相当于4个一位全加器的运算时间之和。

下面首先进行汇总编译，然后建立仿真波形文件。仿真波形结果如图4.47所示。

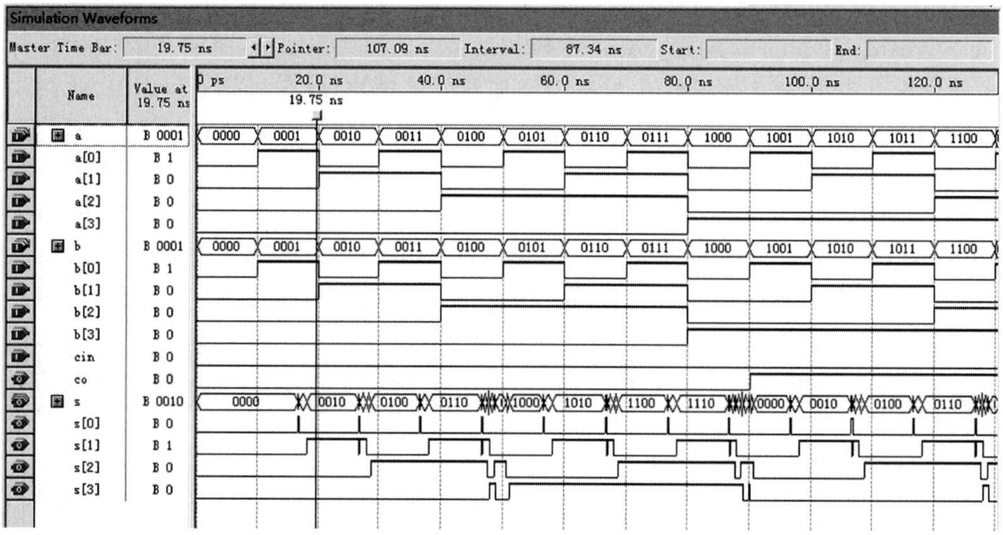

Simulation Waveforms																	
Master Time Bar:	19.75 ns		Pointer:	107.09 ns	Interval:	87.34 ns	Start:			End:							

图4.47　4位串行进位全加器仿真波形

从本节的仿真波形中能看到组合逻辑电路的传输延迟和竞争冒险现象。仿真时，由于逻辑门电路的传输延迟时间采用软件设定的标准值或是设计者自行设定的值，与电路的实际工作情况有差异，最终还要在实验中检查验证。因此，要很好地解决这一问题，还必须在实践中积累和总结经验。

习　题　4

4.1　用74LS138和与非门实现一种3-8译码器的脉冲电路的设计，包括创建工程，在原理图编辑窗中绘制此电路，全程编译、对设计进行时序仿真，根据仿真波形说明此电路的功能、引脚锁定编译、编程下载于FPGA中，进行硬件测试。

4.2　用两片 4 位二进制数值比较器 7485 串联扩展为 8 位比较器。完成全部设计和测试,包括创建工程、编辑电路图、全程编译、时序仿真,以及说明此电路的功能、引脚锁定、编程下载,进行硬件测试。

4.3　设计 8 位十进制数动态扫描显示控制电路。

（1）用 7448 和 74138 宏功能元件设计实现 8 位十进制数动态扫描显示控制电路,并在实验系统上控制七段数码管。位选信号 S2、S1、S0 可以用 3 个键控信号手动控制。给出时序仿真波形并说明之,引脚锁定,编程下载于 FPGA 中,进行硬件测试。

（2）给出真值表,以上所有控制电路用同 case 语句表达出来,然后硬件实现。

4.4　用 Verilog 的 case 语句设计一个可以控制显示共阴七段数码管的十六进制码七段显示译码器。首先给出此译码器的真值表,此译码器有 D、C、B、A 共 4 个输入端。D 是最高位,A 是最低位;输出有 8 位:p,g,f,e,d,c,b,a,其中 p 和 a 分别是最高和最低位,p 控制小数点。对于共阴控制,如果要显示"A",输入 DCBA＝1010;若小数点不亮,则输出 pgfedcba＝01110111＝77H。给出时序仿真波形并说明之,引脚锁定,下载于 FPGA 中,对共阴数码管进行硬件测试。

4.5　用 Verilog 的 case 语句设计一个 5 人表决电路,参加表决者 5 人。同意为 1,不同意为 0。同意者过半则表决通过,绿指示灯亮;表决不通过则红指示灯亮。给出时序仿真波形并说明之,引脚锁定,编程下载,硬件测试。

4.6　设计一个 8 位四选一多路选择器电路,并对其进行时序仿真。

第5章

触 发 器

在数字系统中,不但要对数字信号进行算术运算和逻辑运算,而且要将运算结果保存起来,这就需要具有记忆功能的逻辑单元,我们把能够存储1位二进制数字信号的基本单元叫做触发器。

触发器是构成时序逻辑电路,如寄存器和计数器等的基本逻辑部件。它有两个稳定的状态:0状态和1状态;在不同的输入情况下,它可以被置成0状态或1状态;当输入信号撤去后,所置成的状态能够保持不变。所以,触发器可以记忆1位二值信号。根据逻辑功能的不同,触发器可以分为RS触发器、D触发器、JK触发器、T和T'触发器;按照结构形式的不同,又可分为基本RS触发器、同步触发器、主从触发器和边沿触发器等。

5.1 基本 RS 触发器

5.1.1 电路结构

最基本的RS触发器电路是由两个与非门的输入输出端交叉耦合而成。它有两个输入端 $\bar{R}_D$、$\bar{S}_D$ 和两个输出端 Q、$\bar{Q}$。一般情况下,这两个输出端总是逻辑互补的,即一个为0时,另一个为1。图5.1是与非门组成的基本RS触发器的逻辑图和逻辑符号。

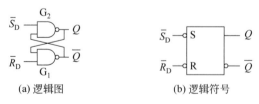

(a) 逻辑图   (b) 逻辑符号

图 5.1 与非门组成的基本 RS 触发器

5.1.2 工作原理

1. 具有两个稳定的工作状态

以 Q 这个输出端的状态作为触发器的状态:当 $Q=1$,称为触发器的1状态;当 $Q=0$

时,称为触发器的 0 状态。

在接通电源后,如果 $\overline{R}_D$ 和 $\overline{S}_D$ 端均未加低电平,即 $\overline{R}_D = \overline{S}_D = 1$,此时触发器的原始状态(称为初态)若处于 1 状态,那么这个状态一定是稳定的。因为 $Q = 1$,门 G_1 输入端必然全为 1,$\overline{Q}$ 一定为 0。门 G_2 输入端有 0,$Q = 1$ 是稳定的,这时 $\overline{Q} = 0$ 也是稳定的;如果触发器的初态为 0 态,那么这个状态在输入端不加低电平信号时也是稳定的。因为 $Q = 0$,门 G_1 输入端有 0,$\overline{Q}$ 一定为 1,门 G_2 输入端全为 1,所以 $Q = 0$ 是稳定的,这时 $\overline{Q} = 1$ 也是稳定的。这说明触发器在未接收低电平输入信号时,一定处于两个状态中的一个状态,无论处于哪个状态都是稳定的,所以说触发器具有两个稳态。

2. 在输入低电平信号作用下,触发器可以从一个稳态转换到另一个稳态

若触发器的初态 Q 为 1,$\overline{Q}$ 为 0。当 $\overline{R}_D = 0$,$\overline{S}_D = 1$ 时,门 G_1 因输入端有 0 使 $\overline{Q}$ 由 0 变 1,使门 G_2 输入端变为全 1,Q 必然由 1 翻转为 0;在触发器 Q 已经处于 0 状态时,如果使 $\overline{S}_D = 0$,$\overline{R}_D = 1$,门 G_2 因输入端有 0 使 Q 由 0 变为 1;门 G_1 因为输入端全为 1,而使 $\overline{Q}$ 由 1 翻转为 0,即触发器从 0 态翻转到 1 态。

这里,应注意两点:一是当电路进入新的稳定状态后,即使撤销了在 $\overline{R}_D$ 端或 $\overline{S}_D$ 端所加的低电平输入信号,使 $\overline{R}_D = \overline{S}_D = 1$,触发器翻转后的状态也能够稳定地保持;二是要让触发器从一个稳态翻转为另一个稳态,所加的输入信号必须"适当"。

可见,触发器的新状态 Q^{n+1}(也称次态)不仅与输入状态有关,也与触发器原来的状态 Q^n(也称现态或初态)有关。

触发器的特点:

(1) 有两个互补的输出端,有两个稳态。

(2) 有复位($Q = 0$)、置位($Q = 1$)、保持原状态 3 种功能。

(3) $\overline{R}_D$ 为复位输入端,$\overline{S}_D$ 为置位输入端,该电路为低电平有效。

(4) 由于反馈线的存在,无论是复位还是置位,有效信号只须作用很短的一段时间,即"一触即发"。

5.1.3　逻辑功能及其描述

由与非门组成的基本 RS 触发器的真值表如表 5.1 所示。

表 5.1　用与非门组成的基本 RS 触发器的真值表

$\overline{R}_D$	$\overline{S}_D$	Q^n	Q^{n+1}	$\overline{Q^{n+1}}$	功 能 说 明
0	0	0	1	1	禁用
0	0	1	1	1	
0	1	0	0	1	置0(复位)
0	1	1	0	1	
1	0	0	1	0	置1(置位)
1	0	1	1	0	
1	1	0	0	1	保持原状态
1	1	1	1	0	

1. 特性方程

触发器次态 Q^{n+1} 与输入状态 $\overline{R}_D$、$\overline{S}_D$ 及现态 Q^n 之间关系的逻辑表达式称为触发器的特性方程。根据表 5.1 可画出基本 RS 触发器 Q^{n+1} 的卡诺图，如图 5.2 所示。由此可得基本 RS 触发器的特性方程为

$$Q^{n+1} = S_D + \overline{R}_D Q^n \qquad (约束条件\ \overline{R}_D + \overline{S}_D = 1) \tag{5.1}$$

2. 状态转换图

状态转换图表示触发器从一个状态变化到另一个状态或保持原状态时，对输入信号的要求，如图 5.3 所示。

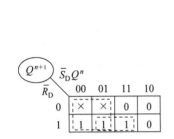

图 5.2　基本 RS 触发器 Q^{n+1} 的卡诺图

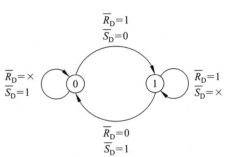

图 5.3　基本 RS 触发器的状态转换图

3. 驱动表

驱动表是用表格的方式表示触发器从一个状态变化到另一个状态或保持原状态不变时，对输入信号的要求。表 5.2 所示是基本 RS 触发器的驱动表。驱动表对时序逻辑电路的设计是很有用的。

表 5.2　基本 RS 触发器的驱动表

Q^n	$\rightarrow$	Q^{n+1}	$\overline{R}_D$	$\overline{S}_D$
0		0	$\times$	1
0		1	1	0
1		0	0	1
1		1	1	$\times$

4. 时序图

基本 RS 触发器如图 5.1 所示，设初始状态为 0，已知输入 $\overline{R}_D$、$\overline{S}_D$ 的波形，由表 5.1 可画出输出 Q、$\overline{Q}$ 的波形如图 5.4 所示。

事实上，凡是具有与非逻辑关系的两个门交叉耦合都可以构成基本 RS 触发器。如用两个或非门交叉耦合也可以构成基本 RS 触发器，它具有用两个与非门构成的基本 RS

触发器同样的功能,只不过触发输入端需要用高电平来触发。

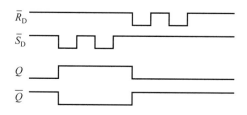

图 5.4　基本 RS 触发器波形分析图

5.2　同步 RS 触发器

在实际应用中,触发器的工作状态不仅要由输入端的信号来决定,而且还希望触发器按一定的节拍翻转。为此,给触发器加一个时钟控制端 CP,只有在 CP 端上出现时钟脉冲时,触发器的状态才能变化。具有时钟脉冲控制的触发器状态的改变与时钟脉冲同步,所以称为同步触发器。

5.2.1　电路结构

图 5.5 所示是同步 RS 触发器的逻辑图和逻辑符号。

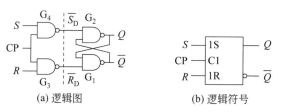

(a) 逻辑图　　　　　(b) 逻辑符号

图 5.5　同步 RS 触发器

5.2.2　工作原理

当 CP=0 时,控制门 G_3、G_4 关闭,都输出 1。这时,不管 R 端和 S 端的信号如何变化,触发器的状态保持不变。

当 CP=1 时,G_3、G_4 打开,R、S 端的输入信号才能通过这两个门,使基本 RS 触发器的状态翻转,其输出状态由 R、S 端的输入信号决定,见表 5.3。

由此可以看出,同步 RS 触发器的状态转换分别由 R、S 和 CP 控制,其中,R、S 控制状态转换的方向,即转换为何种次态;CP 控制状态转换的时刻,即何时发生转换。

5.2.3　逻辑功能及其描述

1. 特性方程

根据表 5.3 可画出同步 RS 触发器 Q^{n+1} 的卡诺图,如图 5.6 所示。由此可得同步

RS 触发器的特性方程为:

$$Q^{n+1} = S + \overline{R}Q^n \qquad （约束条件 RS = 0） \tag{5.2}$$

表 5.3　同步 RS 触发器的功能表

R	S	Q^n	Q^{n+1}	$\overline{Q^{n+1}}$	功 能 说 明
0	0	0	0	1	保持原状态
0	0	1	1	0	
0	1	0	1	0	置1(置位)
0	1	1	1	0	
1	0	0	0	1	置0(复位)
1	0	1	0	1	
1	1	0	1	1	禁用
1	1	1	1	1	

2. 状态转换图

状态转换图如图 5.7 所示。

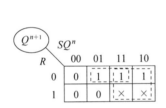

图 5.6　同步 RS 触发器 Q^{n+1} 的卡诺图

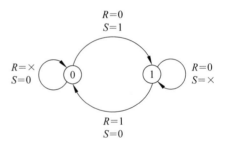

图 5.7　同步 RS 触发器的状态转换图

3. 驱动表

表 5.4 所示是同步 RS 触发器的驱动表。

表 5.4　同步 RS 触发器的驱动表

Q^n	→	Q^{n+1}	R	S
0		0	×	0
0		1	0	1
1		0	1	0
1		1	0	×

4. 波形图

触发器的功能也可以用输入输出波形图直观地表示出来,图 5.8 所示为同步 RS 触发器的波形图。

5.2.4 同步触发器的空翻现象

在一个时钟周期的整个高电平期间或整个低电平期间都能接收输入信号并改变状态的触发方式称为电平触发。由此引起的在一个时钟脉冲周期中,触发器发生多次翻转的现象叫做空翻,如图 5.9 所示。空翻是一种有害的现象,它使得时序电路不能按时钟节拍工作,从而造成系统的误动作。

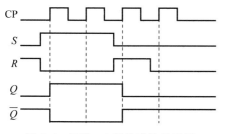

图 5.8 同步 RS 触发器的波形图

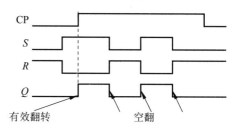

图 5.9 同步 RS 触发器存在的空翻现象

造成空翻现象的原因是同步触发器的结构不完善,下面将讨论的几种无空翻的触发器,都是从结构上采取措施,从而克服了空翻现象。

5.3 主从触发器

主从触发器由两级触发器构成,其中一级直接接收输入信号,称为主触发器;另一级接收主触发器的输出信号,称为从触发器。两级触发器的时钟信号互补,有效地克服了空翻现象。

5.3.1 主从 RS 触发器

1. 电路结构

主从 RS 触发器的电路结构如图 5.10 所示。

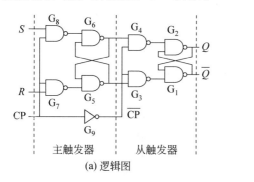

(a) 逻辑图　　　　　(b) 逻辑符号

图 5.10 主从 RS 触发器

2. 工作原理

主从触发器的触发翻转分为两个节拍：

（1）当 CP=1 时，G_9 的输出 $\overline{CP}=0$，从触发器被封锁，保持原状态不变。这时，G_7、G_8 打开，主触发器工作，接收 R 和 S 端的输入信号。

（2）当 CP 由 1 跃变到 0 时，即 CP=0、$\overline{CP}=1$。主触发器被封锁，输入信号 R、S 不再影响主触发器的状态。而这时，由于 $\overline{CP}=1$，G_3、G_4 打开，从触发器接收主触发器输出端的状态。

由以上分析可知，主从触发器的翻转是在 CP 由 1 变 0 时刻（CP 下降沿）发生的，CP 一旦变为 0 后，主触发器被封锁，其状态不再受 R、S 影响，故主从触发器对输入信号的敏感时间大大缩短，只在 CP 由 1 变 0 的时刻触发翻转，因此不会有空翻现象。

5.3.2　主从 JK 触发器

1. 电路结构

主从 JK 触发器的电路结构如图 5.11 所示。

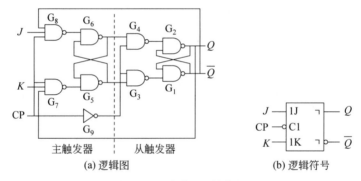

(a) 逻辑图　　　　　　　　　　　(b) 逻辑符号

图 5.11　主从 JK 触发器

RS 触发器的特性方程中有一约束条件 $SR=0$，即在工作时，不允许输入信号 R、S 同时为 1。这一约束条件使得 RS 触发器在使用时，有时感觉不方便。如何解决这一问题呢？我们注意到，触发器的两个输出端 Q、$\overline{Q}$ 在正常工作时是互补的，即一个为 1，另一个一定为 0。因此，如果把这两个信号通过两根反馈线分别引到输入端的 G_7、G_8 门，就一定有一个门被封锁，这时，就不怕输入信号同时为 1 了。这就是主从 JK 触发器的构成思路。

在主从 RS 触发器的基础上增加两根反馈线：一根从 Q 端引到 G_7 门的输入端，一根从 $\overline{Q}$ 端引到 G_8 门的输入端，并把原来的 S 端改为 J 端，把原来的 R 端改为 K 端。

2. 逻辑功能

JK 触发器的逻辑功能与 RS 触发器的逻辑功能基本相同，不同之处是 JK 触发器没有约束条件，在 $J=K=1$ 时，每输入一个时钟脉冲后，触发器向相反的状态翻转一次。表 5.5 为 JK 触发器的功能表。

表 5.5 JK 触发器的功能表

J	K	Q^n	Q^{n+1}	功 能 说 明
0	0	0	0	保持原状态
0	0	1	1	
0	1	0	0	置 0(复位)
0	1	1	0	
1	0	0	1	置 1(置位)
1	0	1	1	
1	1	0	1	每输入一个脉冲
1	1	1	0	输出状态改变一次

根据该表可画出 JK 触发器 Q^{n+1} 的卡诺图如图 5.12。

由此可得 JK 触发器的特性方程为:

$$Q^{n+1} = J\,\overline{Q^n} + \overline{K}Q^n \tag{5.3}$$

JK 触发器的状态转换图如图 5.13 所示。

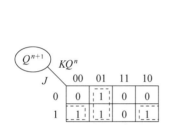

图 5.12 JK 触发器 Q^{n+1} 的卡诺图

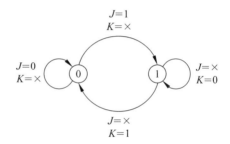

图 5.13 JK 触发器的状态转换图

根据表 5.5 可得 JK 触发器的驱动表如表 5.6 所示。

表 5.6 JK 触发器的驱动表

Q^n	$\rightarrow$	Q^{n+1}	J	K
0		0	0	$\times$
0		1	1	$\times$
1		0	$\times$	1
1		1	$\times$	0

设主从 JK 触发器的初始状态为 0,已知输入 J、K 的波形,则可画出输出 Q 的波形图,如图 5.14 所示。

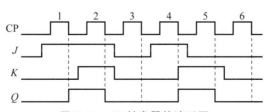

图 5.14 JK 触发器的波形图

在画主从触发器的波形图时,应注意以下两点:

(1) 触发器的触发翻转发生在时钟脉冲的触发沿(这里是下降沿)。

(2) 在 CP＝1 期间,如果输入信号的状态没有改变,判断触发器次态的依据是时钟脉冲下降沿前一瞬间输入端的状态。

3. 主从 JK 触发器存在的问题——一次变化现象

主从 JK 触发器如图 5.11 所示,设初始状态为 0,已知输入 J、K 的波形图如图 5.15 所示,则可画出输出 Q 的波形图。

由此看出,主从 JK 触发器在 CP＝1 期间,主触发器只变化(翻转)一次,这种现象称为一次变化现象。一次变化现象也是一种有害的现象,如果在 CP＝1 期间,输入端出现干扰信号,就可能造成触发器的误动作。为了避免发生一次变化现象,在使用主从 JK 触发器时,要保证在 CP＝1 期间,J、K 保持状态不变。

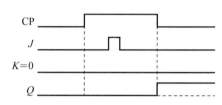

图 5.15　主从 JK 触发器一次变化波形

要解决一次变化问题,仍可从电路结构入手,让触发器只接收 CP 触发沿到来前一瞬间的输入信号。这种触发器称为边沿触发器。

5.4　边沿触发器

边沿触发器不仅将触发器的触发翻转控制在 CP 触发沿到来的一瞬间,而且将接收输入信号的时间也控制在 CP 触发沿到来的前一瞬间。因此,边沿触发器既没有空翻现象,也没有一次变化问题,从而大大提高了触发器工作的可靠性和抗干扰能力。下面就维持-阻塞边沿 D 触发器来介绍边沿触发器的工作原理。

1. 触发器的逻辑功能

D 触发器只有一个触发输入端 D,因此,逻辑关系非常简单,如表 5.7 所示。

表 5.7　D 触发器的功能表

D	Q^n	Q^{n+1}	功　能　说　明
0	0	0	
0	1	0	输出状态与 D 状态相同
1	0	1	
1	1	1	

D 触发器的特性方程为:

$$Q^{n+1} = D \tag{5.4}$$

D 触发器的状态转换图如图 5.16 所示。D 触发器的驱动表如表 5.8 所示。

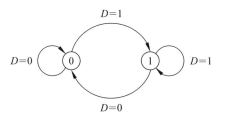

图 5.16 D 触发器的状态转换图

表 5.8 D 触发器的驱动表

Q^n	→	Q^{n+1}	D
0		0	0
0		1	1
1		0	0
1		1	1

2. 维持-阻塞边沿 D 触发器的结构及工作原理

在图 5.5(a)所示的同步 RS 触发器的基础上,再加两个门 G_5、G_6,将输入信号 D 变成互补的两个信号分别送给 R、S 端,即 $R=\overline{D}$,$S=D$,如图 5.17(a)所示,就构成了同步 D 触发器。很容易验证,该电路满足 D 触发器的逻辑功能,但有同步触发器的空翻现象。

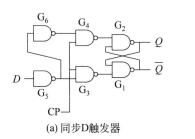

(a) 同步D触发器

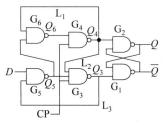

(b) 维持-阻塞边沿D触发器

图 5.17 D 触发器的逻辑图

为了克服空翻,并具有边沿触发器的特性,在图 5.17(a)电路的基础上引入 3 根反馈线 L_1、L_2、L_3,如图 5.17(b)所示,其工作原理从以下两种情况分析。

(1) 输入 $D=1$。

在 CP=0 时,G_3、G_4 被封锁,$Q_3=1$、$Q_4=1$,G_1、G_2 组成的基本 RS 触发器保持原状态不变。因 $D=1$,G_5 输入全 1,输出 $Q_5=0$,它使 $Q_3=1$,$Q_6=1$。当 CP 由 0 变 1 时,G_4 输入全 1,输出 Q_4 变为 0。继而,Q 翻转为 1,$\overline{Q}$ 翻转为 0,完成了使触发器翻转为 1 状态的全过程。同时,一旦 Q_4 变为 0,通过反馈线 L_1 封锁了 G_6 门,这时如果 D 信号由 1 变为 0,只会影响 G_5 的输出,不会影响 G_6 的输出,维持了触发器的 1 状态。因此,称 L_1 线为置 1 维持线。同理,Q_4 变 0 后,通过反馈线 L_2 也封锁了 G_3 门,从而阻塞了置 0 通路,故称 L_2 线为置 0 阻塞线。

(2) 输入 $D=0$。

在 CP=0 时,G_3、G_4 被封锁,$Q_3=1$、$Q_4=1$,G_1、G_2 组成的基本 RS 触发器保持原状态不变。因 $D=0$,$Q_5=1$,G_6 输入全 1,输出 $Q_6=0$。当 CP 由 0 变 1 时,G_3 输入全 1,输出 Q_3 变为 0。继而,$\overline{Q}$ 翻转为 1,Q 翻转为 0,完成了使触发器翻转为 0 状态的全过程。同时,一旦 Q_3 变为 0,通过反馈线 L_3 封锁了 G_5 门,这时无论 D 信号再怎么变化,都不会影响 G_5 的输出,从而维持了触发器的 0 状态。因此,称 L_3 线为置 0 维持线。

可见,维持-阻塞触发器是利用了维持线和阻塞线,将触发器的触发翻转控制在 CP

上升沿到来的一瞬间,并接收 CP 上升沿到来前一瞬间的 D 信号。维持-阻塞触发器因此而得名。

维持-阻塞 D 触发器如图 5.17(b)所示,设初始状态为 0,已知输入 D 的波形图如图 5.18 所示,画出输出 Q 的波形图。

由于是边沿触发器,在画波形图时,应注意以下两点:

（1）触发器的触发翻转发生在时钟脉冲的触发沿（这里是上升沿）。

（2）判断触发器次态的依据是时钟脉冲触发沿前一瞬间（这里是上升沿前一瞬间）输入端的状态。

根据 D 触发器的功能表或状态转换图,可画出输出端 Q 的波形图如图 5.18 所示。

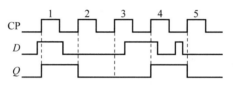

图 5.18　维持-阻塞 D 触发器波形图

3. 触发器的直接置 0 和置 1 端

该触发器有直接置 0 端 $\overline{R}_D$ 和直接置 1 端 $\overline{S}_D$。$\overline{R}_D$ 和 $\overline{S}_D$ 端都为低电平有效,$\overline{R}_D$ 和 $\overline{S}_D$ 信号不受时钟信号 CP 的制约,具有最高的优先级。

$\overline{R}_D$ 和 $\overline{S}_D$ 的作用主要是用来给触发器设置初始状态,或对触发器的状态进行特殊的控制。在使用时要注意,任何时刻,只能一个信号有效,不能同时有效。

图 5.19 是带有 $\overline{R}_D$ 和 $\overline{S}_D$ 端的维持-阻塞 D 触发器。

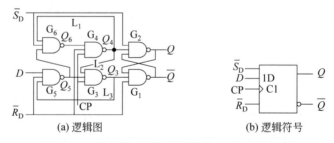

(a) 逻辑图　　　　　　　　　(b) 逻辑符号

图 5.19　带有 $\overline{R}_D$ 和 $\overline{S}_D$ 端的维持-阻塞 D 触发器

5.5　触发器功能的转换

触发器按逻辑功能不同可分为 RS、JK、D、T、T′五种类型,它们分别有各自的特征方程。在实际应用中,有时可以将一种类型的触发器转换成另一种类型的触发器。如果将 JK 触发器的 J 和 K 相连作为 T 输入端就构成了 T 触发器。当 T 触发器的输入控制端为 $T=1$ 时,则触发器每输入一个时钟脉冲 CP,状态便翻转一次,这种状态的触发器称为 T′触发器。

不同功能触发器之间的功能转换方法是:分别将转换前触发器的特性方程和转换后

触发器的特性方程进行适当变换(这需要一定的技巧),对变换后的两个方程进行比较,写出用转换后触发器输入信号表示的转换前触发器的输入激励方程。由该激励方程画出电路连接图。

1. JK 触发器转换成 D、T、T′、RS 触发器

1) JK 触发器转换成 D 触发器

JK 触发器的特性方程为

$$Q^{n+1} = J\overline{Q^n} + \overline{K}Q^n \tag{5.5}$$

而 D 触发器的特性方程为 $Q^{n+1}=D$,将 D 触发器的特性方程变换为

$$Q^{n+1} = D\overline{Q^n} + DQ^n \tag{5.6}$$

将式(5.5)与式(5.6)进行比较,得到

$$\begin{cases} J = D \\ K = \overline{D} \end{cases}$$

将 D 与 J 连接,将 D 通过一个非门与 K 连接即可,如图 5.20 所示。

2) JK 触发器转换成 T 触发器

JK 触发器的特性方程为 $Q^{n+1}=J\overline{Q^n}+\overline{K}Q^n$,而 T 触发器的特性方程为

$$Q^{n+1} = T\overline{Q^n} + \overline{T}Q^n$$

将两式进行比较,得到

$$\begin{cases} J = T \\ K = T \end{cases}$$

将 J 与 K 并联后与 T 连接即可,如图 5.21 所示。

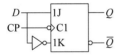 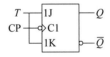

图 5.20 JK 触发器转换成 D 触发器连接图　**图 5.21 JK 触发器转换成 T 触发器连接图**

3) JK 触发器转换成 T′触发器

T′触发器的特性方程为 $Q^{n+1}=\overline{Q^n}$,将该式与 JK 触发器的特性方程进行比较,得 $J=K=1$,逻辑连接如图 5.22 所示。

4) JK 触发器转换成 RS 触发器

将 RS 触发器的特性方程 $\begin{cases} Q^{n+1}=S+\overline{R}Q^n \\ SR=0 \end{cases}$ 利用约束条件 $RS=0$ 进行变换

$$Q^{n+1} = S(Q^n + \overline{Q^n}) + \overline{R}Q^n = S\overline{Q^n} + (S+\overline{R})Q^n = S\overline{Q^n} + \overline{\overline{SR}R} \cdot Q^n = S\overline{Q^n} + \overline{R}Q^n$$

将该式与 JK 触发器的特性方程进行比较,得 $\begin{cases} J=S \\ K=R \end{cases}$,逻辑连接如图 5.23 所示。

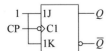

图 5.22 JK 触发器转换成 T′触发器连接图　**图 5.23 JK 触发器转换成 RS 触发器连接图**

2. D触发器转换成JK、T、T′、RS触发器

1）D触发器转换成JK触发器

将D触发器的特性方程与JK触发器的特性方程进行比较，得 $D=J\overline{Q^n}+\overline{K}Q^n$，逻辑连接如图5.24所示。

图5.24 D触发器转换成JK触发器连接图

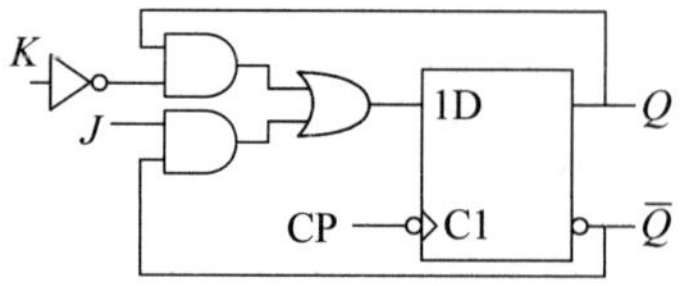

2）D触发器转换成T触发器

将D触发器的特性方程与T触发器的特性方程进行比较，得 $D=T\overline{Q^n}+\overline{T}Q^n=T\oplus Q^n$。

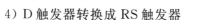

3）D触发器转换成T′触发器

将D触发器的特性方程与T′触发器的特性方程进行比较，得 $D=\overline{Q^n}$。

4）D触发器转换成RS触发器

将D触发器的特性方程与RS触发器的特性方程进行比较，得 $D=S+\overline{R}Q^n$ 或 $D=S\overline{Q^n}+\overline{R}Q^n$，约束条件为 $RS=0$。

3. T触发器转换成JK、D、T′、RS触发器

1）T触发器转换成JK触发器

将T触发器的特性方程与JK触发器的特性方程进行比较，得

$$T\oplus Q^n=J\overline{Q^n}+\overline{K}Q^n$$

利用 $T=T\oplus Q^n\oplus Q^n$ 可得到 T 的激励方程：

$$\begin{aligned}T&=T\oplus Q^n\oplus Q^n=(J\overline{Q^n}+\overline{K}Q^n)\oplus Q^n=(J\overline{Q^n}+\overline{K}Q^n)\overline{Q^n}+\overline{J\overline{Q^n}+\overline{K}Q^n}Q^n\\&=J\overline{Q^n}+KQ^n\end{aligned}$$

2）T触发器转换成D触发器

将T触发器的特性方程与D触发器的特性方程进行比较，得

$$T\oplus Q^n=D$$

所以，$T=T\oplus Q^n\oplus Q^n=D\oplus Q^n$。

3）T触发器转换成T′触发器

将T触发器的特性方程与T′触发器的特性方程进行比较，得

$$T\oplus Q^n=\overline{D}Q^n$$

所以，$T=T\oplus Q^n\oplus Q^n=\overline{Q^n}\oplus Q^n=1$。

4）T触发器转换成RS触发器

将T触发器的特性方程与RS触发器的特性方程比较，得

$$T\oplus Q^n=S+\overline{R}Q^n$$

所以

$$\begin{aligned}T&=T\oplus Q^n\oplus Q^n=(S+\overline{R}Q^n)\oplus Q^n=(S+\overline{R}Q^n)\overline{Q^n}+\overline{S+\overline{R}Q^n}\cdot Q^n\\&=S\overline{Q^n}+\overline{S}RQ^n=S\overline{Q^n}+\overline{RS}\cdot RQ^n\end{aligned}$$

利用约束条件 $RS=0$，得

$$\begin{cases} T = S\,\overline{Q^n} + RQ^n \\ RS = 0 \end{cases}$$

4. RS 触发器转换成 JK、D、T、T′ 触发器

由于 RS 触发器有约束条件 $RS=0$，因此，由 RS 触发器转换成其他功能触发器时，一定注意转换后必须验证约束条件 $RS=0$ 是否满足。例如，RS 触发器转换成 JK 触发器时，若直接将 RS 触发器的特性方程与 JK 触发器的特性方程进行比较，得 $S + \overline{R}Q^n = J\,\overline{Q^n} + \overline{K}Q^n$，可知 $S = J\,\overline{Q^n}$，$R = K$。

验证：$R \cdot S = JK\,\overline{Q^n}$，当 $J = K = \overline{Q^n} = 1$ 时，$R = S = 1$，不满足 $RS = 0$ 的约束条件，因此不能按此连接电路。

1）RS 触发器转换成 JK 触发器

将 JK 触发器的特性方程变换为

$$Q^{n+1} = J\,\overline{Q^n} + \overline{K}Q^n = J\,\overline{Q^n} + \overline{KQ^n}Q^n$$

将该式与 RS 触发器的特性方程

$$\begin{cases} Q^{n+1} = S + \overline{R}Q^n \\ SR = 0 \end{cases}$$

进行比较，得

$$\begin{cases} S = J\,\overline{Q^n} \\ R = KQ^n \end{cases}$$

验证：$RS = JK\,\overline{Q^n}Q^n = 0$，满足 $RS = 0$ 的约束条件。

2）RS 触发器转换成 D 触发器

将 D 触发器的特性方程变换为

$$Q^{n+1} = D = D\,\overline{Q^n} + DQ^n$$

将该式与 RS 触发器的特性方程

$$\begin{cases} Q^{n+1} = S\,\overline{Q^n} + \overline{R}Q^n \\ SR = 0 \end{cases}$$

进行比较，得

$$\begin{cases} S = D \\ R = \overline{D} \end{cases}$$

满足 $RS = 0$ 的约束条件。

3）RS 触发器转换成 T 触发器

将 T 触发器的特性方程变换为

$$Q^{n+1} = T\,\overline{Q^n} + \overline{T}Q^n = T\,\overline{Q^n} + \overline{TQ^n}Q^n$$

将该式与 RS 触发器的特性方程

$$\begin{cases} Q^{n+1} = S + \overline{R}Q^n \\ SR = 0 \end{cases}$$

进行比较，得

$$\begin{cases} S = T\,\overline{Q^n} \\ R = TQ^n \end{cases}$$

满足 $RS=0$ 的约束条件。

4）RS 触发器转换成 T′触发器

将 T′触发器的特性方程变换为

$$Q^{n+1} = \overline{Q^n} = \overline{Q^n} + \overline{Q^n}Q^n$$

将该式与 RS 触发器的特性方程

$$\begin{cases} Q^{n+1} = S + \bar{R}Q^n \\ SR = 0 \end{cases}$$

进行比较，得

$$\begin{cases} S = \overline{Q^n} \\ R = Q^n \end{cases}$$

满足 $RS=0$ 的约束条件。

5.6 集成触发器

5.6.1 集成触发器举例

1. 边沿 JK 触发器 74LS73

74LS73 为带置 0 端的集成双 JK 触发器，如图 5.25 所示。其中 1CLR、2CLR 为置 0 端，低电平有效；1CK、2CK 为时钟输入，下降沿触发。

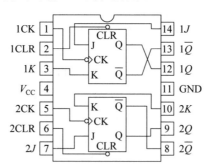

图 5.25 双 JK 触发器 74LS73 引脚排列图

74LS73 的功能表如表 5.9 所示。

表 5.9 74LS73 的功能表

输　　入				输　　出	
CLR	CK	J	K	Q	$\overline{Q}$
0	×	×	×	0	1
1	↓	0	0	Q^n	$\overline{Q^n}$

续表

输　　入				输　　出	
CLR	CK	J	K	Q	$\bar{Q}$
1	↓	0	1	0	1
1	↓	1	0	1	0
1	↓	1	1	$\overline{Q^n}$	Q^n

2. 高速 CMOS 边沿 D 触发器 74HC74

74HC74 为单输入端的双 D 触发器。一个芯片中封装着两个相同的 D 触发器,每个触发器只有一个 D 端,它们都带有直接置 0 端 $\bar{R}_D$ 和直接置 1 端 $\bar{S}_D$,为低电平有效,如图 5.26 所示。CP 上升沿触发。74HC74 的逻辑符号和引脚排列分别如图 5.26(a)和(b)所示。表 5.10 为 74HC74 的功能表。

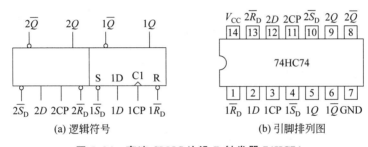

(a) 逻辑符号　　　　　　　　　(b) 引脚排列图

图 5.26　高速 CMOS 边沿 D 触发器 74HC74

表 5.10　74HC74 的功能表

输　　入				输　　出	
$\bar{R}_D$	$\bar{S}_D$	CP	D	Q	$\bar{Q}$
0	1	×	×	0	1
1	0	×	×	1	0
1	1	↑	0	0	1
1	1	↑	1	1	0

5.6.2　集成触发器的脉冲工作特性

触发器的脉冲工作特性

触发器的脉冲工作特性是指触发器对时钟脉冲、输入信号以及它们之间相互配合的时间关系的要求。掌握这种工作特性对触发器的应用非常重要。

1) 维持-阻塞 D 触发器的脉冲工作特性

在 CP 上升沿到来时,G_3、G_4 门将根据 G_5、G_6 门的输出状态控制触发器翻转。因此在 CP 上升沿到达之前，G_5、G_6 必须要有稳定的输出状态。而从信号加到 D 端开始到 G_5、G_6 门的输出稳定下来，需要经过一段时间，我们把这段时间称为触发器的建立时间 t_{set}。即输入信号必须比 CP 脉冲早 t_{set} 时间到达。由图 5.17(b)可以看出，该电路的建立时间为两级与非门的延迟时间，即 $t_{set} = 2t_{pd}$。

其次，为使触发器可靠翻转，信号 D 还必须维持一段时间，我们把在 CP 触发沿到来后输入信号需要维持的时间称为触发器的保持时间 t_H。当 $D = 0$ 时，这个 0 信号必须维持到 Q_3 由 1 变 0 后将 G_5 封锁为止，若在此之前 D 变为 1，则 Q_5 变为 0，将引起触发器误触发。所以 $D = 0$ 时的保持时间 $t_H = 1t_{pd}$。当 $D = 1$ 时，CP 上升沿到达后，经过 t_{pd} 的时间 Q_4 变 0，将 G_6 封锁。但若 D 信号变化，传到 G_6 的输入端也同样需要 t_{pd} 的时间，所以 $D = 1$ 时的保持时间 $t_H = 0$。综合以上两种情况，取 $t_H = 1t_{pd}$。

另外，为保证触发器可靠翻转，CP = 1 的状态也必须保持一段时间，直到触发器的 Q、$\bar{Q}$ 端电平稳定，这段时间称为触发器的维持时间 t_{CPH}。我们把从时钟脉冲触发沿开始到一个输出端由 0 变 1 所需的时间称为 t_{CPLH}；把从时钟脉冲触发沿开始到另一个输出端由 1 变 0 所需的时间称为 t_{CPHL}。由图 5.17(b)可以看出，该电路的 $t_{CPLH} = 2t_{pd}$，$t_{CPHL} = 3t_{pd}$，所以触发器的 $t_{CPH} \geqslant t_{CPHL} = 3t_{pd}$。

图 5.27 给出了上述几个时间参数的相互关系。

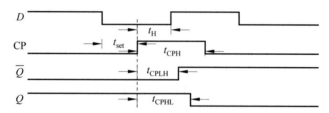

图 5.27　维持-阻塞 D 触发器的脉冲工作特性

2) 主从 JK 触发器的脉冲工作特性

在主从 JK 触发器电路中，当时钟脉冲 CP 上升沿到达时，输入信号 J、K 进入主触发器，由于 J、K 和 CP 同时接到 G_7、G_8 门，所以 J、K 信号只要不迟于 CP 上升沿即可，所以 $t_{set} = 0$。

当 CP 上升沿到达后，要经过三级与非门的延迟时间，主触发器才翻转完毕。所以 $t_{CPH} \geqslant 3t_{pd}$。

等 CP 下降沿到达后，从触发器翻转，主触发器立即被封锁，所以输入信号 J、K 可以不再保持，即 $t_H = 0$。

从 CP 下降沿到达到触发器输出状态稳定，也需要一定的传输时间，即 CP = 0 的状态也必须保持一段时间，这段时间称为 t_{CPL}。该电路的 $t_{CPLH} = 2t_{pd}$，$t_{CPHL} = 3t_{pd}$，所以触发器的 $t_{CPL} \geqslant t_{CPHL} = 3t_{pd}$。

综上所述，主从 JK 触发器要求 CP 的最小工作周期 $T_{min} = t_{CPH} + t_{CPL}$。图 5.28 是主从 JK 触发器的脉冲工作特性。

触发器的应用非常广泛，是时序逻辑电路重要的组成部分，其典型应用将在下一章中做较详细的介绍。

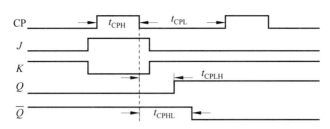

图 5.28　主从 JK 触发器的脉冲工作特性图

5.7　触发器的应用

例 5.1　用基本 RS 触发器和与非门构成 4 位二进制数码寄存器。

解：在数字系统中，经常要用到可以存放数码的部件，这种部件称为数码寄存器。双稳态触发器就是一种具有记忆功能的单元电路，它能存储 1 位二进制码。如果要存放多位二进制码，可以用多个触发器完成。一个 4 位的数码寄存器逻辑图如图 5.29 所示。它由 4 个由与非门组成的基本 RS 触发器和 4 个与非门组成，其工作原理如下：

数码寄存器有两个控制信号：清零指令 CR 和置数指令 LD；4 个输入端 $D_0 \sim D_3$；4 个输出端 $Q_0 \sim Q_3$。清零是低电平有效，置数是高电平有效。

（1）清零过程。

清零时，CR 加低电平，LD 加低电平。这时 4 个与非门的输出均为高电平，即各触发器的 S 端为高电平，而 R 端均为低电平，使各触发器均为 0 态，CR 信号撤去（回到高电平）后，R、S 均为高电平，触发器转为不变状态。

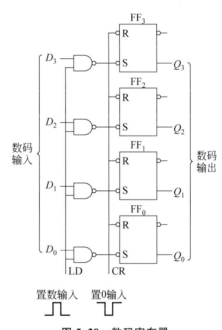

图 5.29　数码寄存器

（2）置数过程。

在清零之后，LD 端加有效电平（高电平）使各与非门打开，$D_0 \sim D_3$ 以反码方式加入到对应触发器的 S 端，根据触发器的功能可知，各触发器的状态将与 $D_0 \sim D_3$ 的状态一致。在 LD 信号撤去（回到低电平）后，各触发器的 R、S 端均为 1，又回到不变状态，且 LD 将与非门封锁，这就是置数过程。

还要指出的是，置数必须在清零之后进行，否则有可能出错。例如，若 FF_0 原来的状态为 1，现在要换成 0，如果事先未置 0，则由于 S 端为 1，触发器处于不变状态，FF_0 不能翻转到 0。

例 5.2　运用基本 RS 触发器，消除机械开关振动引起的脉冲。

解：机械开关接通时，由于振动会使电压或电流波形产生"毛刺"，如图 5.30(a)和图 5.30(b)所示。在电子电路中，一般不允许出现这种现象，因为这种干扰信号会导致电路工作出错。

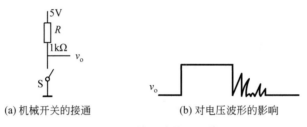

(a) 机械开关的接通　　　　　　(b) 对电压波形的影响

图 5.30　机械开关的工作情况

利用基本 RS 触发器的记忆作用可以消除上述开关振动所产生的影响，开关与触发器的连接方法如图 5.31(a)所示。设单刀双掷开关原来与 B 点接通，这时触发器的状态为 0。当开关由 B 拨向 A 时，其中有一短暂的浮空时间，这时触发器的 R、S 均为 1，Q 仍为 0。中间触点与 A 接触时，A 点的电位由于振动而产生"毛刺"。但是，首先是 B 点已经为高电平，A 点一旦出现低电平，触发器的状态翻转为 1，即使 A 点再出现高电平，也不会再改变触发器的状态，所以 Q 端的电压波形不会出现"毛刺"现象，如图 5.31(b)所示。

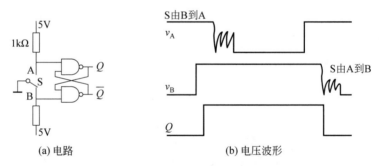

(a) 电路　　　　　　　　(b) 电压波形

图 5.31　利用基本 RS 触发器消除机械开关振动的影响

例 5.3　图 5.32 是由与非门实现的 3 人抢答电路。如图 5.33 所示是利用触发器改造图 5.32 后的电路，分析该电路的工作原理。

解：图 5.32 所示电路虽然实现了抢答的功能，但是该电路有一个很严重的缺陷：当 K_A 第一个被按下后，必须总是按着，才能保持 $A=1$、$V_{OA}=0$，禁止 B、C 信号进入。如果 K_A 稍一放松，就会使 $A=0$、$V_{OA}=1$，B、C 的抢答信号就有可能进入系统，造成混乱。要解决这一问题，最有效的方法就是引入具有"记忆"功能的触发器。

图 5.33 电路的分析如下：K_R 为复位健，由裁判控制。开始抢答前，先按一下复位键 K_R，即 3 个触发器的 R 信号都为 0，使 Q_A、Q_B、Q_C 均置 0，3 个发光二极管均不亮。开始抢答后，如 K_A 第一个被按下，则 FF_A 的 $S=0$，使 Q_A 置 1，G_A 门的输出变为 $V_{OA}=0$，点亮发光二极管 D_A，同时，V_{OA} 的 0 信号封锁了 G_B、G_C 门，K_B、K_C 再按下无效。

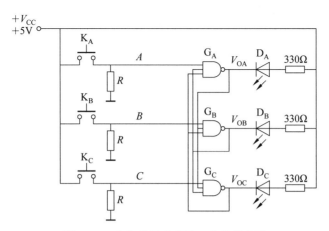

图 5.32　由与非门实现的 3 人抢答电路

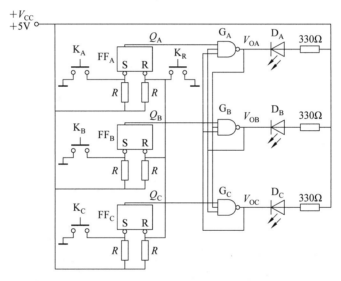

图 5.33　引入基本 RS 触发器的抢答电路

该电路由于使用了触发器,按键开关只要按一下,触发器就能记住这个信号。如 K_A 第一个被按下,则 FF_A 的 $S=0$,使 Q_A 置 1,然后松开 K_A,此时 FF_A 的 $S=R=1$,触发器保持原状态,保持着刚才的 $Q_A=1$,直到裁判重新按下复位键 K_R,新一轮抢答开始。

习　题　5

5.1　触发器的基本性质是什么?

5.2　试画出用或非门组成的基本 RS 触发器的逻辑图,并分析其工作原理。

5.3　触发器的状态转换真值表与组合逻辑电路的真值表相比较有何不同?

5.4　触发器的特性方程与组合逻辑电路的逻辑表达式相比较有何不同?

5.5　两个与非门组成的基本 RS 触发器中,输入信号波形如图 5.34 所示。

（1）画出触发器的逻辑符号；

（2）画出触发器输出端 Q 端的波形（设初态为 0）。

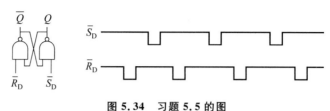

图 5.34　习题 5.5 的图

5.6　一种特殊的同步 RS 触发器如图 5.35 所示。

（1）列出状态转换真值表；

（2）写出次态方程；

（3）R 与 S 是否需要约束条件？

5.7　D 锁存器的输入波形如图 5.36 所示，试画出 Q 端的输出波形（设 Q 的初态为 1）。

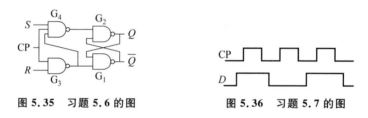

图 5.35　习题 5.6 的图　　　　图 5.36　习题 5.7 的图

5.8　已知主从 JK 触发器 J、K 的波形如图 5.37 所示，画出输出 Q 的波形图（设初始状态为 1）。

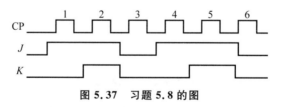

图 5.37　习题 5.8 的图

5.9　分别写出 RS 触发器、JK 触发器、T 触发器和 D 触发器的特性方程，并说明为什么 RS 触发器具有约束条件。

5.10　分别作出 RS 触发器、JK 触发器、T 触发器和 D 触发器的驱动表和状态转换图。

5.11　试画出利用 JK 触发器组成 RS 触发器的电路。

5.12　试画出利用主从 RS 触发器和逻辑门组成 JK 触发器的电路。

5.13　试画出利用主从 RS 触发器组成 D 触发器的电路。

5.14　试画出主从 RS 触发器组成 T 触发器的电路。

5.15　如图 5.38 所示，试画出各触发器在 5 个 CP 作用下 Q 端的波形。各触发器初始状态皆为零。

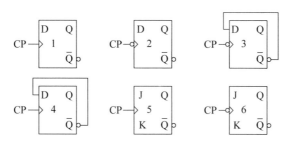

图 5.38　习题 5.15 的图

5.16　逻辑电路和输入的 6 个 CP 脉冲如图 5.39 所示。设触发器的初始状态为 0 状态,试画出 Q 和 Z 端的输出波形。

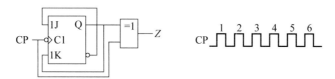

图 5.39　习题 5.16 的图

5.17　图 5.40 是两个触发器的连接图,设各触发器的初始状态均为 1 态,试画出对应于 CP 波形的 Q_1 和 Q_2 的波形。

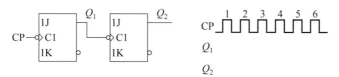

图 5.40　习题 5.17 的图

5.18　已知图 5.41(a)所示电路中 A、CP 的波形如图 5.41(b)所示,试画出其输出端 Q_2 的波形。设触发器的初始状态为 0。

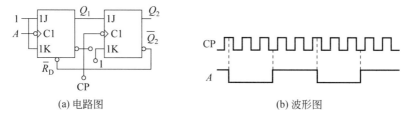

(a) 电路图　　　　　　　　　　　(b) 波形图

图 5.41　习题 5.18 的图

5.19　已知图 5.42(a)所示电路中 A、CP 的波形如图 5.42(b)所示,试画出其输出端 B、C 的波形。设触发器的初始状态为 0。

5.20　试画出图 5.43 所示的电路在一系列 CP 信号作用下 Q_1、Q_2、Q_3 端输出的波形。设各触发器的初始状态为 0。

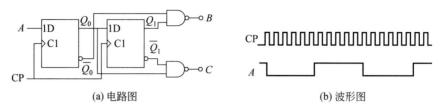

(a) 电路图　　　　　　　　　　(b) 波形图

图 5.42　习题 5.19 的图

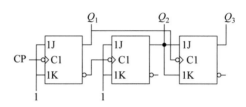

图 5.43　习题 5.20 的图

5.21　电路如图 5.44(a)所示，已知 A 和 CP 的波形，画出触发器 Q_0、Q_1 及输出 Y 的波形。设触发器的初始状态为 0。

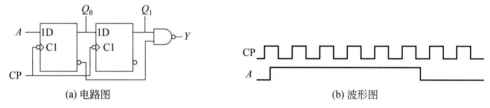

(a) 电路图　　　　　　　　　　(b) 波形图

图 5.44　习题 5.21 的图

5.22　试画出图 5.45(a)所示电路中输出端 Q_2 的波形。输入信号 A 和 CP 的波形如图 5.45(b)。设各触发器的初始状态为 0。

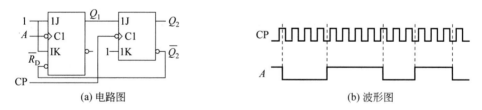

(a) 电路图　　　　　　　　　　(b) 波形图

图 5.45　习题 5.22 的图

第6章

时序逻辑电路

引言 从逻辑功能看,在组合逻辑电路中,当输入信号发生变化时,输出信号也随之立刻响应,即在任一时刻的输出信号仅取决于当时的输入信号;而在时序逻辑电路中,任何时刻的输出信号不仅取决于当时的输入信号,还与电路原来的状态有关。从结构上看,组合逻辑电路由若干逻辑门电路组成,没有存储电路,因而无记忆能力;而时序逻辑电路除包含组合电路外,还含有存储电路,因而具有记忆能力。本章将要介绍时序逻辑电路的基本概念、特点以及时序逻辑电路的一般分析和设计方法;重点讨论典型时序逻辑部件计数器和寄存器的工作原理、逻辑功能、集成芯片、使用方法及典型应用。

6.1 时序逻辑电路概述

6.1.1 时序逻辑电路的结构及特点

由于时序逻辑电路的输出不仅取决于当时的输入,还与电路原来的状态有关,因此电路必须具有存储记忆的功能,以便保存过去的信息。由触发器作存储器件时的时序电路的基本结构如图 6.1 所示。

在如图 6.1 所示的电路中,$X_1 \cdots X_i$ 为时序逻辑电路的输入信号,又称为组合电路的外部输入信号;$Z_1 \cdots Z_j$ 为时序逻辑电路的输出信号,又称为组合电路的外部输出信号;$D_1 \cdots D_m$ 是时序逻辑电路中的激励信号,又称为触发器输入信号,激励信号决定电路下一时刻的状态;$Q_1 \cdots Q_m$ 为时序逻辑电路的"状态",又称为组合电路的内部输入信号;CP 为时钟脉冲信号。

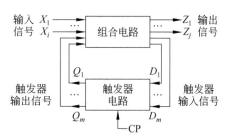

图 6.1 时序电路的基本结构框图

时序逻辑电路的状态 $Q_1 \cdots Q_m$ 是存储电路对过去输入信号记忆的结果,它随着外部信号的作用而变化。对电路功能进行研究时,通常将触发器某一时刻的状态称为"现态",记作 Q^n;在某一现态下,外部信号发生变化时触发器将要达到的新状态称为"次态",记作 Q^{n+1}。

综上所述,从电路结构可知,时序逻辑电路具有如下特征:

（1）电路包含组合电路和触发器两部分，具有对过去输入进行记忆的功能；

（2）电路中包含反馈回路，通过反馈使电路功能与"时序"相关；

（3）电路的输出信号由电路当时的输入信号以及状态（即对过去记忆的结果）共同决定。

6.1.2　时序逻辑电路的分类

按照电路的工作方式，时序逻辑电路可分为同步时序逻辑电路和异步时序逻辑电路。在同步时序逻辑电路中，存储电路内所有触发器的时钟输入端均与同一个时钟脉冲信号（CP）相连，因此，所有触发器的状态更新都与所加时钟脉冲信号同步。在异步时序逻辑电路中，没有统一的时钟脉冲，各触发器状态的更新不是同时进行的。

根据电路中输出变量是否与输入变量直接相关，时序电路又分为米里（Mealy）型和摩尔（Moore）型两类。米里型电路的外部输出 Z 不仅取决于触发器的状态 Q^n，而且取决于外部输入 X。摩尔型电路的外部输出 Z 仅仅取决于触发器的状态 Q^n。由此可见，摩尔型电路只不过是米里型的一种特例而已。

6.2　时序逻辑电路的分析

时序逻辑电路的分析就是对给定的时序逻辑电路图，通过分析，求出该时序逻辑电路在输入信号以及时钟信号的作用下，存储电路状态变化规律以及电路输出信号的变化规律，从而了解时序逻辑电路所完成的逻辑功能和工作特性。

6.2.1　时序逻辑电路一般分析步骤

（1）根据给定的时序电路图，写出下列各逻辑方程式：

① 各触发器的时钟方程；

② 时序电路的输出方程；

③ 各触发器的驱动方程。

（2）将驱动方程代入相应触发器的特性方程，求得各触发器的次态方程，也就是时序逻辑电路的状态方程。

（3）根据状态方程和输出方程，列出该时序电路的状态表，画出状态图或时序图。

（4）根据电路的状态表或状态图，说明给定时序逻辑电路的逻辑功能。

6.2.2　同步时序逻辑电路分析

例 6.1　试分析图 6.2 所示的时序逻辑电路。

解：由图 6.2 看出，该电路是同步时序逻辑电路，是米里（Mealy）型电路。

（1）写出各逻辑方程式。

① 时钟方程：图 6.2 中的两个 JK 触发器都接同一个时钟脉冲源 CP，所以各触发器的时钟方程可以不写。

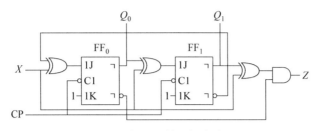

图 6.2　例 6.1 的逻辑电路图

② 输出方程:

$$Z = (X \oplus Q_1^n) \cdot \overline{Q_0^n} \tag{6.1}$$

③ 驱动方程:

$$J_0 = X \oplus \overline{Q_1^n}, \quad K_0 = 1 \tag{6.2}$$

$$J_1 = X \oplus Q_0^n, \quad K_1 = 1 \tag{6.3}$$

(2) 写出 JK 触发器的特性方程 $Q^{n+1} = J \overline{Q^n} + \overline{K} Q^n$,然后将各驱动方程代入 JK 触发器的特性方程,得到各触发器的次态方程:

$$Q_0^{n+1} = J_0 \overline{Q_0^n} + \overline{K_0} Q_0^n = (X \oplus \overline{Q_1^n}) \overline{Q_0^n} \tag{6.4a}$$

$$Q_1^{n+1} = J_1 \overline{Q_1^n} + \overline{K_1} Q_1^n = (X \oplus Q_0^n) \cdot \overline{Q_1^n} \tag{6.4b}$$

(3) 列状态转换表、画状态图和时序图。

列状态转换表,先填入输入信号 X 和电路现态 Q_0^n、Q_1^n 的所有组合状态,共有 $2^3 = 8$ 种不同的组合,然后根据输出方程及状态方程,逐行填入输出 Z 及次态 Q_0^{n+1}、Q_1^{n+1} 的相应值,列出状态转换表,如表 6.1 所示。

表 6.1　状态转换表

输　　入	现　　态		次　　态		输　　出
X	Q_1^n	Q_0^n	Q_1^{n+1}	Q_0^{n+1}	Z
0	0	0	0	1	0
	0	1	1	0	0
	1	0	0	0	1
	1	1	0	0	0
1	0	0	1	0	1
	0	1	0	0	0
	1	0	0	1	0
	1	1	0	0	0

画状态转换图,根据表 6.1 所示的状态转换表画状态转换图,能直观地描述电路状态转移的规律。在状态图中,圆圈内的字母或数字表示电路的各个状态,箭头指示状态转换的方向(由现态到次态)。箭头一侧的标注表示状态转换前输入信号 X 和输出值 Z,通常输入变量值写在斜线上方,输出值写在斜线下方。

例 6.1 的状态转换图如图 6.3 所示,00、01、10 这 3 个状态形成了闭合回路,电路正常工作时,电路状态总是按照箭头方向循环变化,这 3 个状态构成了有效序列,称它们为有效状态,而状态 11 称为无效状态。

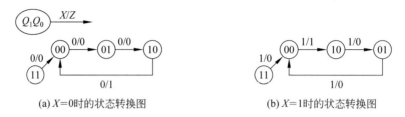

(a) X=0时的状态转换图　　　　　(b) X=1时的状态转换图

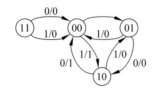

(c) (a)图和(b)图的合成

图 6.3　例 6.1 状态转换图

画时序波形图,设电路的初始状态 $Q_1^n Q_0^n = 00$,根据状态转换表和状态图,可画出在 CP 脉冲作用下的波形图如图 6.4 所示。

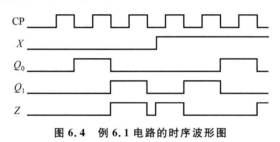

图 6.4　例 6.1 电路的时序波形图

（4）逻辑功能分析。

由状态图可以看出,例 6.1 所示电路是一个 2 位三进制可控计数器。

当 $X=0$ 时,可控计数器进行加 1 计数,按照规律 00→01→10→00 循环变化,经过 3 个时钟脉冲后,电路状态循环一次,Z 输出一个进位脉冲,Z 是进位信号。当 $X=1$ 时,可控计数器进行减 1 计数,按照规律从 10→01→00→10 循环变化,Z 是借位信号。若此电路由于某种原因进入无效态时,在 CP 脉冲作用后,电路能自动回到有效序列,这种能力称为电路具有自启动能力。

例 6.2　试分析图 6.5 所示的时序逻辑电路。

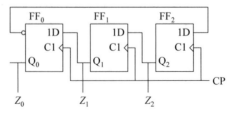

图 6.5　例 6.2 的逻辑电路

解：由图 6.5 看出，这是一个同步时序逻辑电路，没有输入信号 X，电路的输出直接由触发器的 Q 端取出，该电路是摩尔(Moore)型电路。

(1) 写出各逻辑方程式。

① 时钟方程：因同步时序电路，所以各触发器的时钟方程可以不写。

② 输出方程：
$$Z_0 = Q_0^n, Z_1 = Q_1^n, Z_2 = Q_2^n \tag{6.5}$$

③ 驱动方程：
$$D_0 = Q_1^n, D_1 = Q_2^n, D_2 = \overline{Q_0^n} \tag{6.6}$$

(2) 写出 D 触发器的特性方程 $Q^{n+1} = D$，然后将各驱动方程代入相应 D 触发器的特性方程，得各触发器的次态方程：
$$Q_0^{n+1} = Q_1^n, Q_1^{n+1} = Q_2^n, Q_2^{n+1} = \overline{Q_0^n} \tag{6.7}$$

(3) 列状态转换表、画状态图和时序图。

由于此电路中输出 $Z_2 Z_1 Z_0 = Q_2^n Q_1^n Q_0^n$ 与现态完全相同，状态表中可不列输出，电路中没有输入信号 X，状态装换表如表 6.2 所示。

表 6.2　状态转换表

现　态			次　态			现　态			次　态		
Q_2^n	Q_1^n	Q_0^n	Q_2^{n+1}	Q_1^{n+1}	Q_0^{n+1}	Q_2^n	Q_1^n	Q_0^n	Q_2^{n+1}	Q_1^{n+1}	Q_0^{n+1}
0	0	0	1	0	0	0	1	1	0	0	1
1	0	0	1	1	0	0	0	1	0	0	0
1	1	0	1	1	1	0	1	0	1	0	1
1	1	1	0	1	1	1	0	1	0	1	0

根据状态表画出的状态转换图如图 6.6 所示，设电路的初始状态 $Q_2^n Q_1^n Q_0^n = 000$。时序波形图略。

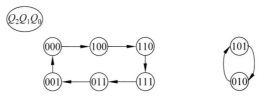

图 6.6　例 6.2 的状态转换图

(4) 逻辑功能分析。

由图 6.6 所示的状态转换图可以看出，该时序电路有两个计数循环，一般它工作在计数长度为 6 的主计数循环。

6.2.3　异步时序逻辑电路分析

由于在异步时序逻辑电路中，没有统一的时钟脉冲，因此分析时必须写出时钟方程。

例 6.3　试分析图 6.7 所示的时序逻辑电路。

解：(1) 写出各逻辑方程式。

① 时钟方程：

$CP_0 = CP$(时钟脉冲源的上升沿触发。)

$CP_1 = Q_0$(当 FF_0 的 Q_0 由 $0 \to 1$ 时，Q_1 才可能改变状态，否则 Q_1 将保持原状态不变。)

② 输出方程：

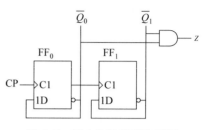

图 6.7 例 6.3 的逻辑电路图

$$Z = \overline{Q_1^n}\,\overline{Q_0^n} \qquad (6.8)$$

③ 各触发器的驱动方程：

$$D_0 = \overline{Q_0^n} \quad D_1 = \overline{Q_1^n} \qquad (6.9)$$

（2）将各驱动方程代入 D 触发器的特性方程，得各触发器的次态方程：

$$Q_0^{n+1} = D_0 = \overline{Q_0^n}(\text{CP 由 } 0 \to 1 \text{ 时此式有效}) \qquad (6.10a)$$

$$Q_1^{n+1} = D_1 = \overline{Q_1^n}(Q_0 \text{ 由 } 0 \to 1 \text{ 时此式有效}) \qquad (6.10b)$$

（3）作状态转换表、状态图、时序图。

列状态表的方法与同步时序电路基本相似，只是要注意各触发器的状况，因此可在状态表中增加各触发器 CP 端的状况，无上升沿作用时的 CP 用 0 表示。例 6.3 的状态表如表 6.3 所示。

表 6.3 例 6.3 电路的状态转换表

现 态		次 态		输 出	时 钟 脉 冲	
Q_1^n	Q_0^n	Q_1^{n+1}	Q_0^{n+1}	Z	CP_1	CP_0
0	0	1	1	1	↑	↑
1	1	1	0	0	0	↑
1	0	0	1	0	↑	↑
0	1	0	0	0	0	↑

根据状态转换表画状态转换图，如图 6.8 所示，时序图如图 6.9 所示。

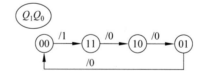

图 6.8 例 6.3 电路的状态图

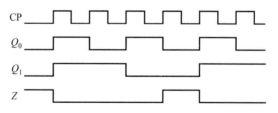

图 6.9 例 6.3 电路的时序图

（4）逻辑功能分析。

由状态图可知：该电路一共有 4 个状态 00、01、10、11，在时钟脉冲作用下，按照减 1

规律循环变化,所以是一个四进制减法计数器,Z 是借位信号。

6.3　时序逻辑电路的设计

时序逻辑电路的设计是时序逻辑电路分析的逆过程。时序电路设计是指根据给定时序电路的逻辑功能要求,选择适当的逻辑器件,设计出符合逻辑要求的时序电路。这里讲述的时序电路的设计方法仅为同步时序电路设计的一般方法。

6.3.1　同步时序逻辑电路的设计

1. 同步时序逻辑电路的设计步骤

(1) 根据设计要求,设定状态,建立原始状态转换图/表(注:这一步是基础,也是关键,因为原始状态转换图/表建立的正确与否,将决定所设计的电路能否实现预定的逻辑功能)。

(2) 状态化简,以便消去多余状态,得到最小状态转换图/表。

(3) 状态分配,又称状态编码。画出编码后的状态转换图/表。

时序逻辑电路的状态是用触发器状态的不同组合来表示的。状态编码就是确定触发器的个数 n,并给每个状态分配一组二值代码。其中 n 为满足公式 $n \geqslant \mathrm{lb}N$(N 为状态数)的最小整数。

(4) 选择触发器的类型。触发器的类型选得合适,可以简化电路结构。

(5) 根据编码状态表以及所采用的触发器的逻辑功能,导出待设计电路的输出方程和驱动方程。

(6) 根据输出方程和驱动方程画出逻辑图。

(7) 检查电路能否自启动。

2. 同步计数器的设计举例

由于计数器没有外部输入变量 X,则设计过程比较简单。

例 6.4　设计一个同步五进制加法计数器。

解:设计步骤如下:

(1) 根据设计要求,设定状态,画出状态转换图。由于是五进制计数器,所以应有 5 个不同的状态,分别用 $S_0,S_1,\cdots,S_4$ 表示。在计数脉冲 CP 作用下,5 个状态循环翻转,在状态为 S_4 时,进位输出 $Y=1$。状态转换图如图 6.10 所示。

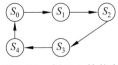

图 6.10　例 6.4 的状态转换图

(2) 状态化简。五进制计数器应有 5 个状态,无须化简。

(3) 状态分配,列状态转换编码表。由式 $2^n \geqslant N > 2^{n-1}$ 可知,应采用 3 位二进制代码。该计数器选用 3 位自然二进制加法计数编码,即 $S_0=000,S_1=001,\cdots,S_4=100$。由此可列出状态转换表如表 6.4 所示。

(4) 选择触发器。本例选用功能比较灵活的 JK 触发器。

表 6.4　例 6.4 的状态转换表

状态转换顺序	现　态			次　态			进位输出
	Q_2^n	Q_1^n	Q_0^n	Q_2^{n+1}	Q_1^{n+1}	Q_0^{n+1}	Y
S_0	0	0	0	0	0	1	0
S_1	0	0	1	0	1	0	0
S_2	0	1	0	0	1	1	0
S_3	0	1	1	1	0	0	0
S_4	1	0	0	0	0	0	1

（5）求各触发器的驱动方程和进位输出方程。

列出 JK 触发器的驱动表如表 6.5 所示。画出电路的次态卡诺图如图 6.11 所示，对 3 个无效状态 101、110、111 作无关项处理。根据次态卡诺图和 JK 触发器的驱动表可得各触发器的驱动卡诺图如图 6.12 所示。

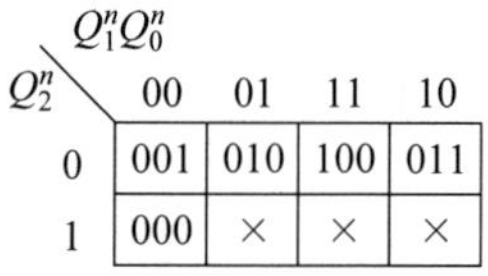

图 6.11　例 6.4 电路的次态卡诺图

表 6.5　JK 触发器的驱动表

Q^n	Q^{n+1}	J	K
0	0	0	×
0	1	1	×
1	0	×	1
1	1	×	0

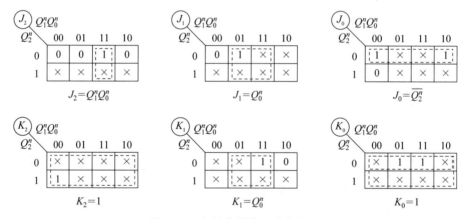

图 6.12　各触发器的驱动卡诺图

再画出输出卡诺图如图 6.13 所示，可得电路的输出方程：

$$Y = Q_2^n$$

将各驱动方程与输出方程归纳如下：

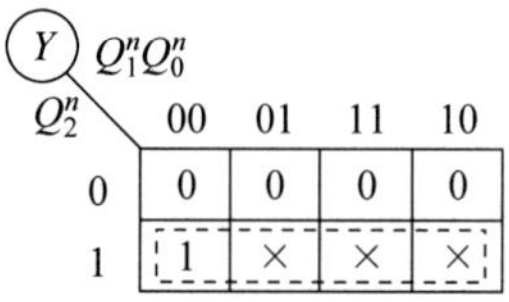

图 6.13　例 6.4 输出卡诺图

$$J_0 = \overline{Q_2^n},\ K_0 = 1$$
$$J_1 = Q_0^n,\ K_1 = Q_0^n$$
$$J_2 = Q_0^n Q_1^n,\ K_2 = 1$$
$$Y = Q_2^n$$

（6）画逻辑图。根据驱动方程和输出方程,画出五进制计数器的逻辑图如图 6.14 所示。

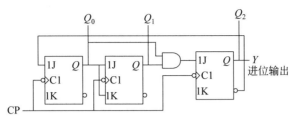

图 6.14　例 6.4 的逻辑图

（7）检查能否自启动。利用逻辑分析的方法画出电路完整的状态图,如图 6.15 所示。可见,电路进入无效状态 101、110、111 时在 CP 脉冲作用下,可分别进入有效状态 010、010、000。所以电路能够自启动。

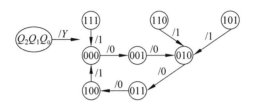

图 6.15　例 6.4 电路完整的状态图

例 6.5　同步时序电路的自启动设计。

在例 6.2 中,由 3 位 D 触发器构成的计数电路不能自启动,如何合理修改反馈逻辑,使电路能自启动。

解:例 6.2 时序逻辑电路如图 6.5 所示,电路分析得到图 6.6 所示的状态转换图。

由状态图可知,当电路初态进入 010 或 101 状态时,仅靠脉冲 CP 的作用,电路不会进入有效循环。考虑打开 010⇔101 无效循环,使其中的某个状态在 CP 的作用下能进入有效循环中,电路就可以自启动了。一般用反馈逻辑法,具体步骤为:

（1）画电路 Q^{n+1} 的卡诺图。

（2）在卡诺图中填入有效循环圈中各状态及相应的次态。

（3）确定所需修改的无效状态及其相应的次态,并填入图中相应的位置。

（4）化简卡诺图,求出修改后电路的驱动方程。

（5）检查电路能否自启动。

（6）画出逻辑图。

按解题步骤先得图 6.16(a)所示 Q^{n+1} 卡诺图,图中已填入有效循环各状态相应的次

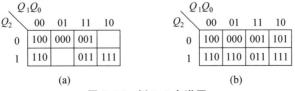

(a)　　　　　　　　(b)

图 6.16　例 6.5 卡诺图

态。图 6.16(b)所示的 Q^{n+1} 卡诺图中已将无效循环中 101 的次态修改为 110,保留了 010 的次态 101。对图 6.16(b)所示的 $\overline{Q^{n+1}}$ 化简,得到电路的驱动方程为

$$D_2 = \overline{\overline{Q_0^n}\;\overline{Q_2^n\;\overline{Q_1^n}}}, D_1 = Q_2^n, D_0 = Q_1^n \tag{6.11}$$

此方程可得电路的状态转换图和逻辑电路图分别如图 6.17(a)、(b)所示。

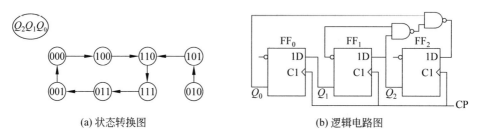

(a) 状态转换图　　　　　　　　　　　(b) 逻辑电路图

图 6.17　例 6.5 状态转换图和逻辑电路图

6.3.2　异步时序逻辑电路的设计

异步时序逻辑电路的设计过程与同步时序逻辑电路大致相同,但异步时序电路中无统一的时钟信号,在设计的过程中要特别注意。

1. 设计方法与步骤

由于异步时序逻辑电路中各触发器的时钟脉冲信号不是来自同一个脉冲,因此在设计的过程中,一般分为两步:第一步确定各位的触发器的时钟信号,第二步求电路的状态方程、激励方程及输出方程的表达式。第二步是建立在第一步工作的基础上的,只有确定了时钟信号,才能有效设计其他电路。

2. 设计举例

例 6.6　试用 JK 触发器设计 8421 码异步五进制计数器。

解:(1)建立状态图。

由题意可知,该电路为 8421 码计数器,可画出状态图,如图 6.18 所示。设输入的时钟脉冲信号为 CP_0,C 为进位输出信号。

(2)由波形图确定各触发器的时钟信号。

JK 触发器的翻转必须使 CP 信号有负跳沿,由波形图 6.19 可知,触发器 FF_0 状态的翻转只能取决于输入的时钟脉冲信号 CP_0。CP_0 第 5 个脉冲负跳沿到来后,要求 Q_0 不翻转,所以必须是其激励函数的表达式满足这一要求。

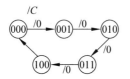

图 6.18　例 6.6 的计数器状态图

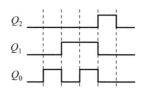

图 6.19　例 6.6 的波形图

对于触发器 FF_1，由波形图可知，只要 Q_0 有负跳沿触发器 FF_1 的输出 Q_1 就应翻转，用 Q_0 作为 Q_1 的时钟信号最合适。

触发器 FF_2 的时钟也只能取自 CP_0，但从波形图上看，CP_0 为 1、2、3 时，输出 Q_2 都不应翻转，即时钟脉冲有多余的负跳沿，需计算激励方程。

（3）列出状态表。

由状态图可以看出其状态已经是最简，由于触发器的类型和状态编码都是一致的，因此可直接根据状态图列出状态表，在状态表中应将时钟信号 CP 列入。

在确定触发器的输入信号 J、K 及 CP 信号的状态时要注意，触发器状态需要改变时必须加入时钟脉冲信号，无输入脉冲信号时，触发器不翻转，这对 J、K 可取任一逻辑常量，即作为无关项。由此可列出异步五进制计数器的状态表，如表 6.6 所示。

表 6.6　例 6.6 的状态表

现　态			输入信号及时钟信号									
Q_2^n	Q_1^n	Q_0^n	J_2	K_2	CP_2	J_1	K_1	CP_1	J_0	K_0	CP_0	C
0	0	0	0	×	↓	×	×	0	1	×	↓	0
0	0	1	0	×	↓	1	×	↓	×	1	↓	0
0	1	0	0	×	↓	×	×	0	1	×	↓	0
0	1	1	1	×	↓	×	1	↓	×	1	↓	0
1	0	0	×	1	↓	×	×	0	0	×	↓	1

（4）写出激励方程、时钟方程、输出方程。

由表可写出以下方程：

$$CP_2 = CP_0, CP_1 = Q_0^n$$

$$J_2 = Q_1^n Q_0^n, K_2 = 1$$

$$J_1 = 1, K_1 = 1$$

$$J_0 = \overline{Q_2^n}, K_0 = 1$$

（5）画逻辑图。

根据所得的时钟方程、激励方程、输出方程，可画出逻辑电路图，如图 6.20 所示。

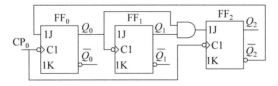

图 6.20　例 6.6 的逻辑电路图

（6）检验电路能否自启动。

电路的无效状态为 101、110、111。以这些无效状态为初态，计算电路的次态，可检验电路是否能自启动。

若 $Q_2^n Q_1^n Q_0^n = 101$，根据以上电路，求得其次态为 010；若 $Q_2^n Q_1^n Q_0^n = 110$，根据以上电路，求得其次态为 010；若 $Q_2^n Q_1^n Q_0^n = 111$，根据以上电路，求得其次态为 000，根据上述分

析可画出完整的状态图，如图 6.21 所示。因此电路具有自启动功能。

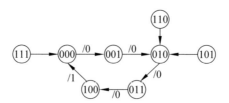

图 6.21　例 6.6 的完整状态图

6.4　计　数　器

计数器是数字系统中应用较多的时序逻辑电路。它不仅能记录输入时钟脉冲的个数，还可以实现分频、定时、产生节拍脉冲和脉冲序列等。例如，计算机中的时序发生器、分频器、指令计数器等都要使用计数器。

计数器中的"数"用触发器的状态组合来表示，在计数脉冲作用下使一组触发器的状态依次转换成不同的状态组合来表示数的变化，可达到计数的目的。计数器在运行时，总是在有限个状态中循环，通常将一次循环所包含的状态总数称为计数器的"模"。

计数器的种类很多，按其进制可分为二进制和非二进制（任意进制或 N 进制）计数器。非二进制计数器中最典型的是十进制计数器。按计数的增减趋势可分为加法、减法和可逆计数器。按其工作方式不同可分为同步和异步计数器。按进位方式可分为串行、并行和串并行计数器。

6.4.1　二进制计数器

由于 1 位二进制计数单元正好用一个触发器构成，n 个触发器串联起来，就可以组成 n 位二进制计数器。一个 n 位二进制计数器最多可计数 2^n 个。

1. 二进制异步计数器

1）二进制异步加法计数器

图 6.22 所示为由 4 个下降沿触发的 JK 触发器组成的 4 位异步二进制加法计数器的逻辑图。图中 JK 触发器都接成 T' 触发器（即 $J=K=1$）。最低位触发器 FF_0 的时钟脉冲输入端接计数脉冲 CP，其他触发器的时钟脉冲输入端接相邻低位触发器的 Q 端。

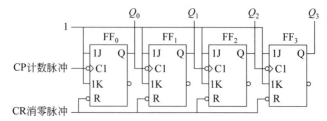

图 6.22　由 JK 触发器组成的 4 位异步二进制加法计数器的逻辑图

由于电路的连线简单且规律性强,无须用前面介绍的分析步骤进行分析,只需作简单的观察与分析就可画出时序波形图或状态图,这种分析方法称为"观察法"。

用"观察法"作出该电路的时序波形图,如图 6.23 所示,状态图如图 6.24 所示。由状态图可见,从初态 0000(由清零脉冲所置)开始,每输入一个计数脉冲,计数器的状态按二进制加法规律加 1,是二进制加法计数器,因计数器有 4 个触发器,则称为 4 位二进制加法计数器。又因该计数器有 0000～1111 共 16 个状态,所以也可称 1 位十六进制加法计数器(模 16 加法计数器)。

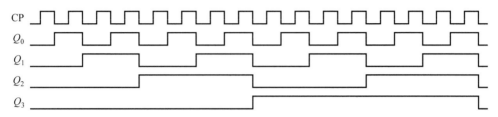

图 6.23　图 6.22 所示电路的时序图

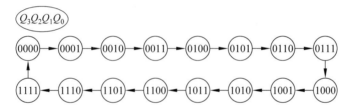

图 6.24　图 6.22 所示电路的状态图

另外,从时序图可看出,Q_0、Q_1、Q_2、Q_3 的周期分别是计数脉冲(CP)周期的 2 倍、4 倍、8 倍、16 倍,也就是说,Q_0、Q_1、Q_2、Q_3 分别对 CP 波形进行了二分频、四分频、八分频、十六分频,因而计数器也可作为分频器。

异步二进制计数器结构简单,改变级联触发器的个数,可以很方便地改变二进制计数器的位数,n 个触发器构成 n 位二进制计数器或模 2^n 计数器,或 2^n 分频器。

2) 二进制异步减法计数器

将图 6.22 所示电路图中 FF_1、FF_2、FF_3 的时钟脉冲输入端改接到相邻低位触发器的 $\bar{Q}$ 端就可构成二进制异步减法计数器,其工作原理请读者自行分析。

图 6.25 所示用 4 个上升沿触发的 D 触发器组成 4 位异步二进制减法计数器的逻辑图。图 6.26 所示是 4 位二进制异步减法计数器的状态图。

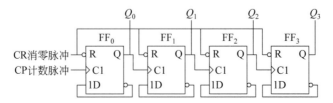

图 6.25　D 触发器组成的 4 位二进制异步减法计数器的逻辑图

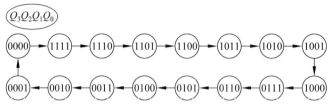

图 6.26　图 6.25 电路的状态图

从图 6.22 和图 6.25 可见，用 JK 触发器和 D 触发器都可以很方便地组成二进制异步计数器。方法是先将触发器都接成 T′触发器。各触发器之间的连接方式由加、减计数方式和触发器的触发方式决定。对于加计数器，若用上升沿触发器组成，则应将低位触发器的 $\bar{Q}$ 端与相邻高 1 位触发器的时钟脉冲输入端相连（即进位信号应从 $\bar{Q}$ 端引出）；若用下降沿触发器组成，则应将低位触发器的 Q 端与相邻高 1 位触发器的时钟脉冲输入端相连。对于减计数器，各触发器的连接方式则相反。

在二进制异步计数器中，高位触发器的状态翻转必须在相邻触发器产生进位信号（加计数）或借位信号（减计数）之后才能实现，所以异步计数器的工作速度较低。为了提高计数速度，可采用同步计数器。

2. 二进制同步计数器

同步计数器的计数脉冲同时引入到各触发器的 CP 端，各触发器的状态改变是同时发生的，没有各级延迟时间积累，所以可提高计数速度。

1）二进制同步加法计数器

图 6.27 是用 JK 触发器组成的 4 位同步二进制（$M=16$）加法计数器的逻辑图。图中各触发器的时钟脉冲输入端接同一计数脉冲 CP，各触发器的驱动方程分别为

$$J_0 = K_0 = 1$$
$$J_1 = K_1 = Q_0$$
$$J_2 = K_2 = Q_0 Q_1$$
$$J_3 = K_3 = Q_0 Q_1 Q_2$$

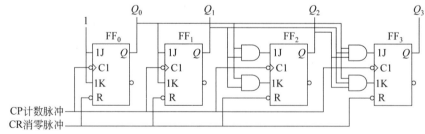

图 6.27　4 位同步二进制加法计数器的逻辑图

根据同步时序电路的分析方法，可得到该电路的状态表，如表 6.7 所示。设初态从0000 开始，因 $J_0 = K_0 = 1$，则每输入一个 CP，最低位触发器 FF$_0$ 就翻转一次，其他触发器

FF_i 仅在 $J_i = K_i = Q_{i-1}Q_{i-2}\cdots Q_0 = 1$ 的条件下，在 CP 下降沿到来时才翻转。

表 6.7　图 6.27 所示 4 位二进制同步加法计数器的状态表

计数脉冲信号	电路状态				等效十进制数	计数脉冲信号	电路状态				等效十进制数
	Q_3	Q_2	Q_1	Q_0			Q_3	Q_2	Q_1	Q_0	
0	0	0	0	0	0	9	1	0	0	1	9
1	0	0	0	1	1	10	1	0	1	0	10
2	0	0	1	0	2	11	1	0	1	1	11
3	0	0	1	1	3	12	1	1	0	0	12
4	0	1	0	0	4	13	1	1	0	1	13
5	0	1	0	1	5	14	1	1	1	0	14
6	0	1	1	0	6	15	1	1	1	1	15
7	0	1	1	1	7	16	0	0	0	0	0
8	1	0	0	0	8						

因该电路驱动方程的规律性较强，用"观察法"就可画出时序波形图或状态图。

2）二进制同步减法计数器

4 位二进制同步减法计数器的状态表如表 6.8 所示，分析其翻转规律并与 4 位二进制同步加法计数器相比较，很容易看出，只要将图 6.27 所示电路的各触发器的驱动方程改为：

$$J_0 = K_0 = 1, J_2 = K_2 = \overline{Q_0^n}\,\overline{Q_1^n}$$

$$J_1 = K_1 = \overline{Q_0^n}, J_3 = K_3 = \overline{Q_0^n}\,\overline{Q_1^n}\,\overline{Q_2^n}$$

就构成了 4 位二进制同步减法计数器。

表 6.8　4 位二进制同步减法计数器的状态表

计数脉冲信号	电路状态				等效十进制数	计数脉冲信号	电路状态				等效十进制数
	Q_3	Q_2	Q_1	Q_0			Q_3	Q_2	Q_1	Q_0	
0	0	0	0	0	0	9	0	1	1	1	9
1	1	1	1	1	1	10	0	1	1	0	10
2	1	1	1	0	2	11	0	1	0	1	11
3	1	1	0	1	3	12	0	1	0	0	12
4	1	1	0	0	4	13	0	0	1	1	13
5	1	0	1	1	5	14	0	0	1	0	14
6	1	0	1	0	6	15	0	0	0	1	15
7	1	0	0	1	7	16	0	0	0	0	0
8	1	0	0	0	8						

3）二进制同步可逆计数器

既能作加计数又能作减计数的计数器称为可逆计数器。将前面介绍的 4 位二进制同步加法计数器和减法计数器合并起来，并引入一个加/减控制信号 X，便构成 4 位二进制同步可逆计数器，如图 6.28 所示。由图可知，各触发器的驱动方程为：

$$J_0 = K_0 = 1, J_2 = K_2 = XQ_0^n Q_1^n + \overline{X}\,\overline{Q_0^n}\,\overline{Q_1^n}$$

$$J_1 = K_1 = XQ_0^n + \overline{X}\,\overline{Q_0^n}, J_3 = K_3 = XQ_0^n Q_1^n Q_2^n + \overline{X}\,\overline{Q_0^n}\,\overline{Q_1^n}\,\overline{Q_2^n}$$

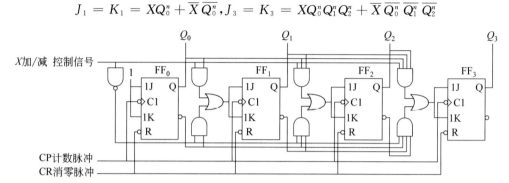

图 6.28　二进制可逆计数器的逻辑图

当控制信号 $X=1$ 时，$\text{FF}_1 \sim \text{FF}_3$ 中的各 J、K 端分别与低位各触发器的 Q 端相连，作加法计数；当控制信号 $X=0$ 时，$\text{FF}_1 \sim \text{FF}_3$ 中的各 J、K 端分别与低位各触发器的 $\overline{Q}$ 端相连，作减法计数，实现了可逆计数器的功能。

综合二进制计数器逻辑电路的特点，在构成二进制计数器时，都应将基本单元触发器先接成 T' 触发器；各触发器之间的连接方式由加、减计数方式和触发器的触发方式决定。表 6.9 给出了异步二进制计数器和同步二进制计数器的特点和级间连接规律。

表 6.9　异步二进制计数器和同步二进制计数器的特点和级间连接规律

计数器类型		异步二进制计数器		同步二进制计数器	
特点		计数器的各触发器从低位到高位逐级触发、逐级翻转。计数脉冲只接最低位触发器的 CP 端，其他各触发器的 CP 端与其相邻低位触发器的输出端相连		计数脉冲同时引入到所有触发器的 CP 端，所以各触发器是同时改变状态	
触发器单元		接成 T'		接成 T 或 T' 触发器	
		上升沿触发方式维持阻塞 D 触发器	下降沿触发方式主从 JK 触发器	T 触发器	T' 触发器
级间连接规律	加法计数器	$\text{CP}_0 = \text{CP}$ $\text{CP}_{n+1} = \overline{Q^n}$	$\text{CP}_0 = \text{CP}$ $\text{CP}_{n+1} = Q^n$	$T_0 = 1$ $T_n = \prod\limits_{i=0}^{n-1} Q^i\,(n \neq 0)$	$\text{CP}_0 = \text{CP}$ $\text{CP}_n = \text{CP} \cdot \prod\limits_{i=0}^{n-1} Q^i$ $(n \neq 0)$
	减法计数器	$\text{CP}_0 = \text{CP}$ $\text{CP}_{n+1} = Q^n$	$\text{CP}_0 = \text{CP}$ $\text{CP}_{n+1} = \overline{Q^n}$	$T_0 = 1$ $T_n = \prod\limits_{i=0}^{n-1} \overline{Q^i}\,(n \neq 0)$	$\text{CP}_0 = \text{CP}$ $\text{CP}_n = \text{CP} \cdot \prod\limits_{i=0}^{n-1} \overline{Q^i}$ $(n \neq 0)$
	可逆计数器	在加法计数器和减法计数器的基础上，不但增设加/减控制信号，还要在级间加"与或"门而形成 CP_{n+1} 信号		加法计数器和减法计数器的基础上，不但增设加/减控制信号，还要在级间加"与或"门而形成 CP_n 或 T_n 信号	

3. 集成二进制计数器

常用的集成二进制计数器有 4 位二进制同步加法计数器 74LS161、单时钟 4 位二进制同步可逆计数器 74LS191、双时钟 4 位二进制同步可逆计数器 74LS193 等。下面以 74LS161、74LS191 为例对集成二进制计数器的性能进行介绍。

1）4 位二进制同步加法计数器 74LS161

同步加法计数器 74LS161 的引脚图和逻辑符号如图 6.29 所示。

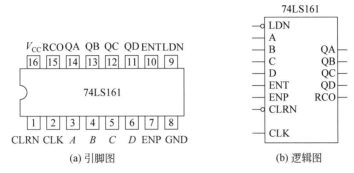

(a) 引脚图　　　　　(b) 逻辑图

图 6.29　74LS161 引脚图和逻辑图符号

74LS161 的功能表如表 6.10 所示，CLRN 是异步清零端，LDN 是同步预置数据输入端，ENP 和 ENT 是计数使能端，QA、QB、QC、QD 是输出端，RCO 是进位输出端（RCO＝ENT·QA·QB·QC·QD）。

表 6.10　74LS161 的功能表

清零 CLRN	预置 LDN	使能 ENP　ENT	时钟 CLK	预置数据输入 D	C	B	A	输出 QD	QC	QB	QA	工作模式
0	×	×　×	×	×	×	×	×	0	0	0	0	异步清零
1	0	×　×	↑	d_3	d_2	d_1	d_0	d_3	d_2	d_1	d_0	同步置数
1	1	0　×	×	×	×	×	×	保	持			数据保持
1	1	×　0	×	×	×	×	×	保	持			数据保持
1	1	1　1	↑	×	×	×	×	计	数			加法计数

由表 6.10 可知，74LS161 具有以下功能：

（1）异步清零。当 CLRN＝0 时，不管其他输入端的状态如何，不论有无时钟脉冲 CLK，计数器输出将被直接置零（QD·QC·QB·QA＝0000），称为异步清零。

（2）同步并行预置数。当 CLRN＝1、LDN＝0 时，在输入时钟脉冲 CLK 上升沿的作用下，并行输入端的数据 $d_3d_2d_1d_0$ 被置入计数器的输出端，即 QD·QC·QB·QA＝$d_3d_2d_1d_0$。由于这个操作要与 CLK 上升沿同步，所以称为同步预置数。

（3）计数。当 CLRN＝LDN＝ENP＝ENT＝1 时，在 CLK 端输入计数脉冲，计数器进行二进制加法计数。

（4）保持。当 CLRN＝LDN＝1，且 ENP·ENT＝0，即两个使能端中有 0 时，则计数器保持原来的状态不变。这时，如 ENP＝0、ENT＝1，则进位输出信号 RCO 保持不变；

如 ENT＝0 则不管 ENP 状态如何，进位输出信号 RCO 为
低电平 0。

2）4 位二进制同步可逆计数器 74LS191

图 6.30 是集成 4 位二进制同步可逆计数器 74LS191
的逻辑符号图。其中 LDN 是异步预置数控制端且低电平
有效，A、B、C、D 是预置数据输入端；GN 是使能端，低电
平有效；DNUP 是加/减控制端，为 0 时作加法计数，为 1
时作减法计数；MXMN 是最大/最小输出端，RCON 是进
位/借位输出端。

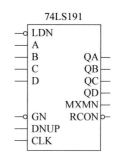

图 6.30　74LS191 逻辑符号图

表 6.11　74LS191 的功能表

预置	使能	加/减控制	时钟	预置数据输入				输出				工作模式
LDN	GN	DNUP	CLK	D	C	B	A	QD	QC	QB	QA	
0	×	×	×	d_3	d_2	d_1	d_0	d_3	d_2	d_1	d_0	异步置数
1	1	×	×	×	×	×	×	保　持				数据保持
1	0	0	↑	×	×	×	×	加法计数				加法计数
1	0	1	↑	×	×	×	×	减法计数				减法计数

由 74LS191 的功能表 6.11 可知，74LS191 具有以下功能：

（1）异步置数。当 LDN＝0 时，不管其他输入端的状态如何，不论有无时钟脉冲
CLK，并行输入端的数据 $d_3 d_2 d_1 d_0$ 被直接置入计数器的输出端，即 $QDQCQBQA=$
$d_3 d_2 d_1 d_0$。由于该操作不受 CLK 控制，所以称为异步置数。注意该计数器无清零端，需
清零时可用预置数的方法置零。

（2）保持。当 LDN＝1 且 GN＝1 时，则计数器保持原来的状态不变。

（3）计数。当 LDN＝1 且 GN＝0 时，在 CLK 端输入计数脉冲，计数器进行二进制计
数。当 DNUP＝0 时作加法计数；当 DNUP＝1 时作减法计数。

另外，该电路还有最大/最小控制端 MXMN 和进位/借位输出端 RCON。它们的逻
辑表达式为：

$$MXMN = (\overline{DNUP}) \cdot QDQCQBQA + DUPT \cdot \overline{QD}\ \overline{QC}\ \overline{QB}\ \overline{QA} \qquad (6.12)$$

$$RCO = \overline{GN \cdot \overline{CLK} \cdot MXMN} \qquad (6.13)$$

即当加法计数，计到最大值 1111 时，MXMN 端输出 1，如果此时 CLK＝0，则 RCON＝0，
发一个进位信号；当减法计数，计到最小值 0000 时，MXMN 端也输出 1。如果此时
CLK＝0，则 RCON＝0，发一个借位信号。

6.4.2　非二进制计数器

N 进制计数器又称模 N 计数器，当 $N=2^n$ 时，就是前面讨论的 n 位二进制计数器；
当 $N \neq 2^n$ 时，为非二进制计数器。非二进制计数器中最常用的是十进制计数器。下面讨
论 8421BCD 码十进制计数器。

1. 8421BCD 码同步十进制加法计数器

图 6.31 所示为由 4 个下降沿触发的 JK 触发器组成的 8421BCD 码同步十进制加法计数器的逻辑图。下面用前面介绍的同步时序逻辑电路分析方法对该电路进行分析：

（1）写出驱动方程：

$$J_0 = 1, K_0 = 1, \qquad J_2 = Q_1^n Q_0^n, K_2 = Q_1^n Q_0^n$$

$$J_1 = \overline{Q_3^n} Q_0^n, K_1 = Q_0^n, \quad J_3 = Q_2^n Q_1^n Q_0^n, K_3 = Q_0^n$$

（2）写出 JK 触发器的特性方程 $Q^{n+1} = J\overline{Q^n} + \overline{K}Q^n$，然后将各驱动方程代入 JK 触发器的特性方程，得各触发器的次态方程：

$$Q_0^{n+1} = J_0 \overline{Q_0^n} + \overline{K_0} Q_0^n = \overline{Q_0^n}$$

$$Q_1^{n+1} = J_1 \overline{Q_1^n} + \overline{K_1} Q_1^n = \overline{Q_3^n} Q_0^n \overline{Q_1^n} + \overline{Q_0^n} Q_1^n$$

$$Q_2^{n+1} = J_2 \overline{Q_2^n} + \overline{K_2} Q_2^n = Q_1^n Q_0^n \overline{Q_2^n} + \overline{Q_1^n Q_0^n} Q_2^n$$

$$Q_3^{n+1} = J_3 \overline{Q_3^n} + \overline{K_3} Q_3^n = Q_2^n Q_1^n Q_0^n \overline{Q_3^n} + \overline{Q_0^n} Q_3^n$$

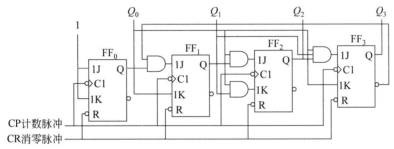

图 6.31　8421BCD 码同步十进制加法计数器的逻辑图

（3）作状态转换表。

设初态 $Q_3 Q_2 Q_1 Q_0 = 0000$，代入次态方程进行计算，得状态转换表如表 6.12 所示。

表 6.12　图 6.32 电路的状态表

脉冲	现态				次态				脉冲	现态				次态			
	Q_3^n	Q_2^n	Q_1^n	Q_0^n	Q_3^{n+1}	Q_2^{n+1}	Q_1^{n+1}	Q_0^{n+1}		Q_3^n	Q_2^n	Q_1^n	Q_0^n	Q_3^{n+1}	Q_2^{n+1}	Q_1^{n+1}	Q_0^{n+1}
0	0	0	0	0	0	0	0	1	5	0	1	0	1	0	1	1	0
1	0	0	0	1	0	0	1	0	6	0	1	1	0	0	1	1	1
2	0	0	1	0	0	0	1	1	7	0	1	1	1	1	0	0	0
3	0	0	1	1	0	1	0	0	8	1	0	0	0	1	0	0	1
4	0	1	0	0	0	1	0	1	9	1	0	0	1	0	0	0	0

（4）作状态图及时序图。

根据状态转换表作出电路的状态图如图 6.32 所示，时序图如图 6.33 所示。由状态表、状态图或时序图可见，该电路为一个 8421BCD 码十进制加法计数器。

（5）检查电路能否自启动。

由于图 6.31 所示的电路中有 4 个触发器，它们的状态组合共有 16 种，而在

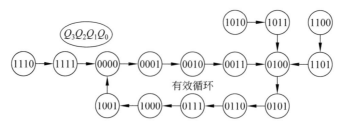

图 6.32   图 6.31 电路的状态图

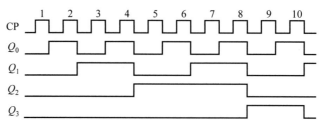

图 6.33   图 6.31 的时序图

8421BCD 码计数器中只用了 10 种，称为有效状态，其余 6 种无效状态在时钟信号作用下，最终进入有效状态，该电路具有自启动能力。

2. 8421BCD 码异步十进制加法计数器

图 6.34 所示为由 4 个下降沿触发的 JK 触发器组成的 8421BCD 码异步十进制加法计数器的逻辑图。下面用前面介绍的异步时序逻辑电路分析方法对该电路进行分析。

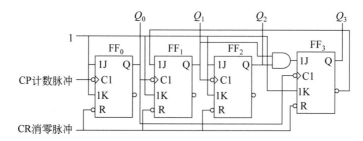

图 6.34   8421BCD 码异步十进制加法计数器的逻辑图

（1）写出各逻辑方程式。

① 时钟方程：

$CP_0 = CP$（时钟脉冲源的上升沿触发）

$CP_1 = Q_0$（当 FF_0 的 Q_0 由 1→0 时，Q_1 才可能改变状态，否则 Q_1 将保持原状态不变）

$CP_2 = Q_1$（当 FF_1 的 Q_1 由 1→0 时，Q_2 才可能改变状态，否则 Q_2 将保持原状态不变）

$CP_3 = Q_0$（当 FF_0 的 Q_0 由 1→0 时，Q_3 才可能改变状态，否则 Q_3 将保持原状态不变）

② 各触发器的驱动方程：

$$J_0 = 1, K_0 = 1 \quad J_1 = \overline{Q_1^n}, K_1 = 1 \quad J_2 = 1, K_2 = 1 \quad J_3 = Q_2^n Q_1^n, K_3 = 1$$

（2）将各驱动方程代入 JK 触发器的特性方程，得各触发器的次态方程：

$$Q_0^{n+1} = J_0 \overline{Q_0^n} + \overline{K_0} Q_0^n = \overline{Q_0^n} \qquad (\text{CP 由 } 1 \rightarrow 0 \text{ 时此式有效})$$

$$Q_1^{n+1} = J_1 \overline{Q_1^n} + \overline{K_1} Q_1^n = \overline{Q_3^n}\,\overline{Q_1^n} \qquad (Q_0 \text{ 由 } 1 \rightarrow 0 \text{ 时此式有效})$$

$$Q_2^{n+1} = J_2 \overline{Q_2^n} + \overline{K_2} Q_2^n = \overline{Q_2^n} \qquad (Q_1 \text{ 由 } 1 \rightarrow 0 \text{ 时此式有效})$$

$$Q_3^{n+1} = J_3 \overline{Q_3^n} + \overline{K_3} Q_3^n = Q_2^n Q_1^n \overline{Q_3^n} \qquad (Q_0 \text{ 由 } 1 \rightarrow 0 \text{ 时此式有效})$$

（3）作状态转换表。设初态 $Q_3 Q_2 Q_1 Q_0 = 0000$，代入次态方程进行计算，状态转换表如表 6.13 所示。

表 6.13　图 6.34 电路的状态表

计数脉冲序号	现 态				次 态				时 钟 脉 冲			
	Q_3^n	Q_2^n	Q_1^n	Q_0^n	Q_3^{n+1}	Q_2^{n+1}	Q_1^{n+1}	Q_0^{n+1}	CP₃	CP₂	CP₁	CP₀
0	0	0	0	0	0	0	0	1	0	0	0	↓
1	0	0	0	1	0	0	1	0	↓	0	↓	↓
2	0	0	1	0	0	0	1	1	0	0	0	↓
3	0	0	1	1	0	1	0	0	↓	↓	↓	↓
4	0	1	0	0	0	1	0	1	0	0	0	↓
5	0	1	0	1	0	1	1	0	↓	0	↓	↓
6	0	1	1	0	0	1	1	1	0	0	0	↓
7	0	1	1	1	1	0	0	0	↓	↓	↓	↓
8	1	0	0	0	1	0	0	1	0	0	0	↓
9	1	0	0	1	0	0	0	0	↓	0	↓	↓

3. 集成十进制计数器举例

1）8421BCD 码同步加法计数器 74LS160

其功能表如表 6.14 所示。74LS160 的逻辑符号及引脚排列图如图 6.35 所示。其中进位输出端 RCO 的逻辑表达式为：

$$\text{RCO} = \text{ENT} \cdot \text{QD} \cdot \text{QA} \tag{6.14}$$

表 6.14　74LS160 的功能表

清零	预置	使能		时钟	预置数据输入				输出				工作模式
CLRN	LDN	ENP	ENT	CLK	D	C	B	A	QD	QC	QB	QA	
0	×	×	×	×	×	×	×	×	0	0	0	0	异步清零
1	0	×	×	↑	d_3	d_2	d_1	d_0	d_3	d_2	d_1	d_0	同步置数
1	1	0	×	×	×	×	×	×	保　持				数据保持
1	1	×	0	×	×	×	×	×	保　持				数据保持
1	1	1	1	↑	×	×	×	×	十进制计数				加法计数

2）二-五-十进制异步加法计数器 74LS290

74LS290 如图 6.36 包含一个独立的 1 位二进制计数器和一个独立的异步五进制计数器。二进制计数器的时钟输入端为 CLKA，输出端为 QA；五进制计数器的时钟输入端为 CLKB，输出端为 QA、QB、QC、QD。如果将 QA 与 CLKB 相连，CLKA 作时钟脉冲输入端，QA～QB 作输出端，则为 8421BCD 码十进制计数器。

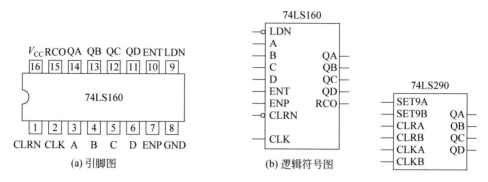

图 6.35　74LS160 的引脚图和逻辑符号图

(a) 引脚图

(b) 逻辑符号图

图 6.36　二-五-十进制异步加法计数器 74LS290 的逻辑符号图

表 6.15 是 74LS290 的功能表。由表可知，74LS290 具有以下功能。

表 6.15　74LS290 的功能表

复位输入		置位输入		时　钟		输　　出				工作模式
CLRA	**CLRB**	**SET9A**	**SET9B**	**CLKA↓**	**CLKB↓**	**QD**	**QC**	**QB**	**QA**	
1	1	0	$\times$	$\times$	$\times$	0	0	0	0	异步清零
1	1	$\times$	0	$\times$	$\times$	0	0	0	0	
$\times$	$\times$	1	1	$\times$	$\times$	1	0	0	1	异步置数
CLRA · CLRB=0 且 SET9A · SET9B=0				CLKA	0	二进制计数器				加法计数
				0	CLKB	五进制计数器				
				CLKA	Q_0	8421 码十进制计数器				
				QD	CLKB	5421 码十进制计数器				

（1）异步清零。当复位输入端 CLRA＝CLRB＝1，且置位输入 SET9A · SET9B＝0 时，不论有无时钟脉冲，计数器输出将被直接置零。

（2）异步置数。当置位输入 SET9A＝SET9B＝1 时，无论其他输入端状态如何，计数器输出将被直接置 9（即 QDQCQBQA＝1001）。

（3）计数。当 CLRA · CLRB＝0，且 SET9A · SET9B＝0 时，在计数脉冲（下降沿）作用下，进行二-五-十进制加法计数。

6.4.3　集成计数器的应用

1. 计数器的级联

两个模 N 计数器级联，可实现 $N \times N$ 的计数器。

1）同步级联

同步级联也是并行进位方式，以低位片的进位输出信号作为高位片的工作状态控制信号(计数的使能信号),各片的 CLK 输入端同时接入计数输入脉冲。图 6.37 是用两片 4 位二进制加法计数器 74LS161 采用同步级联方式构成的 8 位二进制同步加法计数器,模为 $16 \times 16 = 256$。

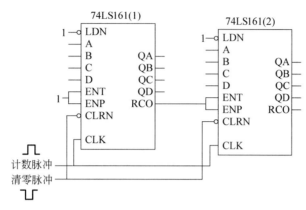

图 6.37　74LS161 同步级联组成 8 位二进制加法计数器

2) 异步级联

异步级联也是串行进位方式,以低位片的进位输出信号作为高位片的时钟输入信号。有的集成计数器没有进位/借位输出端,这时可根据具体情况,用计数器的输出信号 QD、QC、QB、QA 产生一个进位/借位。如用两片二-五-十进制异步加法计数器 74LS290 采用异步级联方式组成的 2 位 8421BCD 码十进制加法计数器如图 6.38 所示,模为 $10 \times 10 = 100$。

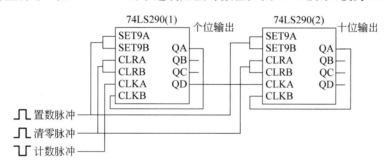

图 6.38　74LS290 异步级联组成 100 进制计数器

2. 组成任意进制计数器

市场上能买到的集成计数器芯片一般为 4 位二进制计数器和一位十进制计数器,如果需要其他进制的计数器,可用现有的 4 位二进制计数器芯片或十进制计数器芯片进行设计:以一片 4 位二进制计数器(即十六进制计数器)为基础,采用清零法/置位法或预置法改成 16 以下进制计数器;利用 n 片十进制(一般为 8421 码计数器)或 n 片 4 位二进制计数器(十六进制计数器)外加适当的门电路连接成 17 以上进制计数器。

1) 异步清零法

异步清零法适用于具有异步清零端的集成计数器。异步清零法实现模值为 $M(M<$

N)的计数,起跳态为 M 是一个瞬态,并非计数器主循环中的状态。

图 6.39(a)所示是用 74LS161 和与非门构成的六进制计数器,图 6.39(b)是它的状态图,其模值为 $M=6$,则 0110 是瞬态。

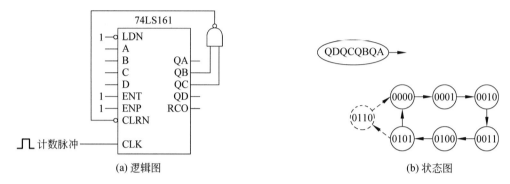

(a) 逻辑图　　　　　　　　　　(b) 状态图

图 6.39　异步清零法组成六进制计数器

2) 同步清零法

同步清零法适用于具有同步清零端的集成计数器。同步清零法实现模值为 $M(M<N)$ 的计数,起跳态为 $(M-1)$ 是计数器主循环中的状态。图 6.40(a)所示是用集成计数器 74LS163(除清零方式为同步清零外,其他与 74LS161 完全相同)和与非门组成的六进制计数器,图 6.40(b)是它的状态图。

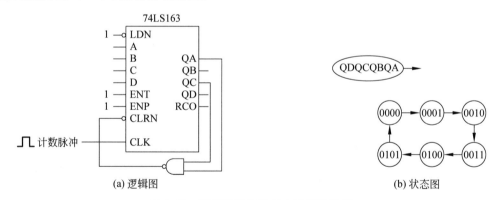

(a) 逻辑图　　　　　　　　　　(b) 状态图

图 6.40　同步清零法组成六进制计数器

3) 异步预置数法

异步预置数法适用于具有异步预置端的集成计数器。图 6.41(a)所示是用集成计数器 74LS191 和与非门组成的十进制计数器。该电路的有效状态是 0011～1100,共 10 个状态,可作为余 3 码计数器,其状态图如图 6.41(b)所示。

4) 同步预置数法

同步预置数法适用于具有同步预置端的集成计数器。图 6.42(a)所示是用集成计数器 74LS160 和与非门组成的七进制计数器,其状态图如图 6.42(b)所示。

综上所述,改变集成计数器的模可用清零法,也可用预置数法。清零法比较简单,预置数法比较灵活。但不管用哪种方法,都应首先搞清所用集成组件的清零端或预置端是

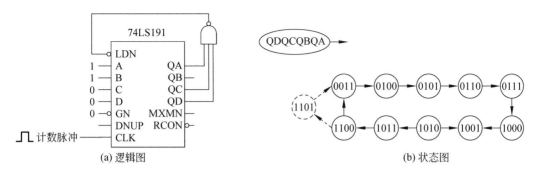

图 6.41　异步置数法组成余 3 码十进制计数器

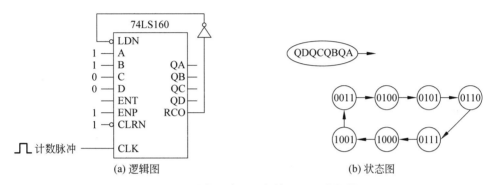

图 6.42　具有同步预置数的七进制计数器

异步还是同步工作方式,根据不同的工作方式选择合适的清零信号或预置信号。

例 6.7　利用一片集成计数器 74LS290 接成六进制、九进制计数器。不用其他元件。

解:利用一片 74LS290 器件,采用清零法和置 9 法可构成模 $M \leqslant 10$ 的任意进制计数器。因为该器件设有异步复位端 CLRA 和 CLRB,仅当 CLRA·CLRB=1 且 SET9A·SET9B=0 时清零(复位);并设有异步置 9 端 SET9A 和 SET9B,仅当 SET9A·SET9B=1 时置 9(1001)。

首先将 74LS290 接成 8421BCD 码的十进制计数器,即将 CLKB 与 QB 相连,CLKA 作为外部计数脉冲。

采用"清零法"构成的六进制计数器如图 6.43(a)所示。当计数器记到 QDQCQBQA=0110 状态时,CLRA 和 CLRB 同时有效,将计数器置零,回到 0000 状态。其相应的状态转换图如图 6.43(b)所示。

若采用"置 9 法"来构成六进制计数器,则置位信号将由 QDQCQBQA=0101 状态产生。其相应的逻辑图和状态转换图分别如图 6.44(a)和(b)所示。

采用"清零法"构成的九进制计数器如图 6.45(a)所示,其相应的状态转换图如图 6.45(b)所示。

例 6.8　分析图 6.46(a)所完成的逻辑功能,并画出状态转换图。

解:当计数器状态为 0000 时,置数端 LDN=0,则置入 0011,然后按二进制计数顺序计数;当计数器的状态为 1000 时,置数端 LDN=0,则置入 1011,然后按二进制计数顺序计数。

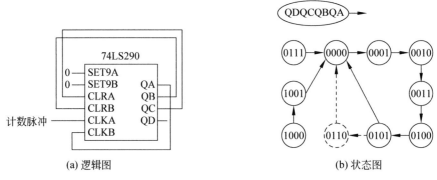

(a) 逻辑图   (b) 状态图

图 6.43　清零法构成六进制计数器

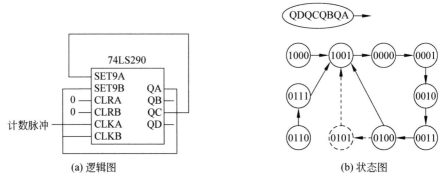

(a) 逻辑图   (b) 状态图

图 6.44　置 9 法构成六进制计数器

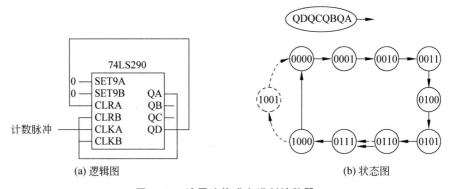

(a) 逻辑图   (b) 状态图

图 6.45　清零法构成九进制计数器

此电路的状态转换图如图 6.46(b)所示。如此循环，在一个计数循环中，置入和计数操作轮流进行。如果合理选择控制信号 LDN 和并行输入数据，可以使计数器结构简单。

例 6.9　用 74LS160 组成 48 进制计数器。

解：因为 $N=48$，而 74LS160 为模 10 计数器，所以要用两片 74LS160 构成此计数器。先将两芯片采用同步级联方式连接成 100 进制计数器，然后再借助 74LS160 异步清零功能，在输入第 48 个计数脉冲后，计数器输出状态为 0100 1000 时，高位片(2)的 QC和低位片(1)的 QD 同时为 1，使与非门输出 0，加到两个芯片异步清零端上，使计数器立

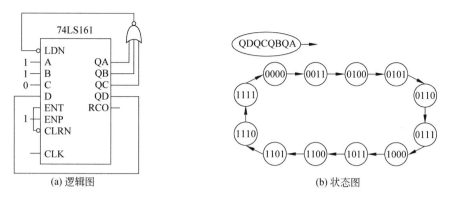

图 6.46 例 6.8 逻辑图和状态图

即返回 0000 0000 状态,瞬态 0100 1000 仅在极短的瞬间出现。这样,就组成了 48 进制计数器,其逻辑电路如图 6.47 所示。

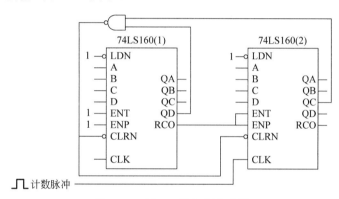

图 6.47 例 6.9 的逻辑电路图

3. 组成分频器

前面提到,模 N 计数器进位输出端输出脉冲的频率是输入脉冲频率的 $1/N$,因此可用模 N 计数器组成 N 分频器。

例 6.10 用两片 74LS161 组成的同步计数器如图 6.48 所示,试分析其分频比(Y 与

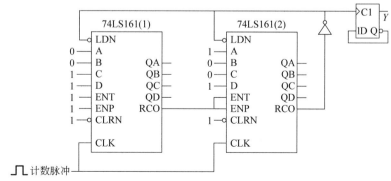

图 6.48 例 6.10 的逻辑电路图

CLK 之频率比)，当 CLK 为 1kHz 时，Y 的频率为多少?

解：由电路得知，当第 1 片 74LS161 进位输出为 1 时，第 2 片 74LS161 才能工作在计数状态；而第 2 片 74LS161 的进位输出变为 1 时，取反后可使两片 74LS161 的置数控制端 LDN 有效，并分别置入最小数 1100 和 1001。因此第 2 片的模为 7(1001~1111)，第 1 片的模有 6 遍计数为模 16，有 1 遍计数为模 4(1100~1111)，两片组成模为 100 的计数器，经过 D 触发器 2 分频后，电路的分频系数为 200∶1。若 CLK 的信号频率为 1kHz，则输出 Y 的频率为 5Hz。

例 6.11 某石英晶体振荡器输出脉冲信号的频率为 32768Hz，用 74LS161 组成分频器，将其分频为频率为 1Hz 的脉冲信号。

解：因为 $32768=2^{15}$，经 15 级二分频，就可获得频率为 1Hz 的脉冲信号。因此将 4 片 74LS161 级联，从高位片(4)的 QC 输出即可，其逻辑电路如图 6.49 所示。

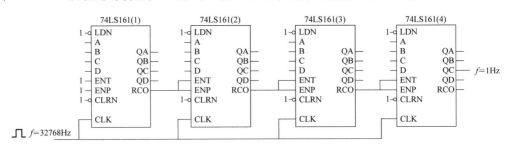

图 6.49　例 6.11 的逻辑电路图

4. 组成序列信号发生器

序列信号是在时钟脉冲作用下产生的一串周期性的二进制信号。图 6.50 是用 74LS161 及门电路构成的序列信号发生器。其中 74LS161 与 G_1 构成了一个模 5 计数器，且 $Z=QA\overline{QC}$。在计数脉冲作用下，计数器的状态变化如表 6.16 所示。由于 $Z=QA\overline{QC}$，故不同状态下的输出如该表的右列所示。因此，这是一个 01010 序列信号发生器，序列长度 $P=5$。

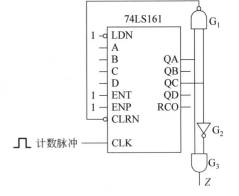

图 6.50　计数器组成序列信号发生器

用计数器辅以数据选择器可以方便地构成各种序列发生器。构成的方法如下：

(1) 构成一个模 P 计数器；

(2) 选择适当的数据选择器，把欲产生的序列按规定的顺序加在数据选择器的数据输入端，把地址输入端与计数器的输出端适当地连接在一起。

表 6.16 状态表

现 态			次 态			输出
QC^n	QB^n	QA^n	QC^{n+1}	QB^{n+1}	QA^{n+1}	Z
0	0	0	0	0	1	0
0	0	1	0	1	0	1
0	1	0	0	1	1	0
0	1	1	1	0	0	1
1	0	0	0	0	0	0

例 6.12 试用计数器 74LS161 和数据选择器设计一个 01100011 序列发生器。

解：由于序列长度 $P = 8$，故将 74LS161 构成模 8 计数器，并选用数据选择器 74LS151 产生所需序列，从而得电路如图 6.51 所示。

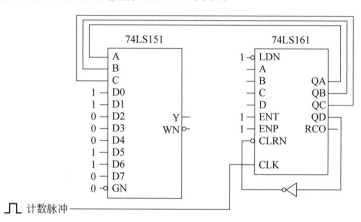

图 6.51 计数器和数据选择器组成序列信号发生器

5. 组成脉冲分配器

脉冲分配器是数字系统中定时部件的组成部分,它在时钟脉冲作用下,顺序地使每个输出端输出节拍脉冲,用以协调系统各部分的工作。

图 6.52 为一个由计数器 74LS161 和译码器 74LS138 组成的脉冲分配器。74LS161

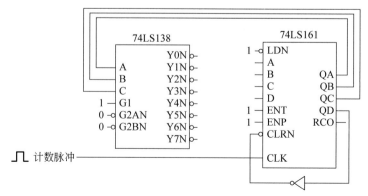

图 6.52 由计数器 74LS161 和译码器 74LS138 组成的脉冲分配器

构成模8计数器,输出状态 QCQBQA 在 $000\sim111$ 之间循环变化,从而在译码器输出端得到脉冲序列。

6. 综合应用

图 6.53 所示电路为一个可变计数器。该计数器由 4 个 JK 触发器、1 个 74LS138 译码器和 1 个 74LS153 四选一数据选择器组成。B 和 A 的取值不同,则构成不同进制的计数器。

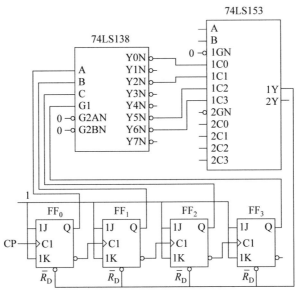

图 6.53 可变计数器

图 6.53 电路中,4 个 JK 触发器首先被接成四位异步二进制加法计数器(当 $R=1$ 时);计数器的输出 $Q_3Q_2Q_1Q_0$ 经过 3 线-8 线译码器 74LS138 译码后,作为四选一数据选择器 74LS153 的输入端,然后数据选择器在输入信号 B 和 A 的控制下,选中计数器的某一状态 $Q_3Q_2Q_1Q_0$ 作为 S_M 状态(例如 $BA=00$ 时,$S_M=Q_3Q_2Q_1Q_0=1000$),其输出 1Y 作为置零信号被反馈到 4 个 JK 触发器的异步复位端 R,从而构成 M 进制计数器。当 $BA=00$、01、10、11 时,引起异步复位的暂态 S_M 分别为 1000、1010、1101 和 1110,因此分别组成八进制、十进制、十三进制和十四进制计数器。

其中以 $BA=10$ 为例,简述电路工作原理:随着计数脉冲 CP 的输入,4 个 JK 触发器的状态 $Q_3Q_2Q_1Q_0$ 按二进制规律递加计数,当 $Q_3Q_2Q_1Q_0=S_M=1101$ 时,数据选择器输出 $1Y=1C2=0$,使 4 个 JK 触发器异步复位,其状态转换图如图 6.54 所示。电路构成十三进制计数器。

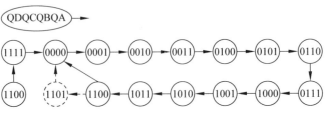

图 6.54 图 6.53 $BA=10$ 时状态转换图

6.5　寄　存　器

6.5.1　数码寄存器

数码寄存器是存储二进制数码的时序电路组件,它具有接收和寄存二进制数码的逻辑功能。触发器是寄存器的核心部分,因为一个触发器可以存储 1 位二值代码,用 n 个触发器就可以存储 n 位二值代码。门电路组成寄存器的控制电路,用于控制寄存器的"接收""清零""保持""输出"等功能。

例 5.2 介绍过用基本 RS 触发器和与非门构成 4 位二进制数码寄存器,本节将直接介绍集成型数码寄存器。图 6.55 所示是由 D 触发器组成的 4 位集成寄存器 74LS175 的逻辑示意图,其中,CLRN 是异步清零控制端。$1D\sim3D$ 是并行数据输入端,CLK 为时钟脉冲端,$1Q\sim4Q$ 是并行数据输出端,$1QN\sim4QN$ 是反码数据输出端。

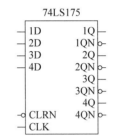

图 6.55　4 位集成寄存器 74LS175 逻辑符号图

该电路的数码接收过程为:将需要存储的 4 位二进制数码送到数据输入端 $1D\sim3D$,在 CLK 端送一个时钟脉冲,脉冲上升沿作用后,4 位数码并行地出现在 4 个触发器端。

74LS175 的功能示于表 6.17 中。

表 6.17　74LS175 的功能表

清零	时钟	输　　入				输　　出				工作模式
CLRN	**CLK**	**$1D$**	**$2D$**	**$3D$**	**$4D$**	**$1Q$**	**$2Q$**	**$3Q$**	**$4Q$**	
0	×	×	×	×	×	0	0	0	0	异步清零
1	↑	d_1	d_2	d_3	d_4	d_1	d_2	d_3	d_4	数码寄存
1	1	×	×	×	×	保　持				数据保持
1	0	×	×	×	×	保　持				数据保持

6.5.2　移位寄存器

移位寄存器不但可以寄存数码,而且在移位脉冲作用下,寄存器中的数码可根据需要向左或向右移动 1 位。移位寄存器也是数字系统和计算机中应用很广泛的基本逻辑部件。

1. 单向移位寄存器

1) 4 位右移寄存器

由 D 触发器组成的 4 位右移寄存器如图 6.56 所示。设移位寄存器的初始状态为 0000,串行输入数码 $D_1=1101$,从高位到低位依次输入。在 4 个移位脉冲作用后,输入的 4 位串行数码 1101 全部存入了寄存器中。电路的状态表如表 6.18 所示,时序图如图 6.57 所示。

表 6.18　右移寄存器的状态表

移位脉冲	输入数码	输　出			
CP	D_I	Q_0	Q_1	Q_2	Q_3
0		0	0	0	0
1	1	1	0	0	0
2	1	1	1	0	0
3	0	0	1	1	0
4	1	1	0	1	1

移位寄存器中的数码可由 Q_3、Q_2、Q_1 和 Q_0 并行输出，也可从 Q_3 串行输出。串行输出时，要继续输入 4 个移位脉冲，才能将寄存器中存放的 4 位数码 1101 依次输出。图 6.57 中第 5 到第 8 个 CP 脉冲及所对应的 Q_3、Q_2、Q_1、Q_0 波形，就是将 4 位数码 1101 串行输出的过程。所以，移位寄存器具有串行输入-并行输出和串行输入-串行输出两种工作方式。

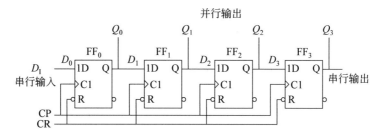

图 6.56　D 触发器组成的 4 位右移寄存器

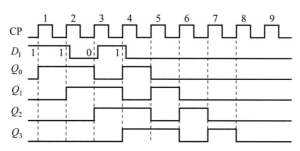

图 6.57　图 6.56 电路的时序图

2）4 位左移寄存器

由 D 触发器组成的 4 位左移寄存器如图 6.58 所示。

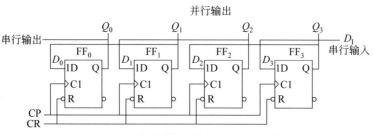

图 6.58　D 触发器组成的 4 位左移寄存器

2. 双向移位寄存器

将图 6.56 所示的右移寄存器和图 6.58 所示的左移寄存器组合起来,并引入一个控制端 S,便构成既可左移又可右移的双向移位寄存器,如图 6.59 所示。

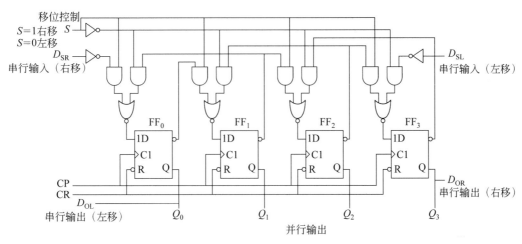

图 6.59　D 触发器组成的 4 位双向移位寄存器

由图可知该电路的驱动方程为:

$$D_0 = \overline{\overline{S}\,\overline{D_{SR}} + \overline{S}\,\overline{Q_1}}$$
$$D_1 = \overline{S\overline{Q_0} + \overline{S}\,\overline{Q_2}}$$
$$D_2 = \overline{S\overline{Q_1} + \overline{S}\,\overline{Q_3}}$$
$$D_3 = \overline{S\overline{Q_2} + \overline{S}\,\overline{D_{SL}}}$$

其中,D_{SR} 为右移串行输入端,D_{SL} 为左移串行输入端。当 $S=1$ 时,$D_0=D_{SR}$、$D_1=Q_0$、$D_2=Q_1$、$D_3=Q_2$,在 CP 脉冲作用下,实现右移操作;当 $S=0$ 时,$D_0=Q_1$、$D_1=Q_2$、$D_2=Q_3$、$D_3=D_{SL}$,在 CP 脉冲作用下,实现左移操作。

6.5.3　集成移位寄存器及其应用

1. 集成移位寄存器 74LS194 简介

74LS194 是由 4 个触发器组成的功能很强的 4 位移位寄存器,其逻辑功能示意图和引脚图如图 6.60 所示。其功能表如表 6.19 所示。由表 6.19 可以看出 74LS194 具有如下功能。

（1）异步清零。当 CLRN＝0 时即刻清零,与其他输入状态及 CLK 无关。

（2）S1、S0 是控制输入。当 CLRN＝1 时 74LS194 有如下 4 种工作方式:

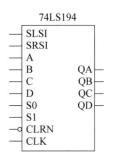

图 6.60　集成移位寄存器 74LS194

表 6.19 74LS194 的功能表

输　　入											输　　出				工作模式
清零	控制		串行输入		时钟	并行输入									
CLRN	$S1$	$S0$	**SLSI**	**SRSI**	**CLK**	A	B	C	D	**QA**	**QB**	**QC**	**QD**	
0	×	×	×	×	×	×	×	×	×	0	0	0	0	异步清零
1	0	0	×	×	×	×	×	×	×	QA	QB	QC	QD	保持
1	0	1	×	1	↑	×	×	×	×	1	QA	QB	QC	右移，SRSI 为串行输入，QD 为串行输出
1	0	1	×	0	↑	×	×	×	×	0	QA	QB	QC	
1	1	0	1	×	↑	×	×	×	×	QB	QC	QD	1	左移，SLSI 为串行输入，QA 为串行输出
1	1	0	0	×	↑	×	×	×	×	QB	QC	QD	0	
1	1	1	×	×	↑	d_0	d_1	d_2	d_3	d_0	d_1	d_2	d_3	并行置数

① 当 $S1S0=00$ 时，不论有无 CLK 到来，各触发器状态不变，为保持工作状态。

② 当 $S1S0=01$ 时，在 CLK 的上升沿作用下，实现右移操作，流向是 SRSI→QA→QB→QC→QD。

③ 当 $S1S0=10$ 时，在 CLK 的上升沿作用下，实现左移操作，流向是 SLSI→QD→QC→QB→QA。

④ 当 $S1S0=11$ 时，在 CLK 的上升沿作用下，实现置数操作：d_0→QA，d_1→QB，d_2→QC，d_3→QD。SLSI 和 SRSI 分别是左移和右移串行输入。A、B、C 和 D 是并行输入端。QA 和 QD 分别是左移和右移时的串行输出端，QA、QB、QC、QD 为并行输出端。

2. 74LS194 应用

1）构成环形计数器

环形计数器是移位寄存器型计数器中最简单的一种。图 6.61 是用 74LS194 构成的环形计数器的逻辑图和状态图。当正脉冲启动信号 Start 到来时，使 $S1S0=11$，从而不论移位寄存器 74LS194 的原状态如何，在 CLK 作用下总是执行置数操作使 QAQBQCQD=1000。当 Start 由 1 变 0 之后，$S1S0=01$，在 CLK 作用下移位寄存器进行右移操作。在第 4 个 CLK 到来之前 QAQBQCQD=0001。这样在第 4 个 CLK 到来时，由于 SRSI=QD=1，故在此 CLK 作用下 QAQBQCQD=1000。可见该计数器共 4 个状态，为模 4 计数器。

环形计数器的电路十分简单，N 位移位寄存器可以计 N 个数，实现模 N 计数器，且状态为 1 的输出端的序号即代表收到的计数脉冲的个数，通常不需要任何译码电路。

2）构成扭环形计数器

为了增加有效计数状态，扩大计数器的模，将上述接成右移寄存器的 74LS194 末级输出 QD 反相后，接到串行输入端 SRSI，就构成了扭环形计数器，如图 6.62(a)所示，图(b)为其状态图。可见该电路有 8 个计数状态，为模 8 计数器。一般来说，N 位移位寄存器可以组成模 $2N$ 的扭环形计数器，只需将末级输出反相后，接到串行输入端。

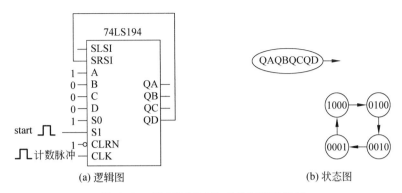

(a) 逻辑图　　　　　　　　　　　(b) 状态图

图 6.61　用 74LS194 构成的环形计数器

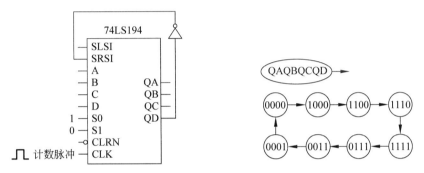

图 6.62　用 74LS194 构成的扭环形计数器

3）构成序列信号发生器

图 6.63 所示为 74LS194 构成的输出序列信号发生电路。由图可知，$S1S0=01$，74LS194 工作在右移工作方式，其低三位输出作为八选一数据选择器 74LS151 的数选信号（地址输入）$CBA=QCQBQA$，数据选择器输出作为寄存器右移输入 $Y=SRSI$，输出信号 $Z=QD$。本电路特点是以数据选择器构成反馈环路，掌握了 74LS151 功能，分析得出 74LS151 输出，求电路的输出序列信号就非常简单。$SRSI=Y=Di$，$i=[CBA]_B=[QCQBQA]_B$。

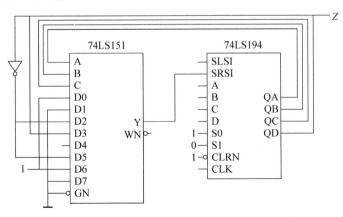

图 6.63　74LS194 构成的输出序列信号发生电路

因为 $SRSI=Y=Di$，$i=[CBA]_B=[QCQBQA]_B$，设 74LS194 初始状态为 0000，$SRSI=D0=1$，所以，CLK 上跳后 74LS194 右移数据，$Y=D0=SRSI=QA=1$，以此类推，得状态表如表 6.20 所示，状态转换图如图 6.64 所示。输出序列 $Z=\{1011101000\}$。

表 6.20　74LS194 构成的输出序列信号发生电路状态转换表

脉冲 CLK	电路状态				SRSI	脉冲 CLK	电路状态				SRSI
	QA	QB	QC	QD			QA	QB	QC	QD	
0	0	0	0	0	$1(D0)$	6	0	1	1	1	$1(D6)$
1	1	0	0	0	$0(D1)$	7	1	0	1	1	$0(D5=\overline{QD})$
2	0	1	0	0	$1(D2=\overline{QD})$	8	0	1	0	1	$0(D2=\overline{QD})$
3	1	0	1	0	$1(D5=\overline{QD})$	9	0	0	1	0	$0(D4)$
4	1	1	0	1	$1(D3=QD)$	10	0	0	0	1	$1(D0)$
5	1	1	1	0	$0(D7)$	11	1	0	0	0	$0(D1)$

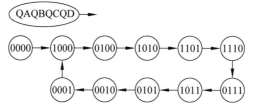

图 6.64　74LS194 构成的输出序列信号发生电路状态转换图

4）构成全加器电路

在如图 6.65 所示电路中，在控制脉冲 C 的每个周期内，从输入端 I 向移位寄存器 74LS194 输入两个数 $D2$、$D1$。74LS194 是一个具有清零和置数、保持功能的双向移位寄存器，CLK 的上升沿触发器翻转；而控制脉冲 CK 既是移位寄存器的异步清零端，也是 D 触发器的时钟端，CK=1 时寄存器清零，CK=0 时寄存器工作在右移状态。

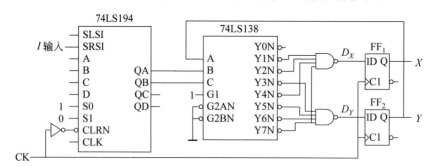

图 6.65　74LS194 构成全加器逻辑图

列出 D_X、D_Y 关于 CBA 的真值表如表 6.21 所示。显然，此真值表是一个全加器的真值表。其中，CB 为两个加数，A 为来自低位的进位，D_X 为本位和，D_Y 为向高位的进位。根据以上分析，又知 $X^{n+1}=D_X$，$Y^{n+1}=D_Y$，$C=D2$，$B=D1$，$A=Y^n$，故该电路的逻辑功能是一个全加器。其中 $D2$ 和 $D1$ 为两个串行输入的加数，Y^n 为低位向本位的进位，X^{n+1} 为本位和，Y^{n+1} 为本位向高位的进位。

表 6.21　74LS194 构成全加器电路真值表

输　入			输　出		输　入			输　出	
C	B	A	D_X	D_Y	C	B	A	D_X	D_Y
0	0	0	0	0	1	0	0	1	0
0	0	1	1	0	1	0	1	0	1
0	1	0	1	0	1	1	0	0	1
0	1	1	0	1	1	1	1	1	1

习　题　6

6.1　时序逻辑电路的特点是什么？它包含哪些电路？描述时序电路逻辑功能的方法有几种？它们有何关系？状态表和状态图怎样构成？

6.2　在分析方法和电路结构上，异步时序逻辑电路与同步时序逻辑电路的不同之处在哪里？

6.3　n 位的二进制加法计数器，能计数的最大十进制数是多少？如果要计数的十进制数是 101，需要几位二进制加法计数器？无效状态有多少个？

6.4　数码寄存器和移位寄存器的输入输出特点各是什么？

6.5　图 6.66 是 3 个 D 型触发器组成的二进制计数器，工作前由负脉冲先通过 $\bar{S}_D$（置 1 端）使电路呈 111 状态：

（1）按输入脉冲 CP 顺序在表中填写 Q_2、Q_1、Q_0 相应的状态（0 或 1）；

（2）此计数器是二进制加法计数器还是减法计数器？

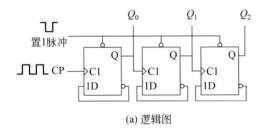
(a) 逻辑图

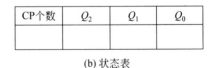
(b) 状态表

图 6.66　习题 6.5 的图

6.6　试分析图 6.67 所示的时序电路，画出状态图。

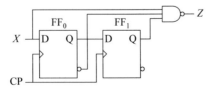

图 6.67　习题 6.6 的图

6.7　试分析图 6.68 所示电路。

（1）写出它的驱动方程、状态方程；

（2）画出电路状态表和状态图。

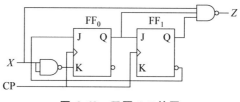

图 6.68　习题 6.7 的图

6.8　试画出图 6.69(a)所示时序电路的状态转换图，并画出对应于 CP 的 Q_1、Q_0 和输出 Z 的波形。设电路的初始状态为 00。

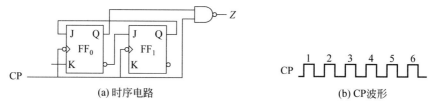

(a)时序电路　　　　　　　　(b) CP波形

图 6.69　习题 6.8 的图

6.9　试分析图 6.70 所示电路。

（1）写出电路的驱动方程、状态方程；

（2）画出电路的状态表、状态图；

（3）说明电路的逻辑功能。

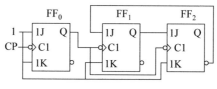

图 6.70　习题 6.9 的图

6.10　分析图 6.71 所示时序电路。

写出各触发器驱动方程和 CP 信号的方程；写出电路的状态方程和输出方程；画出状态表及状态图；画出电路的时序图；说明电路的逻辑功能。

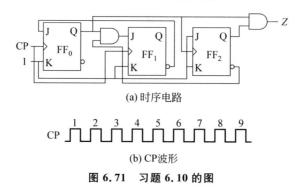

(a)时序电路

(b) CP波形

图 6.71　习题 6.10 的图

6.11　试分析图 6.72 所示电路。

(1) 写出电路的驱动方程、状态方程；

(2) 画出电路状态表和状态图；

(3) 画出对应于 CP 的 Q_3、Q_2、Q_1、Q_0 波形，设电路的初始状态为 0000；

(4) 说明电路的逻辑功能。

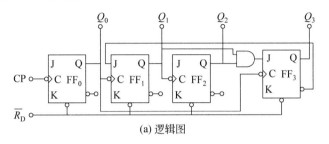

(a) 逻辑图

(b) CP 波形

图 6.72　习题 6.11 的图

6.12　图 6.73 为同步时序电路的编码状态图，写出用 D 触发器设计此电路时的最简驱动方程。

6.13　试用 JK 触发器设计一个串行数据检测电路，当连续输入 3 个或 3 个以上 1 时，电路的输出为 1，其他情况下输出为 0。

例如：输入 X　　101100111011110

　　　　输出 Y　　000000001000110

6.14　用 JK 触发器设计一个同步七进制加法计数器。

6.15　用 D 触发器设计一个同步十二进制减法计数器。

6.16　设图 6.74 中移位寄存器保存的原始信息为 1110，试问下一个时钟脉冲后，它保存什么样的信息？多少个时钟脉冲后，信息循环一周？

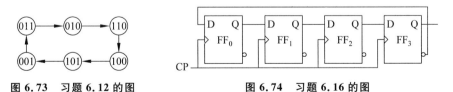

图 6.73　习题 6.12 的图　　　　　图 6.74　习题 6.16 的图

6.17　若用同步 RS 触发器组成移位寄存器，能否正常工作？会产生什么现象？

6.18　试作图，怎样用两片集成移位寄存器 74LS194 连成 8 位右移寄存器？

6.19   试作图，用两片 74LS194 构成 8 位双向移位寄存器。

6.20   试问图 6.75 所示电路的记数长度 N 是多少？能自启动吗？

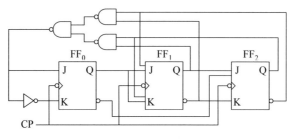

图 6.75   习题 6.20 的图

6.21   试用集成计数器 74LS161 构成十一进制计数器 (1)用清零法，(2)置数法，其中 $DCBA=0011$。

6.22   分析图 6.76(a)、(b)所示电路的逻辑功能，并画出状态转换图。若输入脉冲 CLK 的频率为 360kHz，则求 RCO 输出频率。

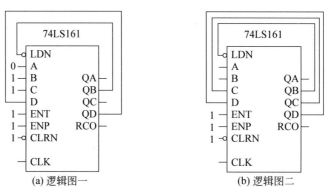

图 6.76   习题 6.22 的图

6.23   分析图 6.77 所示计数器电路，说明是多少进制计数器，画出状态转换图。

6.24   图 6.78 所示是可变进制计数器，试分析当控制 A 为 1 和 0 时，各为几进制计数器，列出状态转换图。

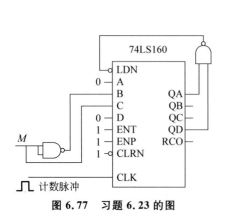

图 6.77   习题 6.23 的图

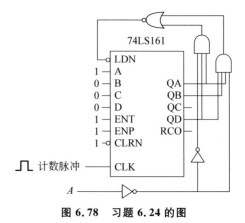

图 6.78   习题 6.24 的图

6.25 试用两片集成计数器 74LS161 构成同步二十四进制计数器,要求采用两种不同的方法。

6.26 分析图 6.79(a)～(d)所示电路,74LS290 构成几进制计数器。

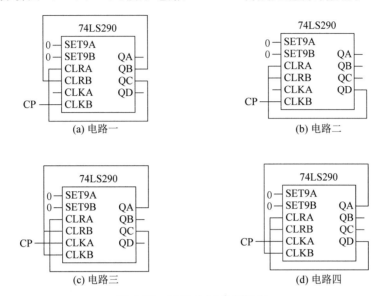

图 6.79 习题 6.26 的逻辑图

6.27 试用两片集成计数器 74LS290 构成五十进制计数器。

6.28 用 74LS160 芯片设计一个序列信号发生器电路,使其在 CLK 信号作用下能周期性的输出"1100010101"序列信号。

第7章

时序电路的自动化设计与分析

第 6 章中所介绍的时序电路的传统设计方法是存在缺陷的。例如,对于时序电路设计,传统技术只考虑纯逻辑的实现,至于如何优化设计结构,如何检测设计电路速度、可靠性,以及如何评估电路的可行性等都无从实现,因此完全无法直接适用于现代高速数字电路系统的设计。

本章将介绍基于现代数字设计技术的针对时序电路的自动设计与仿真测试方法。其实,用自动设计技术来完成时序逻辑电路的设计,所涉及的主要理论模型、基本电路模块、技术流程、软件使用方法等都在组合电路的学习中讨论过。本章只是通过所给的不同设计示例,展示基于 Quartus Ⅱ 的时序逻辑电路的完整设计方法,从而使读者能摆脱传统数字技术中不良的思维方式,快速掌握对不同功能和不同逻辑规模的实用时序逻辑电路的自动化设计技术。

7.1 深入了解时序逻辑电路性能

基于传统的数字技术来对时序逻辑电路进行设计和分析是十分粗糙和浅层次的,对于稍高要求的设计和实际应用总是显得无能为力。本节将通过在第 6 章中曾多次出现的基于 74LS161 的不同计数器设计示例,进一步展示和说明传统数字技术存在的问题,以及掌握现代自动化数字技术的重要性和基本技术。读者应该重点关注这些示例给出的一些硬件设计细节,总结时序逻辑电路的自动设计经验。

7.1.1 基于 74LS161 宏模块的计数器设计

利用传统数字技术,使用诸如 74LS161 等专用模块构成不同类型的计数器,在第 6 章中已有介绍,但鉴于传统数字技术的局限性,此类计数器存在许多问题,无法进行深入探讨;实际上,传统数字技术面对的几乎所有时序逻辑电路中隐含的许多问题都无法深入探讨乃至解决。本节试图通过基于自动设计技术实现的由 74LS161 模块构建的不同类型的计数器示例,更深入地揭示传统数字设计中存在的问题,以及如何利用自动化设计技术来解决这些问题。以下以十二进制计数器设计为例,给出相关分析和说明。

利用 74LS161 实现十二进制计数器有多种途径,电路结构和设计方法可参考第 6

章,基于 Quartus Ⅱ 的设计流程可参考第 4 章。为了能设计一个可靠实用的计数器,需首先设计一个测试电路,测试其进位控制电路的控制情况(见图 7.1)。

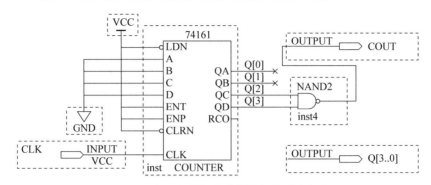

图 7.1　十二进制加法计数器进位测试电路

首先要了解宏模块 74161 的性能。根据 MACROFUNCTIONS,可以查到此模块的真值表。74161 是一个具有 4 位同步加载和异步清零功能的加法计数器。图 7.1 电路中的与非门可构成一个进位控制电路。当最高的两位都为 1 时,此门输出的负脉冲将能用于控制 74161 的清零端。

图 7.1 所示电路的时序仿真波形如图 7.2 所示。从进位(即与非门)输出 COUT 的波形可以看出,当计数值为 C、D、E、F 时输出都为 0,表示满足设计要求,因为可以用这个脉冲去控制清零端,从而得到十二进制的计数器功能。

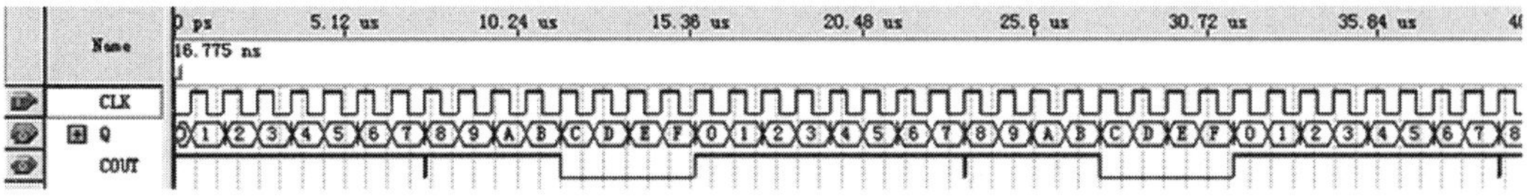

图 7.2　图 7.1 电路的时序仿真波形(基于 Cyclone 系列 FPGA EP1C3T144C8)

不过应该注意,在图 7.2 的 COUT 波形中有个窄脉冲,是竞争冒险现象,是 74161 在由计数 7 向计数 8 转换时最高两位的输出速度不一致造成的。如果这个毛刺脉冲足够宽,超过了 74161 的异步清零端有效响应时间,则一定会影响十二进制计数器的正常计数。因为这个毛刺可能在计数到 8 时,提前作用于清零端,使其成了一个八进制计数器。因为此 74161 的清零端是一个异步清零端(与时钟没有关系),它不在于此毛刺出现的时间和时序位置,只要足够宽,都能发生作用。

另一方面,如果这个毛刺脉冲即使在当前不足以造成影响,但也不能保证在外部条件变化(如温度、电磁干扰等)时,诱发此脉冲对清零端的影响,导致电路成为一个不可靠的十二进制计数器。显然,对于这些问题,第 6 章给出的传统数字分析技术是无法发现的,更无从解决。

那么,为什么偏偏在计数 7 到 8 时会出现毛刺呢?原因很多,但现在主要因为 7 是 0111,而 8 是 1000,当 7 转为 8 时,逻辑的变化最大,是个纯取反操作,因此比其他数据的变换逻辑耗用的逻辑门资源更多,从而造成各位的延迟增大。

进一步考察发现,将与非门的输出与74161的清零端相接后(见图7.3),并未构成希望的计数器。此电路的时序仿真波形如图7.4所示。波形表明,这个理论上的十二位计数器竟然变成了一个八进制计数器! 显然,这是毛刺造成的。在实验中可以将图7.3所示的电路实现于FPGA器件,如EP1C3T144C8等器件中,在更加真实的硬件环境中来验证图7.3电路的计数结果。实验结果将再次证实,硬件测试结果与图7.4的波形显示相同。

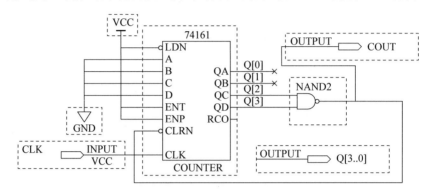

图7.3 将进位输出与清零端相接,构成指定进制计数器

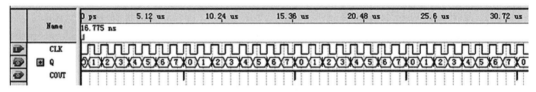

图7.4 图7.3电路的时序仿真波形

那么是否能够将进位输出接到74161的加载控制端LDN来避开毛刺呢? 因为LDN是同步加载端,只要毛刺不在计数时钟的上升沿,必定不会影响正常计数。但不幸的是,根据图7.4的波形,此脉冲恰好在7向8转换的计数脉冲的上升沿处! 因此只有通过其他方式来避免此干扰毛刺。

7.1.2 进位控制电路改进

改进电路如图7.5所示。改为一个4输入的与非门,两个低位分别用反相器输入。其时序仿真波形如图7.6所示。波形显示,毛刺已被除去,直到计数到C时的一瞬间出现一个脉冲,从而表明其计数范围是$0 \sim B$,是个标准的十二进制计数器。无疑,此时COUT信号能很好地控制清零端CLRN,使电路构成一个可靠的十二进制计数器。

但应注意,这种方法并非总是可行的,因为对于不同的设计要求、不同的硬件延时特性,实际情况将复杂得多,应该具体问题具体对待。当然,如果选用高速FPGA,如EP3C10,将是最佳方案。这时,即使图7.3的电路仍能实现图7.6所示的可靠的时序波形。这是因为在高速FPGA中,计数器内加法器的每一位的计算和数据传输的高速特性好得多,这意味着,信号传输延时小得多,即使有毛刺产生,宽度也非常窄,很容易被通道上的分布电容旁路掉。

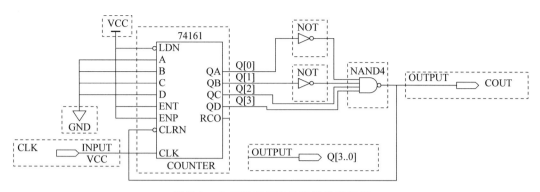

图 7.5　十二进制加法计数器改进电路

图 7.6　图 7.5 电路的时序仿真波形

7.1.3　通过控制同步加载构建计数器

图 7.7 是将同样的 COUT 信号接于 74161 的同步加载端 LDN 的电路。由于 LDN 是同步加载端,所以从此电路的时序仿真波形图(见图 7.8)可见,得到的并非是十二进制计数器,而是十三进制计数器。只要适当改变 74161 右侧的进位比较器电路就能得到十二进制计数器功能。与以上控制异步清零的计数器相比,控制同步加载方式的计数器的优势是,毛刺不容易影响控制,这是由于加载端 LDN 对进位信号的响应是与时钟同步的,这种对时钟响应的延时可以很容易地避开毛刺,因为毛刺落后于 LDN 的响应时刻。

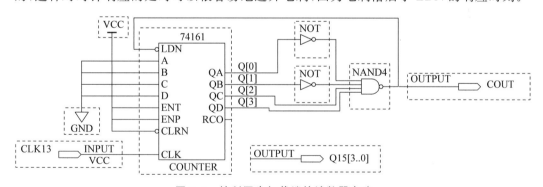

图 7.7　控制同步加载端的计数器电路

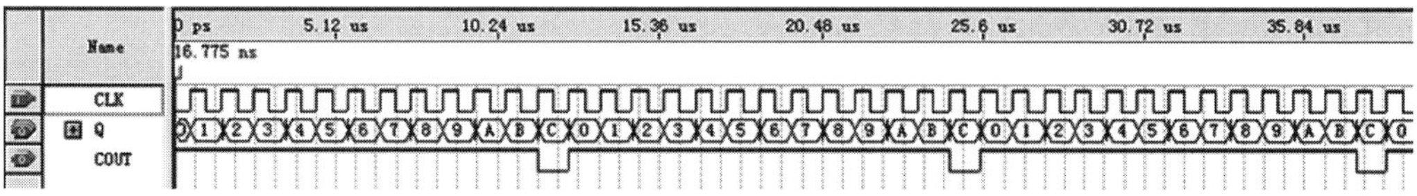

图 7.8　图 7.7 电路的时序仿真波形

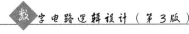

从以上的讨论可以看出，如果只使用传统的设计方法，只考虑电路的逻辑实现，而忽视电路中真实存在的延时现象，忽视控制竞争冒险的电路设计，则绝不可能设计出实用可靠的时序逻辑电路来，以下的示例将进一步证实这一事实。

7.1.4　利用预置数据控制计数器进位

也可以利用74161的数据预置功能来构成其他类型的十二进制，乃至十六进制以内的任意进制计数器。图7.9的电路连接方式可以实现这一目标。图7.9中，74161的RCO是进位输出。从图7.10的仿真波形可以看出，每当计数输出为 F（1111）时，即输出进位脉冲。当这个进位信号引入加载端 LDN 时，由于 LDN 是同步控制的，而 RCO（COUT）在出现进位脉冲期间，只要含有时钟上升沿，就能将 $A[3..0]$ 的数据加载于计数器内。此后，计数器将在此加载数据基础上进行加法计数。从图7.10可见，计数的初期，即在第一个进位脉冲出现前，74161 按普通二进制计数器的计数方式从 0 开始计到F。此后将通过加载数据输入口 $D \sim A$，把数据 $A[3..0]$ 加载于计数器中。

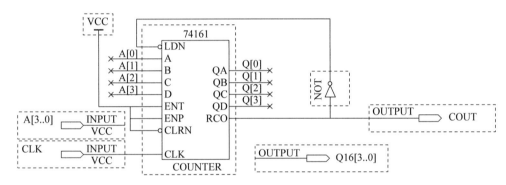

图 7.9　利用 74161 的数据预置口构成的计数器

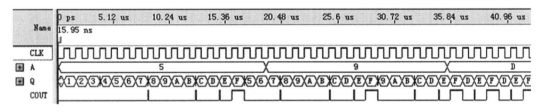

图 7.10　图 7.9 的时序仿真波形（基于 ACFX 系列 EP1K30TC144-3 的时序仿真）

以图7.10中被加载9后的计数情况为例，当被加载了 $A[3..0]=9$ 后，计数器的计数值将在9、A、B、C、D、E、F 九个计数值中循环，从而成为一个 $16-9=7$ 进制计数器。显然，被加载的数值 $A[3..0]$ 将控制计数器的计数模。对于此类可预置型 N 位二进制计数器，其计数进制是 (2^N-D)，D 是项置数。在图7.9中，$D=A[3..0]$。

其实这种计数特性的电路本身构成了一种可控的分频器，其分频关系是：$f_{cout}=f_{clk}/(2^N-D)$，其中 f_{cout} 是计数器的进位输出信号的频率，f_{clk} 是时钟频率。如图7.9所示，被加载的数据固定为9，则此计数器成为一个七进制计数器，同时也是一个 7 分频的分频器，$f_{cout}=f_{clk}/7$。

注意,图 7.10 的进位信号中有许多毛刺,尽管控制端是时钟同步控制端 LDN,但并没有发生提前预置的现象。但毛刺毕竟不是好现象,最好设法除去。

如前所述,使用高速 FPGA 可以解决这些问题。图 7.11 是基于 EP1C3T144C8 综合仿真的波形,已经去除了部分毛刺;图 7.12 是基于更高速的 FPGA 的相同电路,即 EP3C10E144C8 综合的仿真波形,显然已经去除了所有的毛刺。

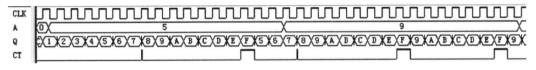

图 7.11 图 7.9 的时序仿真波形(基于 Cyclone 系列 EP1C3T144C8)

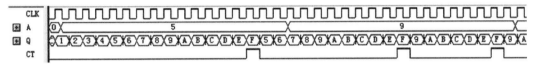

图 7.12 图 7.9 的时序仿真波形(基于 Cyclone Ⅲ 系列 EP3C10E144C8)

图 7.13 给出了另一种解决方案,即在预置控制信号通道上插一个 D 触发器和反相器,使进位信号导致的预置信号延时半个时钟,从而避开了所有的毛刺(见图 7.14)。

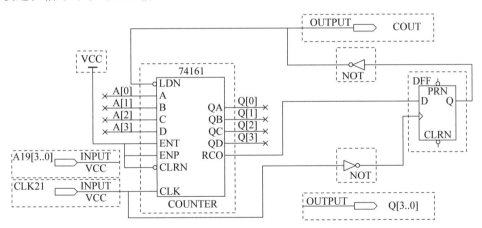

图 7.13 利用 74161 的数据预置口构成的计数器

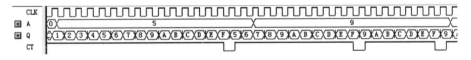

图 7.14 图 7.13 的时序仿真波形(EP1C3T144C8)

事实上,本节中介绍的计数器设计电路(包括以下部分电路)多数情况没确多少实用价值,通常现代时序逻辑电路的设计主要是利用 HDL 直接表述和设计的。本节的目的只是通过不同类型的电路设计,给出一些有普适意义的设计技术和设计经验。

7.2　计数器的自动化设计方案

7.2.1　基于一般模型的十进制计数器设计

图 7.15 是十进制计数器电路原理图。其中的元件 DFF4 是由 4 个 D 触发器构成的 4 位锁存器；CNT10 模块是基于广义译码器真值表的 case 语句程序构成的元件，其 Verilog 程序表述如图 7.16 所示。图 7.17 是对应的十六进制计数器 Verilog 程序的 case 语句数据。

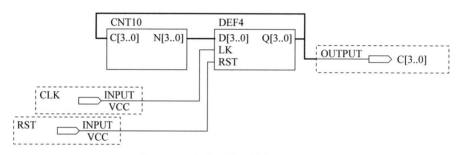

图 7.15　十进制计数器电路原理图

```
1  module CNT10 ( C,N );
2      input [3:0] C ;
3      output [3:0] N ;
4      reg [3:0] N;
5  always @ (C,N)
6  case( C )
7  4'b0000 : N<=4'b0001;
8  4'b0001 : N<=4'b0010;
9  4'b0010 : N<=4'b0011;
10 4'b0011 : N<=4'b0100;
11 4'b0100 : N<=4'b0101;
12 4'b0101 : N<=4'b0110;
13 4'b0110 : N<=4'b0111;
14 4'b0111 : N<=4'b1000;
15 4'b1000 : N<=4'b1001;
16 4'b1001 : N<=4'b0000;
17 default : N<=4'b0000;
18 endcase
19 endmodule
```

图 7.16　元件 CNT10 的程序

从此程序及图 7.15 的电路可知，当 C 为 1001，即 9 时（这时输出 C[3..0]=1001），CLK 的下一时钟信号后，计数输出将回到初值：0000。显然，这是一个十进制计数器。在 Quartus Ⅱ 上编译后，如果没有错，可以得到如图 7.18 所示的计数器资源利用报告。报告中总逻辑宏单元的占用数是 4 个，触发器占用 4 个。图 7.19 是此计数器的时序仿真波形。波形表明，其计数值范围是 0~9；RST 负脉冲复位。

```
case( C )
    4'b0000 : N<=4'b0001 ;
    4'b0001 : N<=4'b0010 ;
    4'b0010 : N<=4'b0011 ;
    4'b0011 : N<=4'b0100 ;
    4'b0100 : N<=4'b0101 ;
    4'b0101 : N<=4'b0110 ;
    4'b0110 : N<=4'b0111 ;
    4'b0111 : N<=4'b1000 ;
    4'b1000 : N<=4'b1001 ;
    4'b1001 : N<=4'b1010 ;
    4'b1010 : N<=4'b1011 ;
    4'b1011 : N<=4'b1100 ;
    4'b1100 : N<=4'b1101 ;
    4'b1101 : N<=4'b1110 ;
    4'b1110 : N<=4'b1111 ;
    4'b1111 : N<=4'b0000 ;
    default : N<=4'b0000 ;
```

Family	Cyclone III
Device	EP3C10E144C8
Timing Models	Final
Met timing requirements	N/A
Total logic elements	4 / 10,320 (< 1 %)
Total combinational functions	4 / 10,320 (< 1 %)
Dedicated logic registers	4 / 10,320 (< 1 %)
Total registers	4
Total pins	6 / 95 (6 %)
Total virtual pins	0
Total memory bits	0 / 423,936 (0 %)

图 7.17　十六进制程序表述　　　　图 7.18　计数器资源使用报告

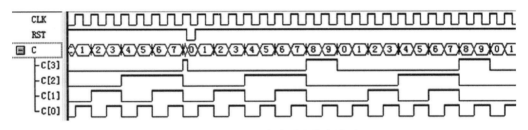

图 7.19　图 7.15 电路时序仿真波形

图 7.20 是图 7.19 波形的展开情况。通过图 7.20 可以了解到此计数器的延时情况。图中,时钟信号 CLK 的上升沿处于 7.500 085μs 处,而响应此时钟的计数值 8,直到 7.507 091μs 处才出现。即这时,原来的计数输出 7 才转变为 8。而在 7 与 8 转变处,4 位二进制数据 $C[3..0]$ 的变化时间并不一致,这显然是由于每一数据位通过的门电路的延时时间不同造成的。它们从 7 变到 8 之间经过了其他数据的快速变化,因此在这里容易产生毛刺脉冲(当然其他地方也会不同程度地出现毛刺现象)。

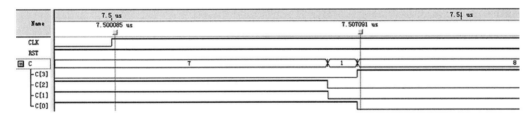

图 7.20　观察仿真波形的延时情况

7.2.2　含自启动电路的十进制计数器设计

实际上,只要根据图 7.17 的形式,改变图 7.16"译码器真值表"的数据转换方向,就能实现 16 以内的任意进制计数器的设计。

第 6 章已经告诉我们，在实用计数器的设计中，除了保证电路能正确计数外，还必须保证它的自启动性能。显然，图 7.16 的程序是无法确保自启动的，因为它没有考虑一旦计数器的计数值进入到 10～15 时电路该如何操作。为此必须进行改进。图 7.21 是对图 7.16 程序中"真值表"数据的改进方法之一，方法简单而直观。这种改进方式确能解决计数器的自启动问题。此程序的特点是，一旦进入 1010 至 1111 这 6 个非法计数值中任何一个值时，经过数个时钟后，最终都将进入计数初值 0000。

```
case( C )
4'b0000 : N<=4'b0001 ;
4'b0001 : N<=4'b0010 ;
4'b0010 : N<=4'b0011 ;
4'b0011 : N<=4'b0100 ;
4'b0100 : N<=4'b0101 ;
4'b0101 : N<=4'b0110 ;
4'b0110 : N<=4'b0111 ;
4'b0111 : N<=4'b1000 ;
4'b1000 : N<=4'b1001 ;
4'b1001 : N<=4'b0000 ;

4'b1010 : N<=4'b0000 ;
4'b1011 : N<=4'b1010 ;
4'b1100 : N<=4'b1011 ;
4'b1101 : N<=4'b1100 ;
4'b1110 : N<=4'b1101 ;
4'b1111 : N<=4'b1110 ;
```

相比之下，具有自启动功能的计数器的可靠性高，抗干扰能力强。因为如果遇到强电磁干扰，计数器即使在正常计数情况下，也有可能被干扰而导致触发器翻转，从而进入非法计数值。这时如果有如图 7.21 所示程序对应的电路安排，就能很快进入正常计数循环。

图 7.21　可自启动的"真值表"

7.2.3　任意进制异步控制型计数器设计

与 7.2 节给出的计数器设计方法不同，图 7.22 所示的 $N(N \leq 16)$ 进制计数器中，译码器 CNT4BIT（case 语句表述如图 7.17 所示）与 4 位锁存器 DFF4 构成一个 4 位二进制计数器，比较器模块 COMP2 决定 N 进制的具体数值。如果是十二进制，其 case 语句表示如图 7.23 所示。这时，其综合后的逻辑电路一定与图 7.7 右侧的门电路相同，因为工作原理相同。

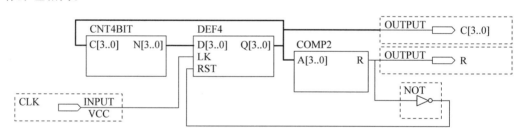

图 7.22　另一种形式的计数器电路结构

```
module COMP2 (A,R);
  input [3:0] A ;
  output R; reg R;
always @ (A,R)
  case( A )
  4'b1100 : R<=1'b1;
  default : R<=1'b0;
  endcase
endmodule
```

图 7.23　COMP2 程序

图 7.22 电路的时序仿真波形如图 7.24 所示。由图可见，其计数范围是 0～B。因为 COMP2 的输出控制了计数器的异步清零端，因此在计数到达 1100 时的一瞬间，

COMP2 的输出就将元件 DFF4 清零了,从而使计数器复位。注意,RST 是低电平复位。

图 7.24　图 7.22 电路的时序仿真波形

7.2.4　4 位同步自动预置型计数器设计

与其他类型的计数器相比,计数值可预置型计数器的适用面更宽。前面介绍的 74161 就是一个同步可预置型的标准功能计数器。本节介绍的计数器功能与 74161 类似,只是主要使用了计数器一般模型的概念来设计的。

在图 7.25 所示的同步可预置型计数器模型中,此计数器的元件 CNT4BIT 和 DEF4 与图 7.22 电路中的元件相同。所不同的是,计算值比较电路 COMP2 被一个 4 输入与门 AND4 所代替,此门的作用是进位控制电路,即当计数值为 1111 时,输出一个高电平进位信号,它控制多路选择器 MUX4 的数据通道选择信号 S。MUX4 真值表的 case 语句表述如图 7.26 所示,也是一个广义译码器真值表的表述。

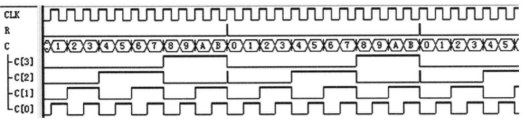

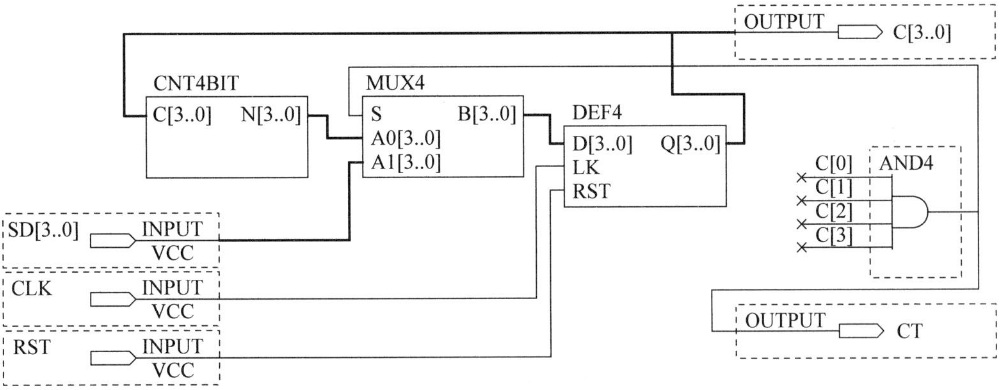

图 7.25　4 位同步可预置式 N 进制计数器

由图 7.25 和 MUX4 的结构可以了解到,当计数器尚未计到 1111 时,$S=0$,此计数器处于正常计数操作,即 CNT4BIT 的输出通过 MUX4,进入 DEF4 的输入端;此后随着时钟的连续出现,进行正常的累加计数。

但一旦当计数器计到 1111 时,则 $S=1$,外部输入的预置值 SD[3..0] 将通过 MUX4 的 A1 口,进入 DEF4 的输入端 D[3..0],若此时 CLK 出现了一个上

```
module MUX4 ( S, A0, A1, B );
   input S ; input [3:0] A0,A1;
   output [3:0] B ;
   reg [3:0] B;
   always @ (S,A0,A1,B)
   case( S )
     1'b1 : B<=A1 ;
     1'b0 : B<=A0 ;
   default : B<=4'b0000 ;
   endcase
endmodule
```

图 7.26　元件 MUX4 的描述

升沿,则预置数据 SD[3..0] 被 DEF4 锁存。此后,如果预置数 SD[3..0] 不改变,则计数器将从 SD[3..0] 开始累加计数,且计满后仍从此数开始累加。

控制 SD[3..0] 就能控制计数进制;对于 $N=4$ 位的计数器,计数进程与 74161 一样,都是 (2^N-D),D 是预置数。

从图 7.27 的波形能清楚地看到此计数器的工作过程。例如,当预置值为 A(1010) 时,是一个六进制计数器,但计数值在 A、B、C、D、E、F 间循环。

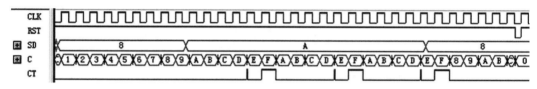

图 7.27   图 7.25 电路的时序仿真波形（目标器件是 Cyclone 系列 EP1C3T144C8）

从图 7.27 的波形还能看出,这是一个不可靠的计数器,因为预置数加载控制的进位信号 CT 有毛刺脉冲,且此毛刺出现在时钟上升沿处。因此在某些环境条件下有可能对 MUX4 造成误操作,即提前预置。为此必须设法去除此不良因素。

从图 7.27 可知,毛刺总是出现在时钟的上升沿处,如果利用 CLK 的下降沿锁存 CT 信号,就一定能除去此毛刺。为此将图 7.25 的电路改进为如图 7.28 所示的电路即可。

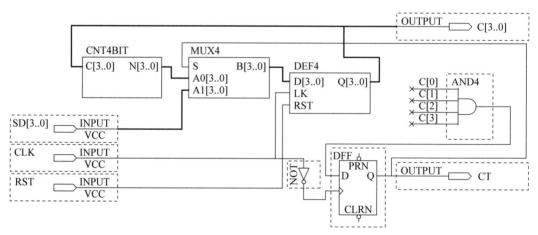

图 7.28   去除了用于数据加载的进位信号毛刺的计数器电路

图 7.29 的时序仿真波形证实了图 7.28 电路的正确性。此例表明,利用触发器或锁存器的延时特性克服电路的冒险竞争现象是个好方法。

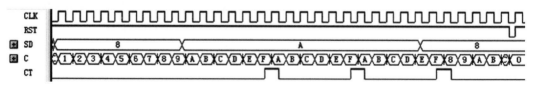

图 7.29   图 7.28 电路的时序仿真波形（注意延时了半个时钟）

当然将图 7.25 的电路实现于高速 FPGA 中,即可直接去除 CT 信号的毛刺。图 7.30 的时序波形是图 7.25 电路针对 Cyclone Ⅲ系列 EP3C10E144C8 综合与仿真的结果。

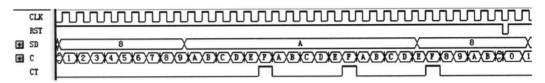

图 7.30 图 7.25 电路的时序仿真波形(目标器件是 Cyclone Ⅲ系列 EP3C10E144C8)

与 74161 一样,可预置型计数器同样可以用做分频比率可数控的分频器,稍加改进就能提高图 7.25 电路的位数,使其更具有实用性。

7.2.5 基于 LPM 宏模块的计数器设计

本节将介绍利用现成的 LPM 宏模块实现计数器设计的流程与方法,并由此引出基于 LPM 模块的许多其他实用数字系统的自动设计技术。利用宏模块实现高质高效数字系统设计是数字系统自动设计技术的重要组成部分。

LPM 是 Library of Parameterized Modules(参数可设置模块库)的缩写,Altera 提供的可参数化宏模块和 LPM 函数均基于 Altera 器件的结构做了优化设计。在许多设计中,必须利用宏模块才可以使用一些 FPGA 器件中特定模块的硬件功能。例如各类片上存储器、DSP 模块、LVDS 驱动器、嵌入式锁相环(PLL)模块等。这些可以以原理图图形模块或 HDL 硬件描述语言模块形式方便地调用的宏功能块,使得基于电子设计自动化技术的效率和可靠性有了很大的提高。设计者可以根据实际电路的设计需要,选择 LPM 库中的适当模块,并为其设定适当的参数,以便满足自己的设计需要,从而在自己的项目中十分方便地调用优秀的电子工程技术人员的硬件设计成果。LPM 功能模块内容丰富,每模块的功能、参数含义、使用力法等都可以在 Quartus Ⅱ 的 Help 中查阅到,即选择 Help 菜单中的 Megafunctions/LPM 选项。

本节具体介绍 LPM 计数器 LPN-COUNTER 的调用和测试流程,并给出 MegaWizard Plug-In Manager 管理器对宏模块的一般使用方法。对于之后介绍的其他模块的应用则主要介绍调用方法上的不同之处和不同特性的仿真测试方法。

LPM 模块的调用和参数设置步骤如下:

(1) 打开宏功能块调用管理器。首先创建一个原理图工程(例如,取此工程名为 CNT4BIT)。进入原理图编辑窗,单击此编辑窗内任意一点,将弹出一个逻辑电路器件输入对话框。单击左下侧的 MegaWizard Plug-In Manager 按钮,打开如图 7.31 所示的对话框,选中 Create a new custom megafunction variation 单选按钮,即定制一个新的模块。如果要修改一个已编辑好的 LPM 模块,则选中 Edit an existing custom megafunction variation 单选按钮。

单击 Next 按钮,单击算术项 Arithmetic 后,打开如图 7.32 所示的对话框,可以看到左栏中有各类功能的 LPM 模块选项目录。选择计数器 LPM-COUNTER;再于图 7.32 的右上边选择 Cyclone Ⅱ器件系列和 Verilog HDL 语言方式,最后输入此模块文件存放

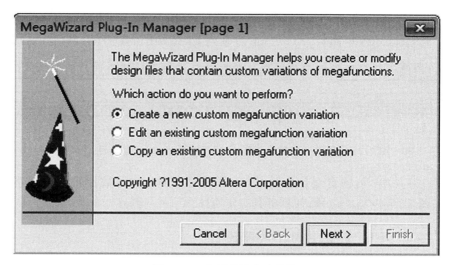

图 7.31　定制新的宏功能块

的路径和文件名，如 D:\LPM MD\CNT4BIT。

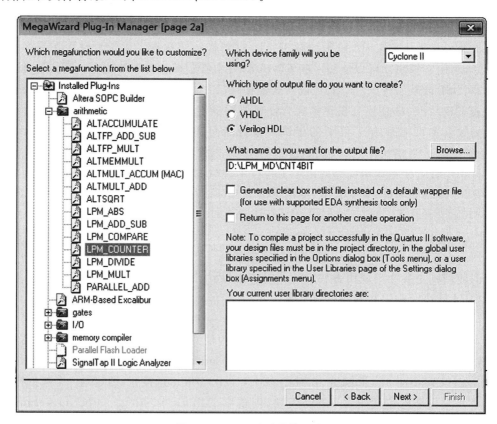

图 7.32　LPM 宏功能块设定

（2）单击 Next 按钮后打开如图 7.33 所示的对话框。删除对话框中选择 4 位计数器，选择 Create an updown input，使计数器有加减控制功能。

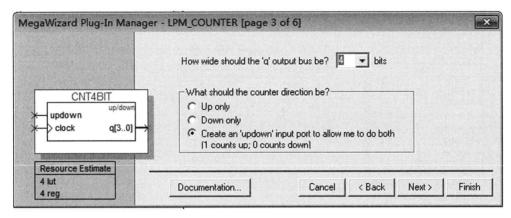

图 7.33　设定 4 位可加减计数器

（3）再单击 Next 按钮，打开如图 7.34 所示的对话框。在此若选择 Plain binary，则表示是普通二进制计数器；现在选择"Modulus... 12"单选按钮，即模 12 计数器，从 0 计到 11。然后选择时钟使能控制 Clock Enable 和进位输出 Carry-out。

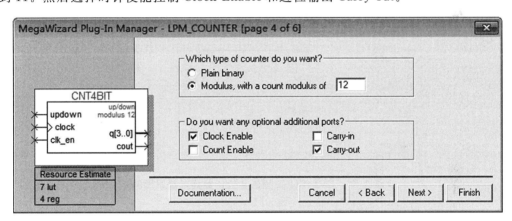

图 7.34　设定计数器（含时钟使能和进位输出）

（4）单击 Next 按钮，打开如图 7.35 所示的对话框。在此选择 4 位数据加载控制 Load 和异步清零控制 Clear。再单击 Next 按钮后结束设置。

以上流程设置生成了 LMP 计数器的 Verilog 文件 CNT4BIT.v，可被高一层次的设计作为计数器元件调用。

完成以上操作后将此 LPM 模块调入原理图编辑窗口，连接好引脚，则计数器电路如图 7.36 所示。图 7.37 是其仿真波形，从波形中可以了解此计数器模块的功能和性能。注意第 1 个 SLD 高电平加载脉冲后，将 DIN 的 8 加载进计数器，而第 2 个 SLD 加载信号在没有 CLK 上升沿处发生时，无法进行加载，显然 SLD 是同步控制信号。根据此波形图，详细讨论此计数器的功能的任务请读者自行完成。

其他的 LPM 元件的参数、功能设置和调用方法也类同，读者不妨多做些练习。

226

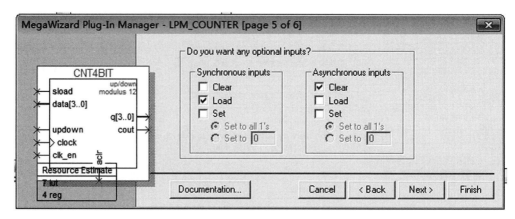

图 7.35 加入 4 位并行数据预置功能

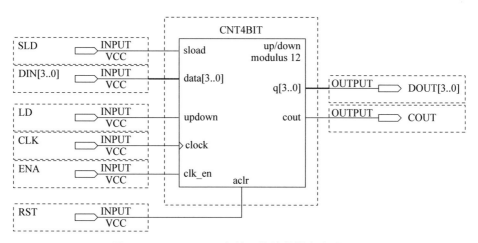

图 7.36 CNT4BIT 工程的 4 位计数器电路原理图

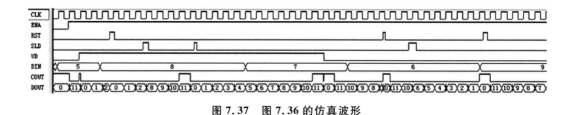

图 7.37 图 7.36 的仿真波形

7.3 有限状态机设计与应用

7.3.1 有限状态机概述

从前面时序电路的学习我们了解到,时序逻辑电路实际表示的是有限个状态以及状态之间的转换,将这种表示称为有限状态机。下面举一个自动饮料售卖机的工作过程案例。

　　首先定义几个状态：未投入,已投 0.5 元,已投 1 元,已投 1.5 元,已投 2 元。比如有一种状态的转移情况是,先投入 0.5 元变成已投入 0.5 元的状态,再投入 0.5 元变成已投入 1 元的状态,再投入 1 元变成已投入 2 元的状态,点一下可乐,"哐当"罐子砸下来了,状态变回未投入状态。

　　总结上面的例子,得出：有限种已确定的状态(已投入多少钱),根据不确定的输入(每次投面值不同的钱),在这几种状态中来回转换。从这个意义上来说,自动饮料售卖机就是一个有限状态机。实际上前述的计数器是有限状态机的一种特殊形式而已。

1. 组成及分类

　　有限状态机由寄存器和组合电路组成,其中寄存器存储状态,组合逻辑电路用于状态译码并产生输出信号。如图 7.38 所示,寄存器接收的是时钟信号和复位信号,存储的现态在时钟的作用下变为次态。组合电路接收的是输入信号和现态,在现态和输入信号的作用下产生次态的输出信号。reset 复位有同步复位和异步复位,确保有限状态机开始工作时就处于有效状态。

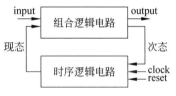

图 7.38　有限状态机的机构图

2. 设计步骤

　　采用传统的方法设计同步时序逻辑电路要经过 7 个步骤,而利用有限状态机则要简化许多。

　　1) 逻辑抽象,画出原始状态转换图

　　根据电路设计要求的文字描述,进行逻辑抽象,确定电路输入信号、输出信号以及电路的状态数。确定输入、输出、状态含义,并按逻辑关系对状态进行顺序编号,用状态图或状态表描述。

　　2) 状态化简

　　在状态转换图中,如果有两个状态在相同的输入下将转换到同一个状态,并且输出相同,则称这两个状态为等价状态。等价状态是重复的,可以消去一个。电路的状态数越少,存储电路中触发器也就越少。

　　3) 状态编码

　　通常有很多编码方法,编码方案选择得当,设计综合的电路就简单。编码常用的有顺序编码、格雷编码和一位热码编码等。

　　4) 用 Verilog HDL 来描述有限状态机,用 EDA 工具进行仿真

7.3.2　步进电机控制电路设计

　　前面已经提到普通计数器是状态机的特殊形式,因此在时序电路中,对状态机的研究和应用更具有一般性,因此也更重要。本节将通过数个具有实用意义的时序电路设计示例展示面向不同应用角度的有限状态机的功能特点和设计方法。

1. 步进电机原理简介

步进电机作为一种电脉冲至角位移的转换与元件，具有价格低廉、易于控制、无积累误差和计算机接口方便等优点，在机械、仪表、工业控制等领域中获得了广泛的应用。采用 PLD 控制步进电机十分常用和方便。利用 FPGA 能同步产生多路控制脉冲，可对多相多个步进电机进行灵活的控制。

步进电机的控制驱动是靠给步进电机的各项励磁绕组轮流通上电流，实现步进电机内部磁场合成方向的变化来使步进电机转动的。设步进电机有 A、B、C、D 四相励磁绕组，如图 7.39 所示。设同时有 4 个如图 7.40 所示的控制脉冲进入步进电机，使之产生旋转磁场，其中每两相产生一个合成磁场，为步进电机中提供旋转动力；当给步进电机的 A、B、C、D 四相轮流通电时，其内部磁场变化一周（360°）时，电机的转子转过一个齿距。

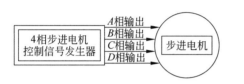

图 7.39 步进电机控制模型

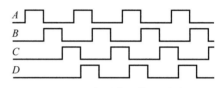

图 7.40 步进电机控制时序

现在的问题就是设计一个时序电路能同步生成如图 7.40 的阶梯状脉冲信号。当脉冲信号如图 7.40 中那样，以 A 相最先出现，其他各相依次出现，就能使电机向一个方向连续旋转；反之则向反向旋转。

2. 步进电机单向旋转控制电路设计

图 7.41 是根据状态机模型构成的单向旋转控制电路，其中 MOTL 模块的程序如图 7.43 所示。程序中的现态码变量 $A[1..0]$，此态码变量 $B[1..0]$，以及电路中由两个 D 触发器构成的锁存器模块 DFF2（内部电路如图 7.42 所示）实现了一个 4 状态的状态机。它的状态转换图如图 7.44 所示。从图 7.43 的程序可以看出，在 4 个状态的任一状态中，恰好同步生成对步进电机输出的一个相的控制电平 $M[3..0]$，其高电平依次向高位步进。例如在状态 00 时，输出 $M[3..0]=0001$；在状态 01 时，输出 $M[3..0]=0010$，……

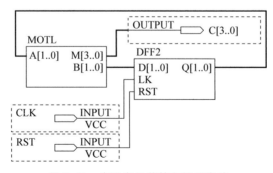

图 7.41 步进电机单转向控制电路

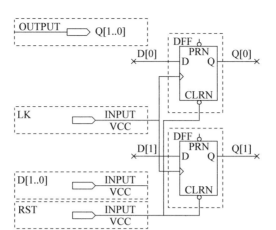

图 7.42 DFF2 电路图

另外考虑到对应此 4 个编码的 4 个状态是 2 位的,不可能再有其他非法状态码出现,因此此状态机的自启动性以及抗干扰性能都会是良好的。

图 7.41 电路的时序仿真波形如图 7.45 所示。根据四相步进电机驱动信号(见图 7.40),图 7.45 给出的控制电平完全能对步进电机进行旋转控制。

```
1    module MOTL ( A,M,B );
2       input [1:0] A ; output [3:0] M ; output [1:0] B ;
3          reg [3:0] M;      reg [1:0] B;
4       always @ (A,B,M)
5          case( A )
6          2'b00 : begin B<=2'b01 ; M<=4'b0001; end
7          2'b01 : begin B<=2'b10 ; M<=4'b0010; end
8          2'b10 : begin B<=2'b11 ; M<=4'b0100; end
9          2'b11 : begin B<=2'b00 ; M<=4'b1000; end
10         default : begin B<=2'b00 ; M<=4'b0000; end
11         endcase
12   endmodule
```

图 7.43 MOTL 模块程序

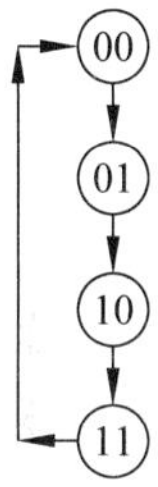

图 7.44 状态机
转换图

此外,从图 7.45 中还能看到,输出波形中有些毛刺脉冲。由于步进电机是电磁性负载,它对含有狭窄脉冲的信号具有滤波作用,所以这些脉冲不会对电机旋转形成任何影响。但如果将输出的信号用做驱动其他电路,则不一定能保证安全。

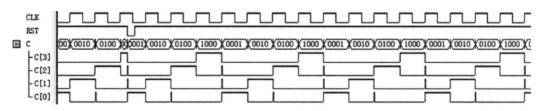

图 7.45 图 7.41 电路的时序仿真波形

图 7.46 是改进后的电路,其实就是在图 7.41 电路的基础上增加一个 4 位锁存器

DFF4，其锁存边沿恰好选择在此状态机工作时钟的下降沿，从而避开了毛刺。此改进电路的仿真波形如图 7.47 所示，可以发现输出信号非常干净。

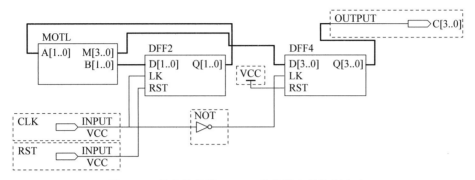

图 7.46 输出信号被 CLK 下降沿锁存的控制电路

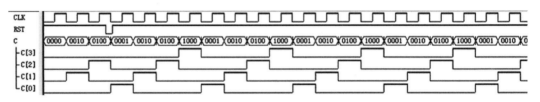

图 7.47 状态机输出被锁存后的时序仿真波形

3. 步进电机双向旋转控制电路设计

对图 7.46 电路中的状态译码模块 MOTL 做一些改进就能实现对步进电机双向旋转控制，电路如图 7.48 所示，状态译码模块 MOTLR 的程序如图 7.49 所示，其中的 S 是电机转向控制端。请关注程序中 if 语句和 begin-end 语句的放置位置和用法。

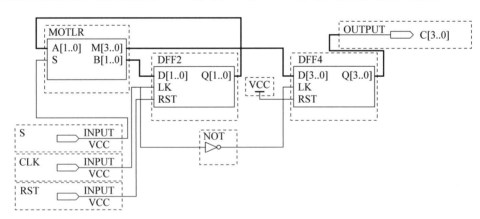

图 7.48 步进电机双向转动控制电路

图 7.48 电路的时序仿真波形如图 7.50 所示。图中，$S=1$ 和 $S=0$ 所对应的输出信号 M 的波形序列是相反的，显然能控制电机不同的转向。

```
1   module MOTLR ( A,M,B,S );
2       input [1:0] A;    input S ;output [3:0]  M ; output [1:0] B ;
3       reg [3:0] M;        reg [1:0] B;
4   always @ (A,B,M)
5     case( A )
6       2'b00 : begin B<=2'b01 ; if(S) M<=4'b0001;  else M<=4'b1000; end
7       2'b01 : begin B<=2'b10 ; if(S) M<=4'b0010;  else M<=4'b0100; end
8       2'b10 : begin B<=2'b11 ; if(S) M<=4'b0100;  else M<=4'b0010; end
9       2'b11 : begin B<=2'b00 ; if(S) M<=4'b1000;  else M<=4'b0001; end
10    default : begin B<=2'b00 ; M<=4'b0000; end
11      endcase
12  endmodule
```

图 7.49　元件 MOTLR 的程序

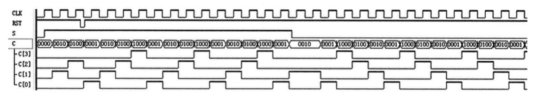

图 7.50　图 7.48 电路的时序仿真波形

7.3.3　温度控制电路设计

设计一个温度控制系统。要求温度低于下限温度时打开加热开关,温度高于上限设定时关闭加热开关,且在上限温度内打开紫外线灯 5 分钟进行空气消毒。

本例做如下假设:

$T1=1$ 表示高于上限温度;$T1=0$ 表示低于上限温度。

$T2=1$ 表示高于下限温度;$T1=0$ 表示低于下限温度。

$P=1$ 表示加热电源开关打开;$P=0$ 表示关闭加热电源开关。

$R=0$ 表示关闭并清零定时器,且关闭紫外线灯;$R=1$ 表示打开定时器,同时打开紫外线灯。

$Q=0$ 表示定时器处于关闭状态,或正在定时;$Q=1$ 表示定时时间到。

状态机的状态流程及状态编码分配如下:

$S0(000)$——初始化系统,包括 $P=0,R=0$,下一状态进入 $S1$。$S0$ 的状态编码定义为 000。

$S1(001)$——使 $P=1$,加热。下一状态进入 $S2$。

$S2(010)$——测试上限温度标志 $T1$,若 $T1=1$,则下一状态进入 $S3$;若 $T1=0$,则下一状态仍保持在 $S2$,等待加温。

$S3(011)$——使 $P=0$,启动定时器,打开紫外线灯,即使 $R=1$,下一状态进入 $S4$。

$S4(100)$——测试定时信号,若 $Q=1$,则下一状态进入 $S5$;若 $Q=0$,则下一状态回到 $S4$。

$S5(101)$——使 $R=0$,定时结束,关闭紫外线灯,下一状态进入 $S6$。

$S6(110)$——测试下限温度标志 $T2$,若 $T2=1$,则下一状态进入 $S6$;若 $T2=0$,则下

一状态进入 $S1$。

$S7(111)$——下一状态进入 $S0$。

根据以上的条件假设和状态变化流程，可以画出该系统的状态图如图 7.51 所示，该图中的 $S7$ 是一个闲置状态，为了确保状态机的自启动功能，图中将此闲置状态引入到 $S0$。状态机再上电及此后的系统复位后即进入初始态 $S0$。状态机在进入正常的循环工作后不再进入 $S0$，除非系统复位或进入闲置态。

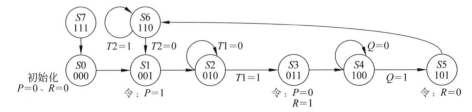

图 7.51 温度控制系统状态图

根据状态图 7.51 和有限状态机模型，可画出此控制系统的电路如图 7.52 所示。图中的状态译码器模块 SREG 和控制译码器模块 CDEC 的 case 语句表述分别如图 7.53 和图 7.54 所示。模块 DEF3B 是一个由 3 个 D 触发器构成的寄存器。图 7.52 中的其他电路构成了一个简易定时器。考虑到 74161 的计数进位输出 RCO 来自组合电路，有可能含有毛刺脉冲。为了避免误读，使用反相器和触发器 FF1 构成了一个毛刺去除电路。

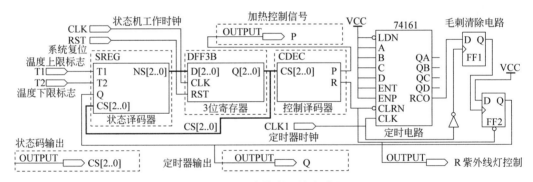

图 7.52 温度控制系统电路图

```verilog
1  module  SREG (T1,T2,Q,CS,NS);
2     input  T1,T2,Q ; input [2:0] CS ;
3     output [2:0] NS ;
4        reg [2:0] NS ;
5  always @(T1,T2,Q,CS)
6     case ( CS )
7        3'B000 : NS<=3'B001;
8        3'B001 : NS<=3'B010;
9        3'B010 : if (T1==1'b1)  NS<=3'B011; else NS<=3'B010;
10       3'B011 : NS<= 3'B100;
11       3'B100 : if (Q==1'b1)   NS<=3'B101; else NS<= 3'B100;
12       3'B101 : NS<=3'B110 ;
13       3'B110 : if (T2==1'b1)  NS<=3'B110; else NS<=3'B001;
14       3'B111 : NS<=3'B000;
15       default :  NS<=3'B000;
16    endcase
17 endmodule
```

图 7.53 状态译码器 SREG 的 case 语句表述

```
1  module  CDEC (CS,P,R);
2     input [2:0] CS;
3     output P,R;       reg P,R ;
4     always @(CS)
5        case ( CS )
6           3'B000 :  {P,R}<=2'B00;
7           3'B001 :  {P,R}<=2'B10;
8           3'B010 :  {P,R}<=2'B10;
9           3'B011 :  {P,R}<=2'B01;
10          3'B100 :  {P,R}<=2'B01;
11          3'B101 :  {P,R}<=2'B00;
12          3'B110 :  {P,R}<=2'B00;
13          3'B111 :  {P,R}<=2'B00;
14          default :  {P,R}<=2'B00;
15       endcase
16       assign  SOUT = CS ;
17    endmodule
```

图 7.54　控制译码器 CDEC 的 case 语句表述

由于 RCO 的进位信号是一个窄脉冲,模块 SREG 有可能漏测这个信号,所以增加一个 D 触发器 FF2 用于锁存 RCO 信号。

一个能定时 5 分钟,或能指定定时时间的严格意义上的定时器的二进制位数应该比 74161 多得多,且定时器时钟 CLK1 的频率越高,定时精度也越高。在技术位数和时钟频率一定的情况下,定时的时长由并行加载的数据决定。如果希望能随时更改定时时长,则需将电路图 7.52 中的 74161 连接成可并行预置数据的结构。

图 7.55 是此状态机控制系统的仿真波形图,其中 CS 指示的是当前状态。仔细核对后可以发现,此图完全正确反映了状态机的所有功能要求。由于是属于对硬件系统的功能和时序特性的仿真,只要仿真结果正确,图 7.52 的电路一旦下载与 FPGA 后,能正常工作的可能性是非常高的。

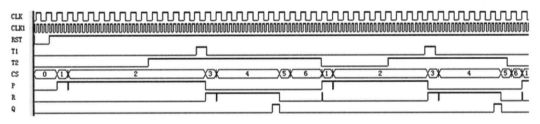

图 7.55　图 7.52 电路的时序仿真波形图

习　题　7

7.1　用宏模块设计十二进制计数器。

首先用 74161 模块设计一个十二进制加法计数器,并注意计数的可行性和可靠性,然后根据图 7.13 设计一个数控分频器。利用 Quartus Ⅱ 创建工程,绘制电路图,全程编译,时序仿真,并根据仿真波形做出说明:引脚锁定编译后下载至 FPGA 中,在实验系统上进行硬件验证。完成实验报告。

7.2　基于一般模型的十进制计数器设计。

设计一个基于一般模型的十进制加法计数器,注意计数器的自启动问题。利用

Quartus Ⅱ 创建工程,绘制电路图,全程编译,时序仿真,并根据仿真波形做说明,在实验系统上进行硬件验证。

7.3 任意进制异步控制型计数器设计。

设计一个任意进制异步控制型计数器。利用 Quartus Ⅱ 创建工程,时序仿真,并根据仿真波形做说明;在实验系统的 FPGA 上进行硬件验证。完成实验报告。

7.4 8 位同步自动预置型数控分频器设计。

完成 8 位同步自动预置型数控分频器的设计。利用 Quartus Ⅱ 创建工程,时序仿真,并根据仿真波形做说明:在实验系统上进行硬件验证。完成实验报告。

7.5 基于 LPM 的 16 位可逆计数器设计。

完成基于 LPM-COUNTER 的 16 位可逆可预置型计数器设计。利用 Quartus Ⅱ 创建工程,时序仿真,并根据仿真波形做说明;在实验系统上进行硬件验证。完成实验报告。

7.6 双向旋转可控型四相步进电机控制电路设计。

利用状态机完成双向旋转可控型四相步进电机控制电路设计。利用 Quartus Ⅱ 创建工程,时序仿真,并根据仿真波形做说明;在实验系统上进行硬件验证。完成实验报告。

7.7 设计一个序列检测器。

(1) 完成序列检测器设计。

(2) 设计一个循环环检测序列数 1011001 的序列检测器,要求每检测到此序列,输出1,并由一个 8 位计数器计数和显示所检测到的次数。利用 Quartus Ⅱ 创建工程,时序仿真,并根据仿真波形详细检测工作流程;引脚锁定编译,下载至 FPGA 中,在实验系统上进行硬件验证。完成实验报告。

7.8 6 位数码显示数字频率计设计。

(1) 完成两位十进制计数器设计,给出仿真波形,然后进行硬件测试。

(2) 将电路扩展为 6 位十进制计数器,并给出仿真波形。

(3) 完成 6 位十进制数字频率计设计、仿真、FPGA 硬件测试。

(4) 给出各层次的原理图、工作原理、仿真波形,详述硬件实验过程和实验结果。

7.9 序列发生器设计。

用状态机设计一个序列发生器,设序列发生器可周期性输出编码 1100100101,高位在前。

第 8 章

半导体存储器及其应用

引言　半导体存储器几乎是当今数字系统和计算机中不可或缺的组成部分,它用来存放数据、资料及运算程序等二进制信息。大规模集成电路存储器的种类很多,不同的存储器,存储容量不同,具有的功能也有一定的差异。本章首先介绍半导体存储器的分类方法及主要性能指标,然后重点讲述随机存储器和只读存储器的应用问题,对常见的存储器集成芯片也做了简要介绍,最后介绍了利用存储器的应用实例。

8.1　概　　述

半导体存储器能存储各类数据、资料及计算机程序等大量信息,并且能够按照要求从相应的地址中取出。存储器种类繁多,适用范围广,除用于存储数据外,还可用于实现不同形式的逻辑函数和许多特殊场合的逻辑功能。

8.1.1　存储器的分类

微电子技术的飞速发展促进了半导体存储器技术的巨大进步,这一进步又推动了计算机技术的快速发展。现代存储器以其容量大、存取速度快、可靠性高、接口简单等特点,在数字系统和计算机中得到了广泛的应用。

存储器种类很多,除半导体存储器外还有许多其他类型的存储器,按照存储器的性质和特点来分类,存储器有不同的分类方法。

1. 按照存储介质分类

按照存储介质分类有半导体存储器、磁介质存储器、光存储器三大类。本章主要介绍半导体存储器。

2. 按制造工艺来分类

根据制造工艺的不同,存储器可分为双极型存储器和 MOS 型存储器等类型。双极型存储器以双极型触发器为基本存储单元,其工作速度快,但功耗大,主要用于对速度要求高的场合。MOS 型存储器以 MOS 触发器或电荷存储结构为存储单元,它具有集成度高、功耗小、工艺简单等特点，主要用于大容量存储系统中。目前数字系统中主要选用 MOS 型存储器。

3. 按数据的存取方式分类

按数据的存取方式，存储器通常可分为随机存取存储器 RAM 和只读存储器 ROM。

随机存取存储器（Random Access Memory, RAM）正常工作时可以随时写入或读出信息，但断电后器件中的信息也随之消失，因此也称为易失性存储器。RAM 又可分为静态存储器 SRAM 和动态存储器 DRAM 两类。只读存储器（Read Only Memory, ROM）是在数据存入后，只能读出其中的存储单元的信息，但不能写入，断电后不丢失存储内容。只读存储器可分为掩膜 ROM、可编程 ROM（PROM）、可改写 ROM（EPROM、EEPROM、Flash Memory）等几类。

RAM 一般应用在需要频繁读写数据的场合，如计算机系统中的数据缓存。ROM 常应用于存放系统程序、数据表等不易变化数据的场合。

4. 按数据的输入/输出方式分类

按数据的输入/输出方式，存储器可以分为串行存储器和并行存储器。串行存储器中数据输入或输出采用串行方式，并行存储器中数据输入输出采用并行方式。显然，并行存储器读写速度快，但数据线和地址线占用芯片的引脚数较多，并且存储容量越大，所用的引脚数目较多。串行存储器的读写速度比并行存储器慢一些，但芯片的引脚数目少了许多。

8.1.2 半导体存储器的技术指标

存储器的性能指标有很多，例如存储容量、存取速度、封装形式、电源电压和功耗等，但就实际应用而言，最重要的指标是存储容量和存取速度。

1. 存储容量

存储容量指存储器所能存放信息的多少，存储容量越大，说明存储的信息越多，系统的功能越强。存储器的容量一般用字数 N 同字长 M 的乘积 $N \times M$ 来表示，如 $1K \times 8$ 表示该存储器有 1024 个存储单元，每一单元存放 8 位二进制信息。存储器的字数通常采用 K、M、G 为单位，其中 $1K = 2^{10} = 1024$，$1M = 2^{20} = 1024 \times 1024 = 1024K$，$1G = 2^{30} = 1024M$。所以，存储容量也可以用如下几种形式表示：$256 \times 8$、$1K \times 4$、$1M \times 1$ 等。

2. 存取速度

存储器的存取速度可用"存取时间"和"存取周期"这两个时间参数来衡量。

存取时间是指从微处理器发出有效存储器地址，从而启动一次存储器读/写操作到该操作完成所经历的时间。显然存取时间越短，则存取速度越快。目前，高速缓冲存储器的存取时间已经小于 20ns，中速存储器则在 $60 \sim 100$ns 之间，低速存储器在 100ns 以上。

存取周期是指两次连续读取(或写入)数据之间的间隔时间。存储器一次读(或写)操作后,其内部电路需经一定的时间恢复,才能进行下一次的读(写)操作,所以存储器的存取周期略大于存储器的存取时间。如果在小于存取周期的时间内连续启动两次或两次以上存储器访问,那么存取结果的正确性将不能得到保证。

DRAM 的存储单元结构非常简单,其集成度远高于 SRAM,但它的存取速度不如 SRAM 快。

8.2 随机存取存储器

随机存取存储器工作时可以随时从任何一个指定地址读出数据,也可以随时将数据写入任何一个指定的存储单元中去。RAM 的核心元件是存储矩阵中的存储单元。

8.2.1 RAM 的分类及其结构

RAM 的类型繁多,对应不同的适用范围和应用领域。必须根据实际需要来决定使用什么类型的 RAM。

1. RAM 的分类

根据制造工艺的不同,RAM 可以分为双极型和 MOS 型存储器,双极型存储器由于集成度低、功耗大,目前已很少采用。目前常用的 RAM 主要是 MOS 型的。按工作原理分,可分为静态 RAM(Static RAM,SRAM)和动态 RAM(Dynamic RAM,DRAM)。

从结构上看,SRAM 使用触发器作为存储元件,只要电源维持不变,就可以保持数据不丢失。SRAM 的缺点是占用硬件资源多,难以构成大规模器件。DRAM 则以 MOS 管的栅极电容作为存储元件。DRAM 电路简单、集成度高,但由于栅极电容非常小,且存在漏电流情况,存储在电容上的电荷会很快泄漏,致使信号保存时间短暂,为防止信号丢失,动态 RAM 必须配备刷新电路,给栅极电容补充电荷,即对电容上的数据定时刷新,确保维持原有数据。

从时序上分,SRAM 有两类,即同步型和异步型;从接口方式上分,SRAM 有单口、双口和多口类型。DRAM 按制造工艺的不同,可以分为动态随机存储器(Dynamic RAM)、扩展数据输出随机存储器(Extended Data Out RAM)和同步动态随机存储器(Synchronized Dynamic RAM,SDRAM)。

常用的 DRAM 有以下几种类型:

SDRAM,它在一个 CPU(计算机的中央处理器)时钟周期内可完成数据的访问和刷新,即可与 CPU 的时钟同步工作。SDRAM 的工作频率目前可达 150MHz,存取时间约为 5~10ns,最大数据率为 150MB/s,是当前微型计算机中流行的标准内存类型。

RDRAM(Rambus DRAM),是由 Rambus 公司开发的高速 DRAM,其最大数据传输速率可达 1.6GB/s。

DDR DRAM(Double Data Rate DRAM),是 SDRAM 的改进型。在时钟的上升沿

和下降沿都可以传送数据，数据传输速率可达 $200\sim800\mathrm{MB/s}$，主要应用在主板和高速显示卡上。

不同类型的 RAM 在工作中有许多共性，如可读可写，即非破坏性读出，写入时覆盖原内容；随机存取，即存取任一单元所需时间相同；易失性，即当断电后，存储器中的内容立即消失等。

2. RAM 的基本结构

RAM 的电路结构一般由存储矩阵、地址译码器和输入/输出控制电路等组成，如图 8.1 所示。

1）存储矩阵

该部分是存储器的主体，由若干个存储单元组成。每个存储单元可存放一位二进制信息。为了存取方便，通常将这些存储单元设计成矩阵形式，即由若干行和若干列组成。若干个存储单元形成一个存储组，称为"字"，每个字包含的存储单元的个数称为"字长"。在存储器中，字是一个整体，构成一个字的全体存储单元共同用来代表某种信息，并共同写入存储器或从存储器中读出。常用存储器的字长有 1

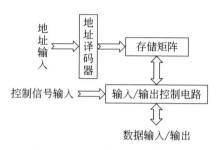

图 8.1 RAM 的电路结构框图

位、4 位、8 位和 16 位，一般把 8 位字长称为 1 个"字节"（Byte），16 位字长称为 1 个"字"（Word），若干字构成存储矩阵。为了寻找方便，每个字都有一个对应的地址代码，只有被输入地址代码指定的字或存储单元才能与公共的输入/输出线接通，进行数据的读出或写入。存储矩阵能存放的二进制代码的总位数称为存储容量，存储容量由字数乘以字长得到。例如，一个容量为 256×4 位的存储器，有 256 个字组成，每个字的字长为 4 位，共有 1024 个存储单元。这些单元可排列成如图 8.2 所示 32 行×32 列的矩阵。

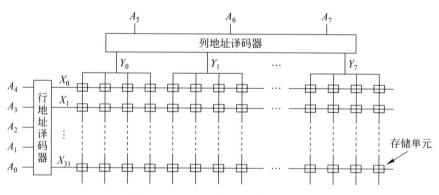

图 8.2 256×4 位 RAM 存储矩阵

图 8.2 中，每行有 32 个存储单元，每 4 个存储单元为一个字，因此每行可存储 8 个字，称为 8 个字列。每个行选择线选中一行，每个列选择线选中一个字列。因此，该 RAM 存储矩阵共需要 32 根行选择线和 8 根列选择线。

2）地址译码器

通常信息的读写是以字为单位进行的。为了区别不同的字,将存放同一个字的存储单元编为一组,并赋予一个号码,称为地址。不同的字具有不同的地址,从而在进行读写操作时,便可以按照地址选择需访问的单元。

地址的选择是通过地址译码器来实现的。在存储器中,通常将输入地址分为两部分,分别由行译码器和列译码器译码。例如上述的 256×4 位 RAM 的存储矩阵,256 个字需要 8 根地址线($A_7 \sim A_0$)区分。其中地址译码的低 5 位 $A_4 \sim A_0$ 作为行译码输入,产生 $2^5 = 32$ 根行选择线,地址码的高 3 位 $A_7 \sim A_5$ 用于列译码,产生 $2^3 = 8$ 根列选择线。只有当行选择线和列选择线都被选中的单元,才能被访问。例如,若输入地址 $A_7 \sim A_0$ 为 00011111 时,位于 X_{31} 和 Y_0 交叉处的单元被选中,可以对该单元进行读写操作。

3）读/写与片选控制

数字系统中的存储器一般由多片组成,而系统每次读写时,只选中其中的一片(或几片)进行读写,因此在每片 RAM 上均加有片选信号线。只有该信号有效时,RAM 才被选中,可以对其进行读写操作,否则该芯片不工作。某芯片被选中后,该芯片执行读还是写操作由读写信号 $R/\overline{W}$ 控制。图 8.3 所示为片选与读写控制电路。

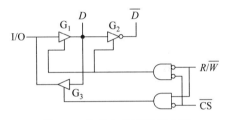

图 8.3 片选与读写控制电路

当片选信号 $\overline{CS} = 1$ 时,三态门 G_1、G_2、G_3 均为高阻态,此片未选中,不能进行读或写操作。当片选信号 $\overline{CS} = 0$ 时,芯片被选中。若 $R/\overline{W} = 1$,则 G_3 导通,G_1、G_2 高阻态截止。此时若输入地址 $A_7 \sim A_0$ 为 00011111,于是位于[31,0]的存储单元所存储的信息送出到 I/O端,存储器执行的是读操作;若 $R/\overline{W} = 0$,则 G_1、G_2 导通,G_3 高阻态截止,I/O 端的数据以互补的形式出现在数据线 D、$\overline{D}$ 上,并被存入[31,0]存储单元,存储器执行的是写操作。

8.2.2 静态存储单元

静态存储单元是在静态触发器的基础上附加门控电路而构成的。如图 8.4 所示是由 6 个 NMOS 管($T_1 \sim T_6$)组成的静态 RAM 存储单元。T_1、T_2 构成的反相器与 T_3、T_4 构成的反相器交叉耦合组成一个 RS 触发器,可存储一位二进制信息。Q 和 $\overline{Q}$ 是 RS 触发器的互补输出端。T_5、T_6 是行选通管,受行选线 X(相当于字线)控制,当行选线 X 为高电平时,Q 和 $\overline{Q}$ 的存储信息分别送至位线 D 和 $\overline{D}$。T_7、T_8 是列选通管,受列选线 Y 控制,列选线 Y 为高电平时,位线 D 和 $\overline{D}$ 上的信息分别被送至输入输出线 I/O 和 $\overline{\text{I/O}}$,从而使位线上的信息同外部数据线相通。

读出操作时,行选线 X 和列选线 Y 同时为 1,则存储信息 Q 和 $\overline{Q}$ 被读到 I/O 和 $\overline{\text{I/O}}$线上。写信息时,X、Y 线也必须都为 1,同时要将写入的信息加在 I/O 线上,经反相后 $\overline{\text{I/O}}$线上有其相反的信息,信息经 T_7、T_8 和 T_5、T_6 加到触发器的 Q 和 $\overline{Q}$ 端,也就是加在 T_3 和 T_1 的栅极,从而使触发器触发,即信息被写入。

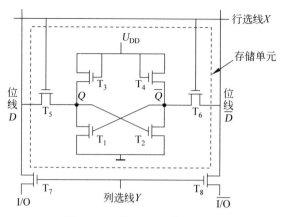

图 8.4　六管 SRAM 存储单元

8.2.3　动态存储单元

　　RAM 动态存储单元是利用 MOS 管栅极电容的存储电荷效应来存储信息的。由于栅极电容的容量很小，而漏电流又不可能绝对等于 0，所以电荷保存的时间有限。为了避免存储信息的丢失，必须定时地给电容补充漏掉的电荷，通常把这种操作称为"刷新"或"再生"。因此，DRAM 内部要有刷新控制电路，其操作也比静态 RAM 复杂。尽管如此，由于 DRAM 存储单元的结构能做得非常简单，所用元件少，功耗低，因而目前已成为大容量 RAM 的主流产品。

　　动态 MOS 存储单元有四管电路、三管电路和单管电路，为了提高集成度，目前大容量动态 RAM 的存储单元普遍采用单管结构。单管结构组成电路如图 8.5 所示。0 和 1 数据存于电容 C_S 中，T_1 为门控管，通过控制 T_1 的导通与截止，可以把数据从存储单元送至位线上或者将位线上的数据写入到存储单元。C_B 是整列存储单元公共位线上的分布电容，故 $C_B \gg C_S$。

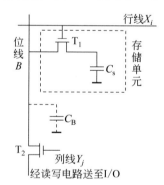

　　为了节省芯片面积，存储单元的电容 C_S 不能做得很大，而位线上连接的元件较多，分布电容 C_B 远大于 C_S。当读出数据时，电容 C_S 上的电荷向 C_B 转移，位线上的电压 V_B 远小于读出操作前 C_S 上的电压 V_S（即 $V_B = V_S C_S/(C_S + C_B)$）。因此，需经读出放大器对信号进行放大。同时，由于 C_S 上的电荷减少，存储的数据被破坏，故每次读出后，必须及时对读出单元刷新。

图 8.5　DRAM 单管存储单元

8.2.4　RAM 的操作与定时

　　为了保证存储器准确无误地工作，加到存储器的地址、数据和控制信号必须遵循几个时间边界条件。下面以静态 RAM 为例加以说明。

图 8.6 给出了读出过程的时序关系。读出过程操作如下：

(1) 读取单元的地址加到存储器的地址输入端；

(2) 加入有效的片选信号 $\overline{\text{CS}}$；

(3) 在 $R/\overline{W}$ 线上加高电平,经过一段延时后,所选择单元内容出现在 I/O 端；

(4) 让片选信号 $\overline{\text{CS}}$ 无效,I/O 端呈高阻态,本次读出结束。

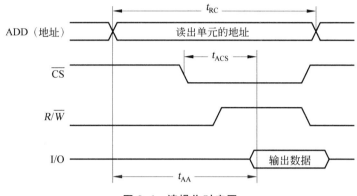

图 8.6 读操作时序图

由于地址缓冲器、译码器及输入/输出电路存在延时,在地址信号加到存储器上后,必须等待一段时间 t_{AA},数据才能稳定地传输到数据输出端,这段时间称为地址存取时间。在 RAM 的地址输入端已经有稳定地址的条件下,加入片选信号,从片选信号有效到数据稳定输出,这段时间间隔记为 t_{ACS}。显然在进行存储器读操作时,只有在地址和片选信号加入,且分别等待 t_{AA} 和 t_{ACS} 以后,被读单元的内容才能稳定地出现在数据输出端,这两个条件必须同时满足。图中 t_{RC} 为读周期,它表示该芯片连续进行两次读操作必需的时间间隔。

写操作的时序波形如图 8.7 所示。写操作过程如下：

(1) 将欲写入单元的地址加到存储器的地址输入端；

(2) 在片选信号端 $\overline{\text{CS}}$ 加上有效的逻辑电平,使 RAM 工作；

(3) 将待写入的数据加到数据输入端；

(4) 在 $R/\overline{W}$ 线上加入低电平,进入写工作状态；

(5) 使片选信号无效,数据输入线回到高阻状态。

由于地址改变时,新地址的稳定要经过一段时间,如果在这段时间内加入写控制信号(即 $R/\overline{W}$ 变低),可能将数据错误地写入其他单元。为了防止这种情况,在写控制信号有效前,地址必须稳定一段时间 t_{AS},这段时间称为地址建立时间。同时,在写信号失效后,地址至少还要维持一段写恢复时间 t_{WR}。为了保证速度最慢的存储器芯片的写入,写信号有效的时间不得小于写脉冲宽度 t_{WP}。此外,对于写入的数据,应在写信号失效前 t_{DW} 时间内保持稳定,且在写信号失效后继续保留 t_{DH} 时间。在时序图中还给出了写周期 t_{WC},它反映了连续进行两次写操作所需要的最小时间间隔。对于大多数静态半导体存储器来说,读周期和写周期是相等的,一般为十几到几十纳秒。

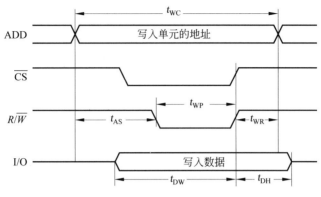

图 8.7 写操作时序图

8.2.5 存储器容量扩展

由于各种型号 RAM 的字数和位数各不相同,当一片 RAM 不能满足需要时,就需要进行位数或字数的扩展。如果 RAM 的位数与计算机总线位数不匹配,为了使计算机每次读/写能够取得相应数量的数据位,同样需要用若干 RAM 来扩展每次存取的位数,这种扩展称为位扩展。如果 RAM 的位数与计算机的数据总线位数相同,只是存储单元数目不够用,这样就需要用若干片 RAM 来增加字数,称这种扩展为字扩展。

1. 位数的扩展

存储器芯片的字长多数为 1 位、4 位、8 位等。当实际的存储系统的字长超过存储器芯片的字长时,需要进行位数扩展。

位数扩展可以利用芯片的并联方式实现,即将 RAM 的地址线、读写控制线和片选信号对应地并联在一起,而各个芯片的数据输入/输出端作为字的各个位线。例如,用 4 个 4K×4 位 RAM 芯片可以扩展成 4K×16 位的存储系统,如图 8.8 所示。

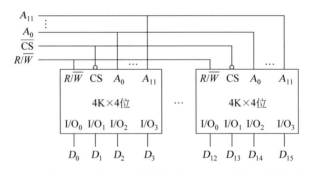

图 8.8 用 4K×4 位 RAM 芯片构成 4K×16 位的存储器系统

2. 字数的扩展

字数的扩展可以利用外加译码器,控制存储器芯片的片选输入端来实现。例如,利用 2 线-4 线译码器 74139 将 4 个 8K×8 位的 RAM 芯片扩展为 32K×8 位的存储器系统。扩展方式如图 8.9 所示。8K×8 位的 RAM 芯片有 13 根地址输入线,而 32K×8 位的存储器有 15 根地址输入线,为此,可把 4 片 RAM 相应的地址输入端都分别连接在一起,构成 32K×8 位的存储器的低 13 位地址,存储器扩展所要增加的地址线 A_{14}、A_{13} 与译码器 74139 的输入相连,译码器的输出 $Y_0 \sim Y_3$ 分别接至 4 片 RAM 的片选信号控制端 $\overline{CS}$,这样,当输入一个地址码($A_{14} \sim A_0$)时,只有一片 RAM 被选中,从而实现了字的扩展。例如,$A_{14}A_{13}=00$,则 RAM(I)的片选信号 $\overline{CS}=0$,其余各片 RAM 的 $\overline{CS}$ 均为 1,故第 1 片 RAM 被选中。只有该片的信息可以读出,读出内容则由低位地址 $A_0 \sim A_{12}$ 决定。4 片 RAM 的地址分配情况如表 8.1 所示。显然,4 片 RAM 轮流工作,任何时候,只有 1 片 RAM 处于工作状态,存储容量扩大了 4 倍,而字长仍为 8 位。

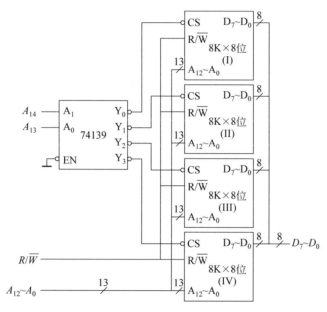

图 8.9 用 8K×8 位 RAM 芯片构成 32K×8 位的存储器系统

表 8.1 图 8.9 中各片 RAM 电路的地址分配

器件编号	2 线-4 线译码器输入		2 线-4 线译码器输出				地址范围	相应十六进制数
	A_{14}	A_{13}	$\overline{Y_0}$	$\overline{Y_1}$	$\overline{Y_2}$	$\overline{Y_3}$	$A_{14}A_{13}A_{12}A_{11}A_{10}A_9A_8A_7A_6A_5A_4A_3A_2A_1A_0$	
RAM(I)	0	0	0	1	1	1	0 0 0 0 0 0 0 0 0 0 0 0 0 0 0 ~0 0 1 1 1 1 1 1 1 1 1 1 1 1 1	0000H~1FFFH
RAM(II)	0	1	1	0	1	1	0 1 0 0 0 0 0 0 0 0 0 0 0 0 0 ~0 1 1 1 1 1 1 1 1 1 1 1 1 1 1	2000H~3FFFH
RAM(III)	1	0	1	1	0	1	1 0 0 0 0 0 0 0 0 0 0 0 0 0 0 ~1 0 1 1 1 1 1 1 1 1 1 1 1 1 1	4000H~5FFFH
RAM(IV)	1	1	1	1	1	0	1 1 0 0 0 0 0 0 0 0 0 0 0 0 0 ~1 1 1 1 1 1 1 1 1 1 1 1 1 1 1	6000H~7FFFH

实际应用中,常将两种方法相互结合,以达到字和位均扩展的要求。可见,无论需要多大容量的存储器系统,均可利用容量有限的存储器芯片,通过位数和字数的扩展来构成。

8.3 只读存储器

前面讨论的随机存储器,无论是静态的还是动态的,当电源断电时,存储的信息便消失,所存储的数据具有易失性。而在计算机中,有一些信息需要长期存放,例如常数表、函数、固定程序等,因此需要只读存储器来长期保存信息。

8.3.1 ROM 的分类与结构

为了适应不同的应用场合,与 RAM 一样,ROM 也有多种类型,这里简要介绍 ROM 的类型与基本结构。

1. ROM 的分类

ROM 是存储固定信息的存储器,与 RAM 不同,ROM 中的信息是由专用装置预先写入的,在正常过程中只能读出不能写入。ROM 的用途是用来存放不需要经常修改的程序或数据,如计算机系统中控制启动和初始化的 BIOS 程序、系统监控程序等。

只读存储器可分为掩膜 ROM、可编程 ROM(PROM)、可改写 ROM(EPROM、EEPROM、Flash Memory)等几类。

2. ROM 的结构

ROM 的电路结构如图 8.10 所示,由存储矩阵、地址译码器和输出控制电路 3 部分组成,存储矩阵由许多基本存储单元排列而成。基本存储单元可以由二极管构成,也可以由双极型三极管获 MOS 管构成。每个基本存储单元能存放一位二进制数据,每一个或一组基本存储单元有一个对应的地址。

图 8.10 ROM 的电路结构框图

地址译码器的作用是将输入的地址译成相应的控制信号,利用这个控制信号从存储矩阵中选出指定的单元,将其中的数据从数据输出端输出。

输出控制电路通常由三态输出缓冲器构成,其作用有两个:一是提高存储器的驱动能力;二是实现输出三态控制,以便与系统的总线连接。

8.3.2 掩膜 ROM

掩膜 ROM,又称固定 ROM,这种 ROM 在制造时,生产厂商利用掩膜技术把信息写入存储器中,使用中用户不能更改其存储内容。按使用的器件可分为二极管 ROM、三极管 ROM 和 MOS 管 ROM 3 种类型。这里主要介绍二极管掩膜 ROM。

图 8.11(a)所示是 4×4 二极管掩膜 ROM,它有地址译码器、存储矩阵和输出电路 3 部分组成。地址译码器采用单译码方式,其输出为 4 条字选择线 $W_0 \sim W_3$。当输入一组地址,相应的一条字线输出高电平。存储矩阵由 16 个存储单元组成,每个十字交叉点代表一个存储单元,交叉处有二极管的单元,表示存储数据为 1,无二极管的单元表示存储数据为 0。输出电路由 4 个驱动器组成,4 条位线经驱动器由 $D_3 \sim D_0$ 输出。

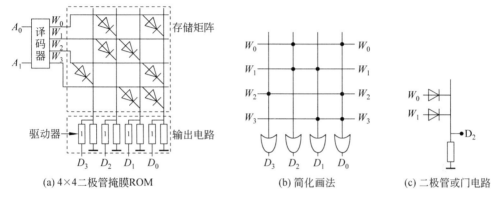

(a) 4×4 二极管掩膜ROM　　　　　(b) 简化画法　　　　(c) 二极管或门电路

图 8.11　4×4 二极管掩膜 ROM

例如,当输入地址码 $A_1 A_0 = 10$ 时,字线 $W_2 = 1$,其余字选择线为 0,W_2 字线上的高电平通过接有二极管的位线使 $D_0 D_3$ 为 1,其他位线与 W_2 字线相交处没有二极管,所以输出 $D_3 D_2 D_1 D_0 = 1001$,根据图 8.11 所示的二极管存储矩阵,可列出对应的数据表如表 8.2 所示。

表 8.2　二极管存储矩阵数据表

A_1	A_0	D_3	D_2	D_1	D_0
0	0	0	1	0	1
0	1	0	1	1	0
1	0	1	0	0	1
1	1	0	0	1	1

这种 ROM 的存储矩阵可采用如图 8.11(b)所示的简化画法。有二极管的交叉点画有实心点,无二极管的交叉点不画点。

显然,ROM 并不能记忆前一时刻的输入信息,因此只是用门电路来实现组合逻辑关系。实际上,图 8.11(a)的存储矩阵和电阻 R 组成了 4 个二极管或门,以 D_2 为例,其二极管或门电路如图 8.11(c)所示,$D_2 = W_0 + W_1$,因此属于组合逻辑电路。

用于存储矩阵的或门阵列也可由双极型或 MOS 型三极管构成,此处不再赘述,其工作原理与二极管 ROM 相同。

8.3.3　可编程 PROM

可编程 ROM 便于用户根据自己的需要来写入特定的信息。通常,厂家生产的可编程 ROM 事先并未存入任何程序和数据。存储矩阵的所有行、列交叉处均连接有二极管、三极管或 MOS 管。可编程 ROM 出厂后,用户可以利用芯片的外部引脚输入地址,对存储矩阵中的二极管、三极管或 MOS 管进行选择,使其写入特定的二进制数据。

根据存储矩阵中存储单元电路的结构不同,可编程的 ROM 有 PROM、EPROM 和 EEPROM 共 3 种。

1. PROM

PROM 存储的数据是由用户按自己的需求写入的,但只能写一次,一经写入就不能更改。可编程 PROM 封装出厂前,存储单元中的内容全为 1(或全为 0),用户可根据需要进行一次性编程处理,将某些单元的内容改为 0(或 1)。图 8.12 是 PROM 的一种存储单元,它由三极管和熔丝组成。存储矩阵中的所有存储单元都具有这种结构。出厂前,所有存储单元的熔丝都是通的,存储内容全为 1。用户在使用前进行一次性编程。例如,若想使某单元的存储内容为 0,只需选中该单元后,再在 E_C 端加上电脉冲,使熔丝通过足够大的电流,把熔丝烧断即可。熔丝一旦烧断将无法接上,也就是一旦写成 0 后就无法再重写成 1 了。因此 PROM 只能编程一次,使用起来很不方便。

图 8.12　一种 PROM
存储单元

2. EPROM

EPROM 是另外一种广泛使用的可改写存储器,其存储矩阵由特殊结构的叠栅注入 MOS 管(SIMOS 管)构成,EPROM 可以根据用户要求写入信息,从而长期使用,其数据写入需要通用或专用的编程器。EPROM 芯片的封装外壳装有透明的石英盖板。当不需要原有信息时,也可以擦除后重写。若要擦除所写入的内容,可用 EPROM 擦除器产生的强紫外线,对 EPROM 照射 20 分钟左右,使全部存储单元恢复 1,以便用户重新编写。

3. EEPROM

EEPROM 是目前使用最广泛的一种只读存储器,被称为电擦除可编程只读存储器,有时也写作 E^2PROM。其存储矩阵由浮栅隧道氧化层 MOS 管(Flotox MOS 管)构成,其主要特点是能在应用系统中进行在线改写,并能在断电的情况下保存数据而不需要保护电源。特别是+5V 的电擦除 E^2PROM,通常不需要单独的擦除操作,可在写入过程中自动擦除,擦除以字为单位进行,使用非常方便。但 EEPROM 中存储单元电路比 EPROM 复杂,所以集成度比 EPROM 低。

8.3.4　其他类型存储器

随着集成电路制造工艺迅速发展,出现了适用各种不同用途、不同环境和不同需求的新型存储器。

1. 快闪存储器(Flash Memory)

快闪存储器又称快速擦写存储器或闪速存储器,是由 Intel 公司首先发明,近年来较为流行的一种半导体器件。它在断电的情况下信息可以保留,在不加电的情况下,信息可以保存 10 年,可以在线进行擦除和改写。快闪存储器是在 EEPROM 上发展起来的,属于 EEPROM 类型,其编程方法和 EEPROM 类似,但快闪存储器不能按字节擦除。快闪存储器既具有 ROM 非易失性的优点,又具有存取速度快、可读可写,具有集成度高、价格低、耗电省的优点,目前已被广泛使用。

2. 串行 EEPROM

上述介绍的存储器都是并行的,每块芯片都需要若干根地址总线和若干位数据总线。为了节省总线的引线数目,可以采用串行总线的 EEPROM。对于串行总线 EEPROM,它用于需要 I^2C 总线的应用系统中,目前较多地应用在单片机的设计中。其基本的总线操作端只有两根:串行时钟端 SCL 和串行数据/地址端 SDA。在 SDA 端根据 I^2C 总线协议串行传输地址信号和数据信号。串行 EEPROM 的优点是引线数目大大减少,目前已被广泛使用。

3. 多端口存储器 MPRAM

多端口存储器是为适应更复杂的信息处理需要而设计的一种在多处理机应用系统中使用的存储器,其主要特点是:有多套独立的地址机构(即多个端口),共享存储单元的数据。多端口 RAM 一般可以分为双端口 SRAM、VRAM、FIFO 和 MPRAM 等几类。

其中 VRAM(Video DRAM)为视频 RAM,是专门用于图形优化的双端口存储器,可同时与 RAM、DAC 以及 CPU 进行数据交换,能有效防止在访问其他类型的内存时发生的冲突;FIFO 存储器(先进先出存储器)是一种具有存储功能的高速器件,可在高速数字系统中用作数据缓存,FIFO 通常利用双口 RAM 和读写地址产生模块来实现其功能;MPRAM 即高速多端口存储器,主要用于高速数据采集。

8.3.5　ROM 存储器的应用

ROM 存储器主要应用于存放二进制信息(数据、程序指令、运算的中间结果等),同时还可以实现代码的转换、函数运算、时序控制以及实现各种波形的信号发生器等。下面举一个例子说明 ROM 的一种简单应用。图 8.13(a)给出了一个用 ROM 实现的十进制数码显示电路。图中 8421BCD 码接至 ROM 的地址输入线,ROM 的 7 根数据线依次接到七段数码管的 $a \sim g$ 端。这样,地址单元 0000 的内容对应七段数码 0,……,地址单元 1001 的内容对应七段数码 9,RAM 中各存储单元的内容如图 8.13(b)所示,这样,利用 ROM 实现了显示译码器的功能,从而实现十进制数的显示。

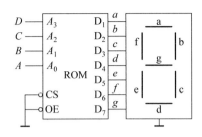

(a) 电路原理图

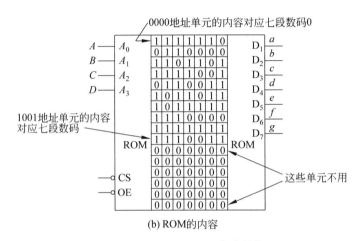

(b) ROM的内容

图 8.13 用 ROM 显示十进制数

8.4 常用存储器集成芯片简介

在集成电路芯片中，有多种类型的 RAM 和 ROM，它们主要在存储容量、工作方式和编程电压等方面有所不同，其他方面基本相同。常用集成存储器如表 8.3 所示。本节主要介绍随机存储器 6116 和可编程 EPROM2764 集成芯片。

表 8.3 常用集成存储器

型 号	类 型 说 明
6116、6264	RAM
2716、2732、2764、27128、27256	EPROM
2864、28256	EEPROM
28F256、28F512	快闪存储器
37LV65、37LV36、37LV128	串行 EPROM
7132/7136	双口 RAM

8.4.1 6116 型 RAM 器简介

6116 是一种典型的 CMOS 静态 RAM,电路采用标准 24 引脚双列直插封装,单电源 +5V 供电,输入输出电平与 TTL 兼容。图 8.14 给出了 6116 的引脚排列图,图中,$A_0 \sim A_{10}$ 是 11 条地址输入线,$D_0 \sim D_7$ 是数据输入/输出端。显然,6116 可存储的字数为 $2^{11} = 2048(2K)$,字长为 8 位,其容量为 2048 字 × 8 位 = 16384 位;$\overline{CE}$ 为片选端,低电平有效;$\overline{OE}$ 为输出使能端,低电平有效;$\overline{WE}$ 为读/写控制端。表 8.4 为功能表。

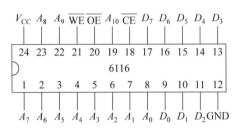

图 8.14 6116 引脚图

表 8.4 6116 的操作方式

$\overline{CE}$	$\overline{WE}$	$\overline{OE}$	操 作 方 式
0	0	1	写
0	1	0	读
1	×	×	非选

6116 有 3 种工作方式:

(1) 写入方式。当 $\overline{CE}=0$,$\overline{OE}=1$,$\overline{WE}=0$ 时,数据线 $D_0 \sim D_7$ 上的内容存入 $A_0 \sim A_{10}$ 相应的单元。

(2) 读出方式。当 $\overline{CE}=0$,$\overline{OE}=0$,$\overline{WE}=1$ 时,$A_0 \sim A_{10}$ 相应单元的内容输出到数据线 $D_0 \sim D_7$。

(3) 低功耗维持方式。当 $\overline{CE}=1$ 时,芯片进入这种工作方式,此时器件电流仅 $20\mu A$ 左右,为系统断电时用电池保持 RAM 内容提供了可能性。

8.4.2 2764 型 EPROM 简介

2716(2K×8 位)、2732(4K×8 位)、……、27252(64K×8 位)等 EPROM 集成芯片,除存储器容量和编程高电压等参数不同外,其他参数基本相同。

2764 是一个 8K×8 位的紫外线可擦除可编程 ROM 集成电路。其引脚如图 8.15 所示。2764 共有 2^{13} 个存储单元,存储容量为 8K×8 位。2764 有 13 根地址线 $A_0 \sim A_{12}$,8 根数据线 $D_0 \sim$

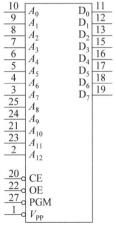

图 8.15 2764 引脚图

D_7，3 条控制线 $\overline{CE}$、$\overline{OE}$ 和 $\overline{PGM}$，以及编程电压 V_{pp}、电源 V_{cc} 和地 GND 等。

2764 有 5 种工作方式，如表 8.5 所示。

表 8.5 EPROM2764 的工作方式

操作方式	控制输入					功　　能
	$\overline{CE}$	$\overline{OE}$	$\overline{PGM}$	V_{pp}	V_{cc}	
编程写入	0	1	0	25V	5V	$D_0 \sim D_7$ 上的内容存入 $A_0 \sim A_{12}$ 对应单元
读出数据	0	0	1	5V	5V	$A_0 \sim A_{12}$ 对应单元的内容输出到 $D_0 \sim D_7$ 上
低功耗维持	1	×	×	5V	5V	$D_0 \sim D_7$ 呈高阻态
编程校验	0	0	1	25V	5V	数据读出
编程禁止	1	×	×	25V	5V	$D_0 \sim D_7$ 呈高阻态

8.5　存储器应用电路设计

为了便于验证和方便实验，也为了使读者了解基于 FPGA 的数字设计环境中存储器的使用方法，以下给出两则 LPM 存储器使用的实例。

8.5.1　多通道数字信号采集电路设计

在实际工程应用中，逻辑分析仪是一个多通道数字信号采样、显示与分析的电子设备，逻辑分析仪可以将数字系统中的脉冲信号、逻辑控制信号、总线数据，甚至毛刺脉冲都能同步高速地采集进该设备中的高速 RAM 中缓存，以备显示和分析。因此逻辑分析仪在数字电路、数字系统、计算机系统的设计开发和科研中提供了必不可少的帮助。

本示例只是利用 RAM 和一些辅助器件设计一个数字信号采集电路模块，如果进一步配置好必要的控制电路和通信接口，就能构成一台实用的逻辑分析仪。

1. 电路基本结构

图 8.16 所示电路是一个 8 通道逻辑数据采样电路，主要有 3 个功能模块构成：1 个随机数据存储器 LPM_RAM RAM0、1 个 10 位计数器 LPM_COUNTER CNT10B 以及 1 个锁存器 74244b。

RAM0 是一个 8 位存储器，存储 1024 个字节，有 10 根地址线 address[9..0]，它的 data[7..0] 和 q[7..0] 分别是 8 位数据输入和输出总线；wren 是写入允许控制，高电平有效；inclock 是数据输入锁存时钟；inclocken 是此时钟的使能控制线，高电平有效。

为了构建图 8.16 所示电路，首先利用 Quartus Ⅱ 建立一个原理图工程。

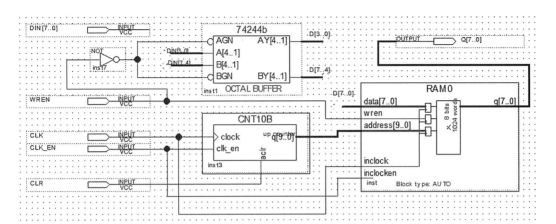

图 8.16 数据采样电路顶层设计

2. 调入 LPM_RAM 模块

首先调入 RAM 模块,流程是:打开 MegaWizard Plug-In Manager 对话框,然后进入图 8.17 所示对话框,在左栏选择存储器 Memory Compiler 中的 RAM:1-PORT,在右栏选择目标芯片系列 Cyclone Ⅲ,并选择 Verilog HDL,在路径部分输入当前设置元件文件名,如 RAM0,然后进入图 8.18 所示窗口。

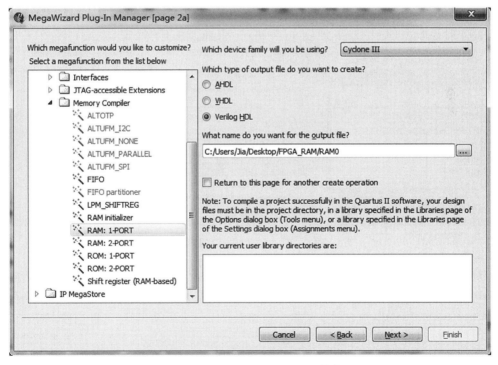

图 8.17 选择使用 LPM_RAM 模块

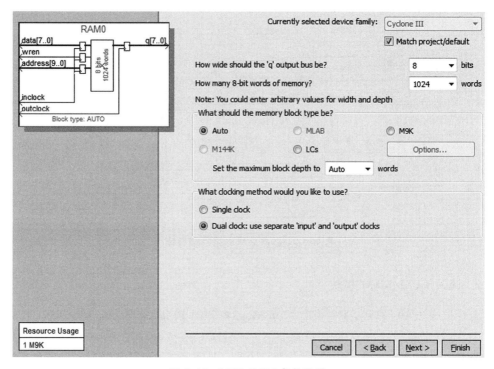

图 8.18   LPM_RAM 参数设置

在图 8.18 的窗口中选择数据输出总线是 8bit,存储字节数是 1024,选择时钟方式是分开的双时钟形式 Dual clock,即 inclock 和 outclock。在下一个窗口(见图 8.19)中删除数据输出控制时钟,再增加一个时钟使能控制端 inclocken。

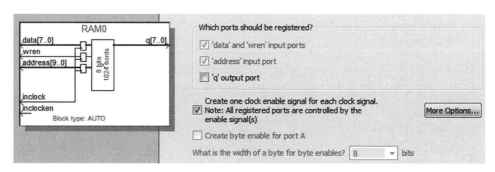

图 8.19   增加时钟使能控制

最后的设置如图 8.20 所示,在上方有两个选择,若选择"No,leave it blank",表示对RAM 中的内容不做安排,仅在实际使用中由电路决定;若选择"Yes,use this file for the memory Content data",则表示在初始化中预先放入一个数据文件(这有点像 ROM 的功能),以便系统在启动后就可以使用。可以在 File name 栏中输入 RAM 初始化文件的路径和文件名。

对于图下方的"Allow…"复选框,选中,并输入 ID 名 RAM1,最后将此 RAM0 元件调入当前工程的原理图编辑窗。

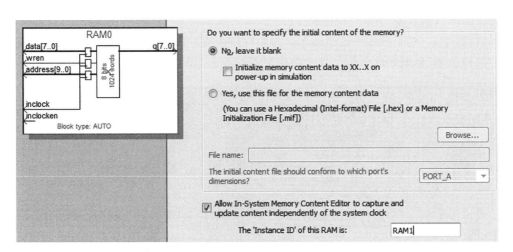

图 8.20　允许在系统存储器内容编辑器中能对此 RAM 进行编辑和测试

3. 调入计数器模块 LPM_COUNTER 和锁存器模块

LPM_COUNTER 计数器模块调用的主要流程是：首先在 Arithmetic 项下选择 LPM_COUNTER，取名为 CNT10B，在下一窗口选择 10 位计数器，选择 Up only，即纯加法计数器，选择时钟使能控制信号 clk_en(CLK_EN)，此后选择 Clear(CLR)；时钟输入端 clock(CLK)，即计数器异步清零控制；完成设置后即可将其调入原理图编辑窗中。

最后一个调入的元件是锁存器模块取名 74244b。完成后，按照图 8.16 连接好电路。

4. 系统功能分析

编译完成后准备时序仿真，测试此电路系统的功能。在此之前可以初步分析一下此电路的基本功能，便于在 VWF 仿真激励文件中正确设置激励信号。

在图 8.16 中，10 位计数器 CNT10B 主要用做此存储器的地址信号发生器，由外部 CLK 同步控制计数器和存储器的计数速度，即采样速度。74244b 主要起一个隔离的作用。当 WREN 为高电平时，外部数据通过 74244b 进入 RAM；当 WREN 为低电平时，RAM 禁止输入，74244b 的输出口呈高阻态。如果要读出 RAM 中已存入的数据，在 WREN 为低电平的条件下，必须使 CLR 产生一个高电平脉冲，对计数器清零，以便对 RAM 中的数据从地址的最低端读起，然后启动 CLK 即可读出所存数据。

5. 系统时序仿真

图 8.16 所示电路的时序仿真波形如图 8.21 所示。注意对激励信号，即输入信号 CLK、CLK_EN、CLR、WREN 和输入总线数据 DIN[7..0]的激励信号波形的设置及时序安排。时序仿真中必须注意，正确设置激励信号是成功完成系统时序分析的关键。

图 8.21 的激励信号设置情况是这样的：仿真时间轴设为 $50\mu s$；CLK 的频率可以设得高一点，以便向 RAM 中输入更多的数据，周期设为 80ns；CLK_EN 全程（及对 RAM 的读和写）都设为高电平，都允许工作；CLR 在数据写入和读出前都发一个脉冲，以便对

地址发生计数器清零；WREN 在 RAM 写入段为高电平（写允许），在 RAM 读出段为低电平（写禁止）。对于 RAM 数据输入口的 8 根输入线 DIN[7..0]，分别设置好不同频率的待采样信号，且最好这些信号仅在数据写入段存在，如图 8.21 所示。

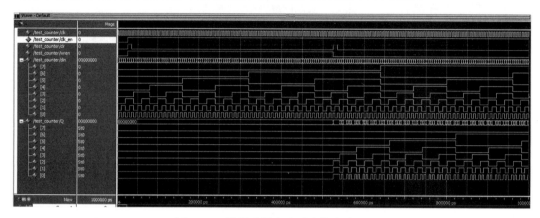

图 8.21　数据采样电路时序仿真波形

由图 8.21 可见，在 RAM 数据读出时间段，能正确地将写入的数据完整地按地址输出。这表明，图示电路确能成为一个 8 通道的数字信号采集系统。

接下去的工作就是对此项设计进行硬件测试。可以根据实验系统的基本情况进行引脚锁定，编译，然后下载测试。

8.5.2　DDS 信号发生器设计

DDS 同 DSP（数字信号处理）一样，是一项关键的数字化技术。DDS 是直接数字式频率合成器（Direct Digital Synthesizer）的英文缩写。与传统的频率合成器相比，DDS 具有低成本、低功耗、高分辨率和快速转换等优点，广泛使用在电信与电子仪器领域，是实现设备全数字化的一个关键技术。

本示例只是利用 ROM 和一些辅助的逻辑器件设计一个 DDS 模块。DDS 模块输出的数字化信号，如果要进一步得到一个可用的模拟频率信号，还需经过高速 D/A 转换器和低通滤波器。

1. 实验原理

DDS 的核心部分是相位累加器，相位累加器由一个累加器和相位寄存器组成，它的作用是在基准时钟源的作用下进行线性累加，当产生溢出时便完成一个周期，即 DDS 的一个频率周期。其中频率字的位宽为 K 位，作为累加器的一个输入，累加器的另一个输入端位宽为 N 位（$N>K$），每来一个时钟，频率字与累加器的另一个输入相加的结果存入相位寄存器，再反馈给累加器，这相当于每来一个时钟，相位寄存器的输出就累加一次，累加的时间间隔为频率字的时间，输入加法器的位宽为（$N-K$）位，它与同样宽度的相位控制字相加形成新的相位，并以此作为查找表的地址。每当累加器的值溢出一次，输入加法器的值就加一，相应地，作为查找表的地址就加一，而查找表的地址中保存波形的幅度值,这些离散的幅度值经 DAC 和 PLF 便可还原为模拟波形,其基本原理框图如图 8.22 所示。

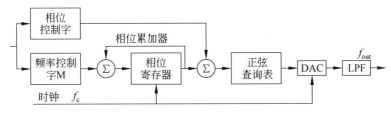

图 8.22　DDS 基本结构框图

2. 基本电路结构

DDS 模块的主要功能是由频率控制字合成所要产生的波形频率,并且产生 ROM 波形数据表的的地址。DDS 核心模块由频率控制器和相位控制器构成的。频率控制器由一个 32 位加法器和频率寄存器组成,其加法器的输入为前一次的累加和与频率控制字,先将累加后的结果送入频率寄存器,然后再将频率寄存器的值同时送回频率累加器输入端和相位控制器。相位控制器也是由一个 32 位加法器和一个寄存器组成的,其加法器的输入为频率寄存器的值和相位控制字,相加后的值取高 10 位作为 ROM 地址,送入到相位寄存器。最后再将相位寄存器的值送入到 ROM,然后查表输入数字数字化信号。电路设计如图 8.23 所示。

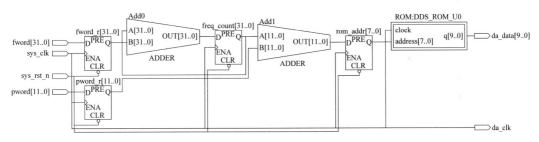

图 8.23　DDS 电路设计原理图

3. 调入 LPM_ROM 模块

(1) 首先创建一个 ROM 文件。打开 Tools→ Mega Wizard Plug-In Manager→ Memory Compiler,选中 ROM：1-PORT,并建立文件名为 ROM,如图 8.24 所示。

(2) 单击 Next 按钮出现如图 8.25 所示界面,在这里设置 ROM 的参数。ROM 中存储波形 0~2π 的数据,ROM 存储的数据宽度设定为 10 位,寻址深度设为 256,输入和输出采用单时钟脉冲。

(3) 在 ROM 生成后,就要对 ROM 填充正弦值波形数据,波形数据存放在 .mif 或 .hex 文件中,作为 ROM 的初始化数据。波形数据可以手动输入,也可用高级语言编程实现。这里使用 MIF 文件生成器工具来生成 0~2π 的正弦数字幅度值和锯齿数字幅度值,幅度值均为十六进制数据,下面给出 .mif 文件的内容。

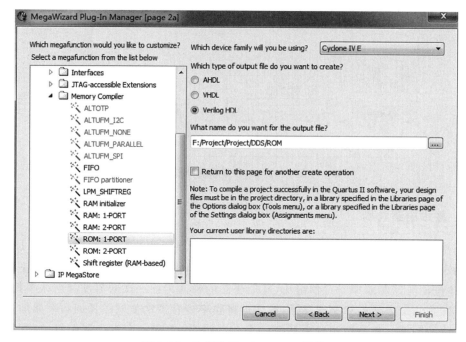

图 8.24　选择使用 LPM_ROM 模块

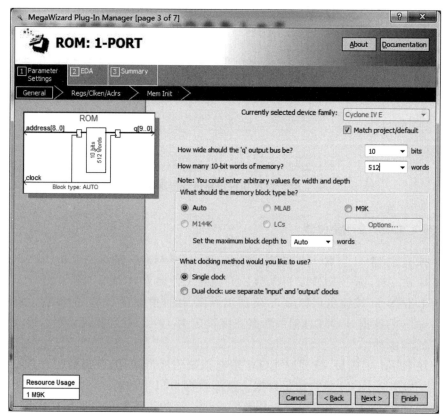

图 8.25　LMP_ROM 参数设置

正弦波.mif 文件：

```
DEPTH=256;
WIDTH=10;
ADDRESS_RADIX=HEX;
DATA_RADIX=HEX;
CONTENT
BEGIN
    200 20C 219 225 232 23E 24B 257 263 270 27C 288 294 2A0 2AC 2B8 2C3 2CF
    2DA 2E5 2F1 2FC 306 311 31C 326 330 33A 344 34E 357 360 369 372 37A 383
    38B 393 39A 3A2 3A9 3B0 3B6 3BD 3C3 3C8 3CE 3D3 3D8 3DD 3E1 3E5 3E9 3EC
    3F0 3F3 3F5 3F7 3F9 3FB 3FD 3FE 3FE 3FF 3FF 3FF 3FE 3FE 3FD 3FB 3F9 3F7
    3F5 3F3 3F0 3EC 3E9 3E5 3E1 3DD 3D8 3D3 3CE 3C8 3C3 3BD 3B6 3B0 3A9 3A2
    39A 393 38B 383 37A 372 369 360 357 34E 344 33A 330 326 31C 311 306 2FC
    2F1 2E5 2DA 2CF 2C3 2B8 2AC 2A0 294 288 27C 270 263 257 24B 23E 232 225
    219 20C 1FF 1F3 1E6 1DA 1CD 1C1 1B4 1A8 19C 18F 183 177 16B 15F 153 147
    13C 130 125 11A 10E 103 0F9 0EE 0E3 0D9 0CF 0C5 0BB 0B1 0A8 09F 096 08D
    085 07C 074 06C 065 05D 056 04F 049 042 03C 037 031 02C 027 022 01E 01A
    016 013 00F 00C 00A 008 006 004 002 001 001 000 000 000 001 001 002 004
    006 008 00A 00C 00F 013 016 01A 01E 022 027 02C 031 037 03C 042 049 04F
    056 05D 065 06C 074 07C 085 08D 096 09F 0A8 0B1 0BB 0C5 0CF 0D9 0E3 0EE
    0F9 103 10E 11A 125 130 13C 147 153 15F 16B 177 183 18F 19C 1A8 1B4 1C1
    1CD 1DA 1E6 1F3
    END;
```

锯齿波.mif 文件：

```
DEPTH=256;
WIDTH=10;
ADDRESS_RADIX=HEX;
DATA_RADIX=HEX;
CONTENT
  BEGIN
    000 003 007 00B 00F 013 017 01B 01F 023 027 02B 02F 033 037 03B 03F 043
    047 04B 04F 053 057 05B 05F 063 067 06B 06F 073 077 07B 07F 083 087 08B
    08F 093 097 09B 09F 0A3 0A7 0AB 0AF 0B3 0B7 0BB 0BF 0C3 0C7 0CB 0CF 0D3
    0D7 0DB 0DF 0E3 0E7 0EB 0EF 0F3 0F7 0FB 0FF 103 107 10B 10F 113 117 11B
    11F 123 127 12B 12F 133 137 13B 13F 143 147 14B 14F 153 157 15B 15F 163
    167 16B 16F 173 177 17B 17F 183 187 18B 18F 193 197 19B 19F 1A3 1A7 1AB
    1AF 1B3 1B7 1BB 1BF 1C3 1C7 1CB 1CF 1D3 1D7 1DB 1DF 1E3 1E7 1EB 1EF 1F3
    1F7 1FB 1FF 203 207 20B 20F 213 217 21B 21F 223 227 22B 22F 233 237 23B
    23F 243 247 24B 24F 253 257 25B 25F 263 267 26B 26F 273 277 27B 27F 283
    287 28B 28F 293 297 29B 29F 2A3 2A7 2AB 2AF 2B3 2B7 2BB 2BF 2C3 2C7 2CB
```

2CF 2D3 2D7 2DB 2DF 2E3 2E7 2EB 2EF 2F3 2F7 2FB 2FF 303 307 30B 30F 313
317 31B 31F 323 327 32B 32F 333 337 33B 33F 343 347 34B 34F 353 357 35B
35F 363 367 36B 36F 373 377 37B 37F 383 387 38B 38F 393 397 39B 39F 3A3
3A7 3AB 3AF 3B3 3B7 3BB 3BF 3C3 3C7 3CB 3CF 3D3 3D7 3DB 3DF 3E3 3E7 3EB
3EF 3F3 3F7 3FB
END;

4. 系统时序仿真图

如图 8.23 所示的电路的时序仿真波形如图 8.26 和图 8.27 所示，当 ROM 初始值文件为正弦波.mif 文件时，其仿真结果为图 8.26，ROM 初始值文件为锯齿波.mif 文件时，其仿真结果为图 8.27。仿真参数：系统时钟频率为 100MHz、频率控制字为 16 777 216、相位控制字为 0（即波形相位为 0）。

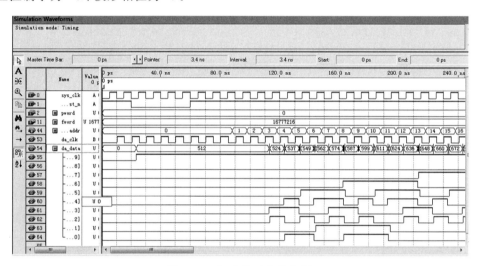

图 8.26　正弦波时序仿真图

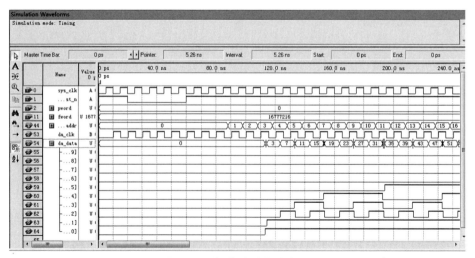

图 8.27　锯齿波时序仿真图

习   题   8

8.1   一个 CMOS 存储单元如图 8.28 所示,试分析其工作原理。

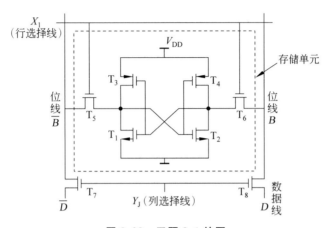

图 8.28   习题 8.1 的图

8.2   某存储器设置有 32 位地址线、16 位并行数据输入/输出端,试计算它的最大存储容量是多少。

8.3   指出下列存储系统各具有多少个存储单元,至少需要几根地址线和数据线。

(1) 64K×1 位   (2) 256K×4 位   (3) 1M×1 位   (4) 128K×8 位

8.4   设存储器的起始地址全为 0,试指出下列存储系统的最高地址为多少(地址用十六进制数表示)。

(1) 2K×1 位   (2) 16K×4 位   (3) 256K×32 位

8.5   一个有 1M×1 位的 DRAM,采用地址分时送入的方法,芯片应具有几根地址线?

8.6   试用 256×4 位的 RAM 扩展成 1024×4 位的 RAM,画出电路图,说明各片的地址范围。

8.7   试用 256×2 位的 RAM 扩展成 512×4 位的 RAM,画出电路图,说明各片的地址范围。

8.8   试用 6116 位 SRAM 芯片设计一个 4K×16 位的存储器的系统,画出其逻辑图。

8.9   ROM、PROM、EPROM、E^2PROM、Flash Memory、串行 E^2PROM 有什么相同和不同之处?

8.10   试确定用 ROM 实现下列逻辑函数时所需的容量:

(1) 实现两个 3 位二进制数相乘的乘法器;

(2) 将 8 位二进制数转换成十进制数(用 BCD 码表示)的转换电路。

8.11   图 8.29 是用 16×4 位 ROM 和同步十六进制加法计数器 74161 组成的脉冲

分频器电路，ROM 中的数据如表 8.6 所示。试画出在 CP 信号连续作用下 $D_3 D_2 D_1 D_0$ 输出的电压波形，并说明它们和 CP 信号频率之比。

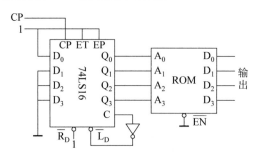

图 8.29   习题 8.11 的图

表 8.6   ROM 中的数据

地 址 输 入				数 据 输 入			
A_3	A_2	A_1	A_0	D_3	D_2	D_1	D_0
0	0	0	0	1	1	1	1
0	0	0	1	0	0	0	0
0	0	1	0	0	0	1	1
0	0	1	1	0	1	0	0
0	1	0	0	0	1	0	1
0	1	0	1	1	0	1	0
0	1	1	0	1	0	0	1
0	1	1	1	1	0	0	0
1	0	0	0	1	1	1	1
1	0	0	1	1	1	0	0
1	0	1	0	0	0	0	1
1	0	1	1	0	0	1	0
1	1	0	0	0	0	0	1
1	1	0	1	0	1	0	0
1	1	1	0	0	1	1	1
1	1	1	1	0	0	0	0

第9章

chapter 9

脉冲波形的产生与变换

引言　在数字电路或系统中,常常需要各种脉冲波形,例如时钟脉冲、控制过程中的定时信号等。这些脉冲波形的获取,通常采用两种方法:一种是利用脉冲信号发生器直接产生,另一种是对已有的信号进行变换,使之满足系统的要求。本章主要介绍 555 定时器、施密特触发器、单稳态触发器及多谐振荡器等器件的电路结构、工作特点及应用,重点介绍由上述器件所构成的波形产生电路和波形变换电路。

9.1　集成 555 定时器

开关电路是脉冲单元电路的一个组成部分,晶体管、逻辑门和 555 定时器都具有开关特性,它们可以构成脉冲电路中的开关电路。前面的章节已经介绍过晶体管和门电路的开关特性,下面介绍 555 定时器的特性。

555 定时器是一种多用途的数字/模拟混合的中规模集成电路。它的结构比较简单,使用却非常灵活、方便,利用它可以方便地构成各种脉冲单元电路。用 555 定时器构成的各种电路,都是通过定时控制,实现信号的产生和变换,从而完成其他控制功能。

555 定时器有双极型和 CMOS 两种类型的产品,它们的结构和工作原理没有本质区别。

9.1.1　电路组成及工作原理

555 定时器的内部逻辑图如图 9.1 所示,一般由分压器、比较器、触发器和开关以及输出 4 部分组成。

1. 分压器

分压器由 3 个等值电阻串联而成,将电源电压 V_{CC} 分成 3 等份,其作用是为比较器提供两个参考电压 V_{R1}、V_{R2},若电压控制端 CO 悬空或通过电容接地,则:

$$V_{R1} = \frac{2}{3}V_{CC} \tag{9.1}$$

$$V_{R2} = \frac{1}{3}V_{CC} \tag{9.2}$$

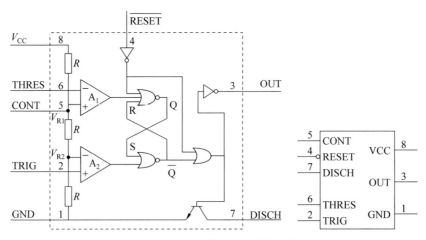

图 9.1　555 定时器的电路结构和符号

若电压控制端 CO 外接电压 V_C 则：

$$V_{R1} = V_C \tag{9.3}$$

$$V_{R2} = \frac{1}{2}V_C \tag{9.4}$$

2. 比较器

比较器由两个结构相同的集成运放 A_1、A_2 构成。A_1 用来比较参考电压 V_{R1} 和高电平触发端电压 V_{TH}，当 $V_{TH} > V_{R1}$ 时，集成运放 A_1 输出 $V_{O1} = 0$；当 $V_{TH} < V_{R1}$ 时，集成运放 A_1 输出 $V_{O1} = 1$。A_2 用来比较参考电压 V_{R2} 和低电平触发端电压 $V_{\overline{TR}}$，当 $V_{\overline{TR}} > V_{R2}$ 时，集成运放 A_2 输出 $V_{O2} = 1$；当 $V_{\overline{TR}} < V_{R2}$ 时，集成运放 A_2 输出 $V_{O2} = 0$。

3. 基本 RS 触发器

当 $RS = 01$ 时，$Q = 0$，$\overline{Q} = 1$；当 $RS = 10$ 时，$Q = 1$，$\overline{Q} = 0$。

4. 开关放电管及输出缓冲级

放电开关由一个晶体管 T 组成，其基极受 RS 触发器输出端 $\overline{Q}$ 控制。当 $\overline{Q} = 1$ 时，三极管导通，放电端 DIS 通过导通的三极管为外电路提供放电的通路；当 $\overline{Q} = 0$ 时，三极管截止，放电通路被截断。为了提高电路的负载能力，在电路的输出端设置了非门，主要作用是提高驱动负载的能力和隔离负载对定时器的影响。

9.1.2　555 定时器的功能

根据图 9.1 所示的电路结构可以很容易地得到 555 定时器的功能，如表 9.1 所示。

由 555 定时器功能表，可以得出如下结论：

（1）当复位端 $\overline{R}$ 接低电平时，不论高电平触发端 V_{TH} 和低电平触发端 $V_{\overline{TR}}$ 输入何种电平，输出端 V_O 均为低电平，且放电端 DIS 通过导通的三极管接地。定时器正常工作时,复位端 $\bar{R}$ 接高电平。

表 9.1 555 定时器功能表

V_R	V_{TH}	$V_{\overline{\text{TR}}}$	V_O	放电端 DIS
0	x	x	0	与地导通
1	$>\dfrac{2}{3}V_{\text{CC}}$	$>\dfrac{1}{3}V_{\text{CC}}$	0	与地导通
1	$<\dfrac{2}{3}V_{\text{CC}}$	$>\dfrac{1}{3}V_{\text{CC}}$	保持原状态不变	保持原状态不变
1	$<\dfrac{2}{3}V_{\text{CC}}$	$<\dfrac{1}{3}V_{\text{CC}}$	1	与地断开

（2）复位端 $\bar{R}$ 接高电平,电压控制端 CO 悬空或通过电容接地时:

- 若 $V_{\text{TH}}>\dfrac{2}{3}V_{\text{CC}}$,且 $V_{\overline{\text{TR}}}>\dfrac{1}{3}V_{\text{CC}}$, $RS=01$, $Q=0$, $\bar{Q}=1$,使输出端 $V_O=0$,放电端 DIS 通过导通的三极管接地;

- 若 $V_{\text{TH}}<\dfrac{2}{3}V_{\text{CC}}$ 且 $V_{\overline{\text{TR}}}>\dfrac{1}{3}V_{\text{CC}}$, $RS=11$, Q 和 $\bar{Q}$ 均保持不变,使输出端和放电端 DIS 均保持原来状态不变;

- 若 $V_{\text{TH}}<\dfrac{2}{3}V_{\text{CC}}$ 且 $V_{\overline{\text{TR}}}<\dfrac{1}{3}V_{\text{CC}}$, $RS=10$, $Q=1$, $\bar{Q}=0$,使输出端 $V_O=1$,放电端 DIS 与地之间断路。

（3）复位端 $\bar{R}$ 接高电平,电压控制端 CO 外接控制电压时:

- 若 $V_{\text{TH}}>V_C$ 且 $V_{\overline{\text{TR}}}>\dfrac{1}{2}V_C$, $RS=01$, $Q=0$, $\bar{Q}=1$,使输出端 $V_O=0$,放电端 DIS 通过导通的三极管接地;

- 若 $V_{\text{TH}}<V_C$ 且 $V_{\overline{\text{TR}}}>\dfrac{1}{2}V_C$, $RS=11$, Q 和 $\bar{Q}$ 均保持不变,使输出端 V_O 和放电端 DIS 均保持原来状态不变;

- 若 $V_{\text{TH}}<V_C$ 且 $V_{\overline{\text{TR}}}<\dfrac{1}{2}V_C$, $RS=10$, $Q=1$, $\bar{Q}=0$,使输出端 $V_O=1$,放电端 DIS 与地之间断路。

可见,CO 端外加控制电压 V_C,可以改变两个参考电压 V_{R1}、V_{R2} 的大小。

555 定时器可产生精确的时间延迟和振荡,其电源电压范围宽,对于双极型器件,其电源电压可达 5～16V,对于 CMOS 器件来说,电源电压可达 3～18V。它还可以提供与 TTL 及 CMOS 数字电路兼容的接口电平,可输出一定的功率,可驱动微电机、指示灯、扬声器等。在脉冲波形的产生与变换、仪器与仪表、测量与控制、家用电气与电子玩具等领域,555 定时器得到了广泛的应用。

9.2 施密特触发器

施密特触发器实际上是双稳态触发器的一种特例，它也有两个稳定状态，只要外加触发信号幅值足够大，就可以从一个稳态转换到另一个稳态，它是脉冲波形变换中经常使用的一种电路，它在性能上有两个重要的特点：

（1）它有两个转折电压 V_{T1}、V_{T2}，使 V_O 从低电平跃变为高电平的输入电压为 V_{T1}，使 V_O 从高电平跃变为低电平的输入电压为 V_{T2}，V_{T1} 不等于 V_{T2}，即电路具有"回差"特性。

两个转折电压差的绝对值称为回差电压，记作 ΔV_T，

$$\Delta V_T = \mid V_{T1} - V_{T2} \mid \tag{9.5}$$

（2）在电路转换时，通过内部的正反馈过程，使输出电压波形的边沿变得很陡峭。

利用这两个特点，不仅能将边沿缓慢的信号波形整形为边沿陡峭的矩形波，而且可以将迭加在输入波形上的噪声有效地清除。

根据电压传输特性的不同，施密特触发器可分两种类型。若输出电平与输入电平是同相的，其电压传输特性就称为同相回差特性；若输出电平与输入电平是反相的，其电压传输特性就称为反相回差特性。其逻辑符号和电压传输特性如图 9.2 所示。

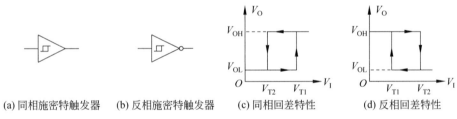

(a) 同相施密特触发器　(b) 反相施密特触发器　(c) 同相回差特性　(d) 反相回差特性

图 9.2　施密特触发器及其电压传输特性

施密特触发器可以由门电路组成，也有集成的施密特触发器，还可以由 555 定时器构成。

9.2.1　由门电路组成的施密特触发器

由门电路组成的施密特触发器如图 9.3 所示，图中两级 CMOS 反相器串接，两个分压电阻 R_1、R_2 将输出端的电压反馈到输入端对电路产生影响，图 9.2(d) 所示为其电压传输特性。

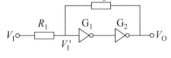

图 9.3　门电路组成的施密特触发器

假设 CMOS 反相器的阈值电压 $V_{TH} \approx \dfrac{1}{2} V_{CC}$，$R_1 < R_2$，且输入信号为三角波，下面分析电路的工作过程。

由电路不难看出，G_1 门的输入电平 V_1' 决定着电路的状态，根据叠加原理有：

$$V_1' = \frac{R_2}{R_1 + R_2} V_1 + \frac{R_1}{R_1 + R_2} V_O \tag{9.6}$$

当取 $V_I=0$ 时，$V_O=V_{OL}\approx0$，且 G_1 的输入 $V_I'=0$。

当 V_I 逐渐升高并达到 $V_I'=V_{TH}$ 时，由于 G_1、G_2 的正反馈作用，使电路的状态迅速转化为 $V_O=V_{OH}\approx V_{CC}$ 的状态。由此就可以求出 V_I 上升时的转折电平 V_{T1}，因为

$$V_I' = V_{TH} \approx \frac{R_2}{R_1+R_2}V_{T1} \tag{9.7}$$

所以

$$V_{T1} \approx \frac{R_1+R_2}{R_2}V_{TH} \tag{9.8}$$

当 V_I 从高电平逐渐降低并达到 $V_I'=V_{TH}$ 时，电路又迅速转换为 $V_O=V_{OL}\approx0$ 的状态。由此可以求出 V_{T2}，因为

$$V_I' = V_{TH} \approx \frac{R_2}{R_1+R_2}V_{T2} + \frac{R_1}{R_1+R_2}V_{CC} \tag{9.9}$$

所以

$$V_{T2} \approx \frac{R_1+R_2}{R_2}V_{TH} - \frac{R_1}{R_2}V_{CC} \tag{9.10}$$

因此

$$\Delta V_T = |V_{T1} - V_{T2}| = 2\frac{R_1}{R_2}V_{TH} \tag{9.11}$$

可见，只要调整电阻 R_1、R_2 的值，就能改变回差电压的大小。这也是由门电路组成的施密特触发器的特点之一。

电路的工作波形及传输特性如图 9.4 所示。

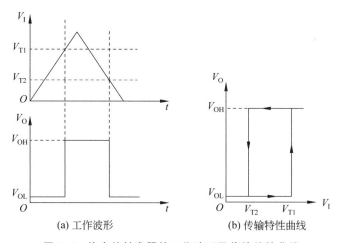

(a) 工作波形   (b) 传输特性曲线

图 9.4　施密特触发器的工作波形及传输特性曲线

9.2.2　集成施密特触发器

与由门电路组成的施密特触发器相比，集成施密特触发器具有性能一致性好、触发阈值稳定、使用方便等优点，因此得到了广泛应用。集成施密特触发器品种很多，TTL 型的有 7413、7414、74132 等。CMOS 型的有 CC4093 和 CC40106 等。

7413 是双四输入施密特触发与非门，内部包括两个四输入施密特触发与非门，其电路原理图和逻辑符号分别如图 9.5(a)、(b)所示。

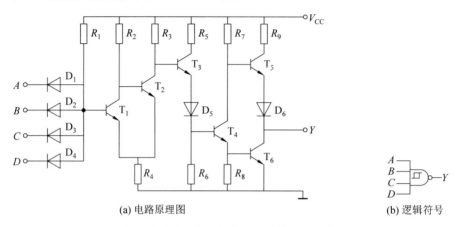

(a) 电路原理图　　　　(b) 逻辑符号

图 9.5　7413 双四输入施密特触发与非门

电路中 $D_1 \sim D_4$ 实现与逻辑功能，T_1、T_2、R_2、R_3 和 R_4 组成施密特电路，T_3、D_5、R_6 起电平转移作用，末级是采用推拉形式输出的反相门。该电路具有图 9.2(d)所示的电压传输特性。

9.2.3　由 555 定时器组成的施密特触发器

将 555 定时器的高、低电平触发端 TH 和 $\overline{\text{TR}}$ 连接在一起作为信号输入端，如图 9.6(a)所示，便构成了施密特触发器。

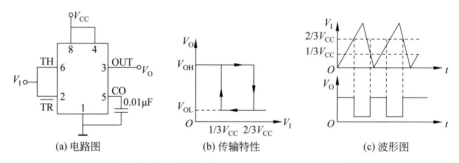

(a) 电路图　　　　(b) 传输特性　　　　(c) 波形图

图 9.6　由 555 定时器组成的施密特触发器

当 $V_I < \frac{1}{3} V_{CC}$，即 $\overline{\text{TR}}$ 端电压小于 $\frac{1}{3} V_{CC}$ 时，输出电压 V_O 为高电平。只有当 V_I 升高到大于 $\frac{2}{3} V_{CC}$，即 TH 端电压大于 $\frac{2}{3} V_{CC}$ 时，输出电压 V_O 才变为低电平。随后，V_I 再升高，V_O 状态不变，只有当 V_I 下降到小于 $\frac{1}{3} V_{CC}$，即 $\overline{\text{TR}}$ 端电压小于 $\frac{1}{3} V_{CC}$ 时，输出电压 V_O 才又变为高电平。因此，图 9.6(a)所示电路的电压传输特性如图 9.6(b)所示。可见，当 V_I 升高时，有上限触发电平 $V_{T2} = \frac{2}{3} V_{CC}$；当 V_I 下降时，有下限触发电平 $V_{T1} = \frac{1}{3} V_{CC}$，其回差电

压为：

$$\Delta V_{\mathrm{T}} = V_{\mathrm{T2}} - V_{\mathrm{T1}} = \frac{2}{3}V_{\mathrm{CC}} - \frac{1}{3}V_{\mathrm{CC}} = \frac{1}{3}V_{\mathrm{CC}} \qquad (9.12)$$

当 V_{I} 为三角波时，V_{I} 与 V_{O} 的波形如图 9.6(c) 所示。

如果在控制电压端 CO 加直流电压 V_{C}，便可以通过调节 V_{C} 来改变回差电压 ΔV_{T} 的值，此时，$V_{\mathrm{T2}} = V_{\mathrm{C}}$，$V_{\mathrm{T1}} = \frac{1}{2}V_{\mathrm{C}}$，则

$$\Delta V_{\mathrm{T}} = \frac{1}{2}V_{\mathrm{C}} \qquad (9.13)$$

9.2.4　施密特触发器的应用

施密特触发器的用途非常广泛，其典型应用说明如下。

1. 波形的变换与整形

利用施密特触发器可以把边沿变化缓慢的周期波变换为矩形波，如图 9.7(a) 所示。当输入的正弦电压 V_{I} 上升到 V_{T2} 时，电路达到一种稳态，当输入电压下降到 V_{T1} 时，电路又翻到另一稳态。可见，只要输入电压 V_{I} 的变化包含触发电平 V_{T1} 和 V_{T2}，即可在施密特触发器的输出端得到同频率的矩形脉冲信号。

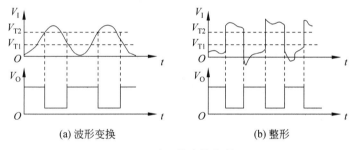

(a) 波形变换　　　　　　(b) 整形

图 9.7　波形的变换与整形

当输入 V_{I} 波形的幅度足够大，但不规则时，经施密特触发器整理后，可以输出幅值规则的矩形脉冲波，如图 9.7(b) 所示。即，施密特触发器可用作整形电路。

2. 幅度鉴别

当施密特触发器输入一串幅度不等的脉冲信号时，只有幅度超过 V_{T2} 的脉冲能使触发器状态翻转，而低于 V_{T2} 的脉冲不能使触发器翻转，如图 9.8 所示，可见，施密特触发器是很好的幅度鉴别器。

3. 构成脉冲源

利用施密特触发器可以构成矩形波发生器，电路如图 9.9(a) 所示。

接通电源瞬间，电容 C 上的电压为 0V，输出 V_{O} 为高

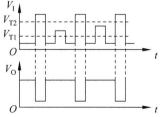

图 9.8　脉冲幅度鉴别

电平。V_O 通过电阻 R 对电容 C 充电，V_C 上升，当 V_C 即 V_I 值上升到 V_{T2} 时，施密特触发器翻转，V_O 变成低电平。电容 C 通过电阻 R 放电而使 V_I 下降，当 V_I 下降到 V_{T1} 时，触发器再次翻转，又输出高电平，对电容 C 充电。如此周而复始地形成振荡，在输出端形成矩形波。其波形如图 9.9(b) 所示，矩形脉冲的振荡周期由外接定时元件 RC 决定，其计算公式为：

$$T = RC\ln\frac{V_{CC} - V_{T1}}{V_{CC} - V_{T2}} + RC\ln\frac{V_{T2}}{V_{T1}} = RC\ln\left(\frac{V_{CC} - V_{T1}}{V_{CC} - V_{T2}} \cdot \frac{V_{T2}}{V_{T1}}\right) \tag{9.14}$$

对于典型的参数值（$V_{T2} = 1.6V$，$V_{T1} = 0.8V$，输出电压摆幅为 3V），其输出振荡频率为：

$$f \approx 0.7/RC \tag{9.15}$$

最大可能的振荡频率为 10MHz。

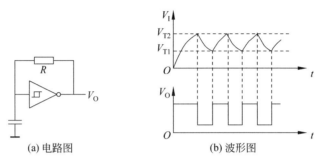

(a) 电路图   (b) 波形图

图 9.9 施密特矩形波发生器

9.3 单稳态触发器

单稳态触发器的逻辑符号如图 9.10(a) 所示，其工作特性具有如下显著特点：

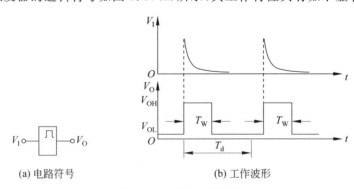

(a) 电路符号   (b) 工作波形

图 9.10 单稳态触发器

（1）它有稳态和暂稳态两个不同的工作状态。

（2）在外界触发脉冲作用下，能从稳态翻转到暂稳态。

（3）暂稳态是一个不能长久保持的状态。由于电路中的 RC 延时环节的作用，经过一段时间后，电路会自动返回到稳态。

　　单稳态触发器的暂稳态时间称为延迟时间,记作 T_W,延迟时间取决于 RC 电路的参数值。两次触发的最短时间间隔称为分辨时间,记作 T_d。T_W 和 T_d 是单稳态触发器的重要参数。当非标准脉冲信号输入给某个单稳态触发器时,输出将得到一个与之对应的具有 TTL 或 CMOS 高、低电平且宽度为 T_W 的标准脉冲信号,如图 9.10(b)所示。实际工作时,两次触发器时间间隔应大于 T_d。

　　单稳态触发器可以由门电路组成,也有集成的单稳态触发器,还可以由 555 定时器构成。

9.3.1　集成单稳态触发器

　　由于单稳态触发器的应用十分广泛,因此,在集成 TTL 和 CMOS 产品中都有单片集成的单稳态触发器。使用这些器件时,只需要很少的外接元件和连线,而且电路还附加了上升沿和下降沿触发的控制、清零等功能,使用非常方便,同时还具有温度稳定性好、抗干扰能力强等优点。

　　集成单稳态触发器又可分为可重复触发和不可重复触发两类。下面以 TTL 集成单稳态触发器为例,介绍集成单稳态触发器的逻辑符号、功能和使用方法。

1. 不可重复触发的集成单稳态触发器 74121

　　图 9.11 是 TTL 集成单稳态触发器 74121 的逻辑符号,在逻辑符号中标记"1 ⨅"表示是非可重复触发的单稳态触发器。该电路有两个下降沿触发输入端 A_1 和 A_2,有一个上升沿触发输入端 B;Q 是正脉冲输出端;R_1 是内部定时电阻 R_{int} 的引出端,R_{int} 在 $2k\Omega$ 左右;C_X 是外接定时电容连接端,R_X/C_X 是外接定时电阻连接端和外接定时电容的另一个连接端。

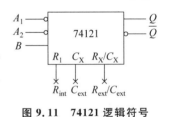

图 9.11　74121 逻辑符号

　　集成单稳态触发器 74121 的功能表如表 9.2 所示。

表 9.2　集成单稳态触发器 74121 功能表

输　　　入			输　　出		功　　能
A_1	A_2	B	Q	$\bar{Q}$	
L	×	H	L	H	输入无效,电路保持稳态
×	L	H	L	H	输入无效,电路保持稳态
×	×	L	L	H	输入无效,电路保持稳态
H	H	×	L	H	输入无效,电路保持稳态
H	↓	H	⎍	⎍	下降沿有效触发,有暂态
↓	H	H	⎍	⎍	下降沿有效触发,有暂态
↓	↓	H	⎍	⎍	下降沿有效触发,有暂态
L	×	↑	⎍	⎍	上升沿有效触发,有暂态
×	L	↑	⎍	⎍	上升沿有效触发,有暂态

从表中可以看出，在下述情况下，电路可由稳态翻转到暂稳态。

- 若 A_1 和 A_2 两个输入中有一个或两个为低电平，B 发生由 0 到 1 的正跳变。
- 若 B 和 A_1、A_2 中的一个为高电平，输入中有一个或两个产生由 1 到 0 的负跳变。

利用 CT74121 内部电阻作为定时电阻的电路连接方式如图 9.12(a) 所示。在这种连接方式下，输出定时脉冲宽度为

$$t_{\mathrm{w}} = 0.7 R_{\mathrm{int}} C_{\mathrm{X}} \qquad (9.16)$$

利用外部电阻作为定时电阻 R_{X} 的电路连接方式如图 9.12(b) 所示，输出定时脉冲宽度为

$$t_{\mathrm{w}} = 0.7 R_{\mathrm{X}} C_{\mathrm{X}} \qquad (9.17)$$

C_{X} 一般在 10pF～10μF 之间，R_{X} 一般在 1.4～40kΩ 之间，因此 t_{w} 在 10ns～300ms 之间。

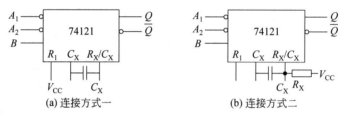

图 9.12　74121 定时电阻、电容连接图

CT74121 的工作波形如图 9.13 所示。图中给出了在输入触发信号 A_1 作用下的输出波形，t_{w} 是输出脉冲宽度。在 t_2 时刻，在输入触发脉冲下降沿的触发下，电路进入暂稳态。当暂稳态尚未结束，新的输入触发脉冲的下降沿又来到时（t_3 时刻），电路继续维持原来的暂稳态不会改变，直至本次触发过程结束。所以这种触发方式是非可重复触发。

2. 可重复触发单稳态触发器 74122

图 9.14 是可重复触发单稳态触发器 74122 的逻辑符号，在逻辑符号中标记"$\sqcap$"表示是可重复触发的单稳态触发器。该电路有两个下降沿触发输入端 A_1 和 A_2，有两个上升沿触发输入端 B_1 和 B_2；Q 是正脉冲输出端，$\overline{Q}$ 是负脉冲输出端；R_1 是内部定时电阻 R_{int} 的引出端；C_{X} 是外接定时电容连接端；$R_{\mathrm{X}}/C_{\mathrm{X}}$ 是外接定时电阻连接端和外接定时电容的另一个连接端，外接电阻一般在 5～40kΩ 之间；$\overline{R_{\mathrm{D}}}$ 是复位端。74122 的功能表如表 9.3 所示。

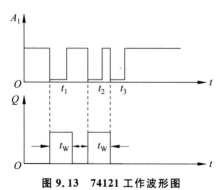

图 9.13　74121 工作波形图

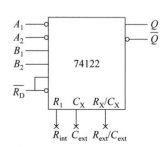

图 9.14　CT74122 逻辑符号

表 9.3　集成单稳态触发器 74122 功能表

输　　入					输　　出		功　　能
$\overline{R_D}$	A_1	A_2	B_1	B_2	Q	$\overline{Q}$	
L	×	×	×	×	L	H	直接复位,电路处于稳态
×	H	H	×	×	L	H	输入无效,电路保持稳态
×	×	×	L	×	L	H	输入无效,电路保持稳态
×	×	×	×	L	L	H	输入无效,电路保持稳态
H	L	×	↑	H	⊓	⊔	上升沿有效触发,有暂态
H	L	×	H	↑	⊓	⊔	上升沿有效触发,有暂态
H	×	L	↑	H	⊓	⊔	上升沿有效触发,有暂态
H	×	L	H	↑	⊓	⊔	上升沿有效触发,有暂态
H	H	↓	H	H	⊓	⊔	下降沿有效触发,有暂态
H	↓	↓	H	H	⊓	⊔	下降沿有效触发,有暂态
H	↓	H	H	H	⊓	⊔	下降沿有效触发,有暂态
↑	L	×	H	H	⊓	⊔	复位端上升沿触发,有暂态
↑	×	H	H	H	⊓	⊔	复位端上升沿触发,有暂态

从表中可以看出,在下述情况下,电路可由稳态翻转到暂稳态。

- 当 $\overline{R_D}$ 为高电平且 A_1 和 A_2 至少有一个为低电平时,若 B_1、B_2 有一端接受上升沿触发脉冲,另一端接高电平信号;
- 当 $\overline{R_D}$ 和 B_1、B_2 都接高电平时,若 A_1 和 A_2 至少有一端接受下降沿触发脉冲,另一端接高电平信号;
- B_1、B_2 都接高电平且 A_1、A_2 至少有一端接低电平时,由 $\overline{R_D}$ 接受上升沿触发脉冲。

74122 的定时电阻、电容连接方式与 74121 相同,但输出定时脉冲宽度为

$$t_W = 0.32RC \tag{9.18}$$

74122 与 74121 比较,根本的区别有两点:其一,74122 在暂稳态期间,若又遇到有效触发时,那么它从新的触发时刻起将暂稳态再延长一个 T_W 宽度,使脉冲宽度变宽;其二,在暂稳态持续期间,当 $\overline{R_D}$ 置为 0 时,74122 立即终止暂稳态而返回稳态,可缩短脉冲宽度。

74122 工作波形如图 9.15 所示。图中给出了在输入触发信号 A_1 作用下的输出波形,t_W 是输出脉冲宽度。在 t_2 时刻,在输入触发脉冲的下降沿触发下,电路进入暂稳态。当暂稳态尚未结束时,新的输入脉冲的下降沿又来到(t_3 时刻),电路被重新触发,暂稳态在原来定时时间的基础上再维持 t_W 时间才结束。

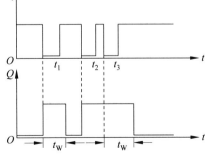

图 9.15　74122 工作波形图

9.3.2 由555定时器组成的单稳态触发器

将555定时器的高电平触发端 TH 与放电端 DIS 端相连后接定时元件 RC，从低电平触发端 $\overline{\text{TR}}$ 加入触发信号，则构成单稳态触发器，电路和工作波形如图 9.16 所示。其工作原理分析如下。

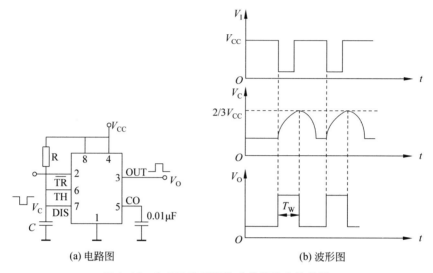

(a) 电路图　　　　　　　　　　(b) 波形图

图 9.16　由 555 定时器构成的单稳态触发器

输入信号 V_I 为高电平且 $V_I > \frac{1}{3}V_{CC}$ 时，输出电压 V_O 为低电平，DIS 导通，电容两端电压 $V_C = 0$，电路处于稳态。

当 V_I 由高电平变为低电平且低于 $\frac{1}{3}V_{CC}$ 时，输出电压 V_O 由 0 变 1，DIS 断开，电路进入暂稳态。此后，电源通过 R 对电容 C 充电，当充电到电容上电压 V_C 即 V_{TH} 端电压大于 $\frac{2}{3}V_{CC}$ 时，输出电压 V_O 由 1 变 0，DIS 导通，电容通过 DIS 端很快放电，电路自动返回稳态，等待下一个触发脉冲的到来。对触发脉冲除要求高电平大于 $\frac{2}{3}V_{CC}$，低电平小于 $\frac{1}{3}V_{CC}$ 外，其脉冲宽度应小于暂稳态时间。

输出脉冲宽度 T_W 为暂稳态持续时间，它等于电容电压 V_C 由 0 充电到 $\frac{2}{3}V_{CC}$ 所需的时间，可用下式估算：

$$T_W \approx 1.1RC \tag{9.19}$$

调节 R、C 的值可调节脉冲宽度 T_W，其调节范围从几微秒到几分钟。

恢复时间 T_{re} 是电容 C 通过三极管 T 放电所需的时间，它与 T 管的导通电阻 r_{on} 值和电容 C 成正比。由于导通电阻 r_{on} 很小，一般约为几百欧姆，所以 T_{re} 的值也很小。

分辨时间 T_d 等于输出脉冲宽度 T_W 与恢复时间 T_{re} 之和。

9.3.3 单稳态触发器的用途

1. 信号整形

假设现有一列宽度和幅度不规则的脉冲信号,将这一列信号直接加至单稳态电路的
触发输入端,在电路的输出端就可以得到一组幅度和宽度均一致的规则的矩形脉冲信号,如图 9.17 所示。

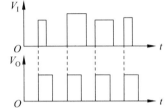

2. 信号延时

将两个单稳态触发器首尾连接,被延时信号作为第
1 级的触发输入,第 1 级的反相输出端作为第 2 级的触
发输入。根据需要,分别调整两级的外接电阻和外接电

图 9.17 单稳态电路的整形作用

容,就可以相应调整延时时间,并可以相应调整从第 2 级输出端获得脉冲信号的宽度,如
图 9.18 所示。

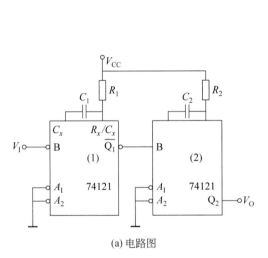

(a) 电路图

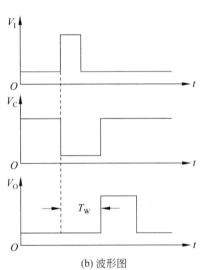

(b) 波形图

图 9.18 单稳态电路的延时作用

3. 信号定时

将单稳态触发器的输出接至与门输入端作为控制信号,另一列脉冲序列信号也同时加至
与门的另一个输入端。当单稳态触发器处于暂稳态、输出为高电平时,与门打开,脉冲序列信
号能够通过与门传递;而当经过一段时间后,单稳态电路回到稳态时,输出为低电平,控制与门
关闭。与门打开的时间取决于单稳态触发器暂稳态持续时间的长短,如图 9.19 所示。

4. 噪声消除电路

利用单稳态触发器可以构成噪声消除电路(或称脉宽鉴别电路)。通常噪声多表现

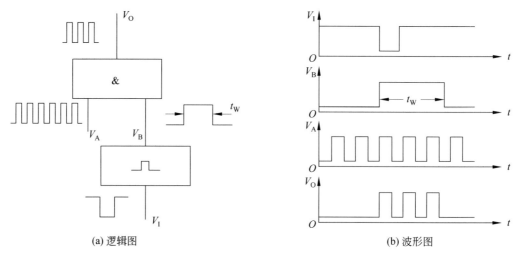

(a) 逻辑图　　　　　　　　　(b) 波形图

图 9.19　单稳态触发器作定时电路的应用

为尖脉冲,宽度较窄,而有用的信号都具有一定的宽度。利用单稳电路,将输出脉宽调节到大于噪声宽度而小于信号宽度,即可消除噪声。由单稳态触发器组成的噪声消除电路如图 9.20(a)所示,其波形如图 9.20(b)所示。

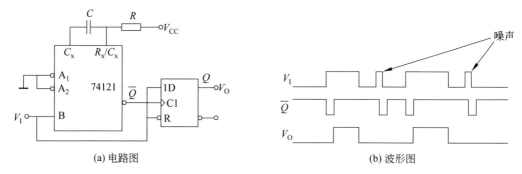

(a) 电路图　　　　　　　　　(b) 波形图

图 9.20　噪声消除电路

　　图中,输入信号接至单稳态触发器的触发输入端和 D 触发器的数据输入端及直接置 0 端,由于有用信号大于单稳态输出脉宽,因此单稳 $\overline{Q}$ 输出上升沿使 D 触发器置 1,而当信号消失后,D 触发器被清 0。若输入中含有噪声,其噪声前沿使单稳触发器翻转,但由于单稳输出脉宽大于噪声宽度,故单稳 $\overline{Q}$ 输出上升沿时,噪声已消失,从而在输出信号中消除了噪声成分。

9.4　多谐振荡器

　　多谐振荡器又称无稳态电路,它只有两个暂态,无须外界信号作用,第一暂态维持一定的时间翻转为第二暂态,第二暂态维持一定的时间又返回第一暂态,循环往返,产生一定频率和幅值的矩形脉冲波或方波。

9.4.1 由门电路构成多谐振荡器

门电路具有开关特性,用门电路作开关,加上 RC 电路也可以构成多谐振荡器。

1. 用 TTL 门构成对称式多谐振荡器

图 9.21 是用 TTL 与非门构成的对称式多谐振荡器的典型电路。在电路中,C_1 和 C_2 是耦合电容,由它们将门 G_1 和门 G_2 连接起来形成正反馈电路;R_1 和 R_2 是门 G_1 和门 G_2 的反馈电阻,阻值约为 $1k\Omega$。由于 R_1 和 R_2 的阻值介于关门电阻 R_{OFF} 和开门电阻 R_{ON} 之间,使 G_1 和 G_2 均工作在不稳定的转折区,因此容易振荡。用门电路构成的多谐振荡器比 555 定时器构成的电路复杂,鉴于篇幅所限,本书将其工作原理部分省略。

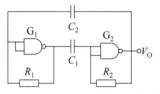

图 9.21 用 TTL 与非门构成的多谐振荡器

2. 环形振荡器

将 3 个或大于 3 个的奇数个非门环接起来也可以产生振荡,具有这种结构的振荡器称为环形振荡器。用 3 个非门构成的环形振荡器电路如图 9.22(a)所示。由于非门的输入和输出的波形总是反相的,即当输入从高跳变到低电平时,输出就要从低电平跳变到高电平,反之亦然。但输入的变化引起输出的变化需要一定的延迟时间,这个延迟时间就是门的平均传输延迟时间 t_{pd}。根据这个原理画出电路 a、b、c 点的电压波形如图 9.22(b)所示。

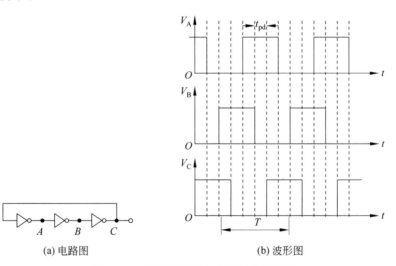

(a) 电路图 　　　　　　　　　　　　(b) 波形图

图 9.22 环形振荡器电路及工作波形图

由电路的工作波形可知,3 级与非门构成的环形振荡器的振荡周期 T 为

$$T = 2 \times 3 \times t_{pd} = 6t_{pd} \tag{9.20}$$

N(N 为大于 3 的奇数)级非门构成的环形振荡器的振荡周期为

$$T = 2 \times N \times t_{pd} \tag{9.21}$$

由于 t_{pd} 的值很小，所以环形振荡器的振荡周期很小，振荡频率很高，而且不好控制。在实际应用中，一般用这种方式来测量集成电路门的平均传输延迟时间 t_{pd}。

此时

$$t_{pd} = T/(2 \times N) \tag{9.22}$$

式中，振荡周期 T 可以用频率计从电路的输出端测出。

9.4.2 石英晶体振荡器

用电阻和电容作为定时元件而构成的多谐振荡器称为 RC 振荡器，其振荡周期或频率由 RC 的值决定。由于 RC 的值容易受到环境稳定等因素的影响，所以 RC 振荡器输出波形的频率稳定度不高，为了得到比较稳定的振荡频率，可以使用石英晶体振荡器。

由石英晶体的电抗频率特性可知，它具有极其稳定的串联谐振频率 f_S，在这个频率的两侧，晶体的电抗值迅速增加。把石英晶体串入两级正反馈电路的反馈支路中，如图 9.23 所示，则频率为 f_S 的电压信号最容易通过，并在电路中形成正反馈，而其他频率信号在经过石英晶体时被衰减。因此，振荡器的工作频率必然是 f_S，而且与电路中的 RC 元件无关。石英晶体振荡器的频率稳定度（$\Delta f_S/f_S$）可达 10^{-7} 左右。

图 9.24 给出了用 CMOS 门构成的石英晶体振荡器电路，电路中的电容 C_1、C_2 用来微调振荡器的振荡频率。

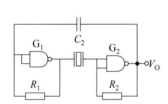

图 9.23　用 TTL 与非门构成的
石英晶体振荡器

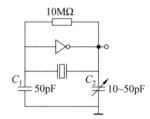

图 9.24　用 CMOS 门构成的石
英晶体振荡器

9.4.3 用施密特触发器构成多谐振荡器

用施密特与非门、或非门和反相器都可以构成多谐振荡器。用施密特反相器构成的多谐振荡器电路如图 9.25(a)所示，其工作原理分析如下：

当电路刚加上电源电压时，电容 C 上的电压 $V_C = 0$，即 V_I 低于施密特反相器的负向阈值电压 V_{T1}，反相器的输出为高电平，$V_O = V_{OH}$。这时，V_{OH} 经过电阻 R 对电容 C 充电，使 V_C（即 V_I）电压上升。当 V_C 上升到施密特电路的正向阈值电平 V_{T2} 时，反相器发生状态变化，输出由高电平变为低电平，$V_O = V_{OL}$。这时，电容 C 停止充电过程，反过来经过电阻 R 向 V_{OL} 放电，使 V_C 电压下降。当 V_C 下降到 V_{T1} 时，反相器又发生状态变化，输出由低电平变为高电平，即 $V_O = V_{OH}$。如此往复，使输出产生矩形波。

用施密特反相器构成的多谐振荡器的工作波形如图 9.25(b)所示。从图中可以看出，振荡周期 T 为

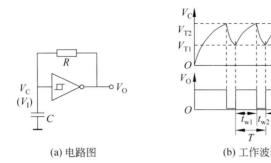

(a) 电路图　　　　　(b) 工作波形图

图 9.25　用施密特触发器构成的多谐振荡器

$$T = t_{w1} + t_{w2} \tag{9.23}$$

其中，t_{w1} 是电容 C 充电过程时间。充电过程的时间常数 $\tau = RC$，起始值 $V_C(0+) = V_{T1}$，稳态值 $V_C(\infty) = V_{OH}$，转折值 $V_C(t_{w1}) = V_{T1}$，可得

$$t_{w1} = \tau \times \ln\left[\frac{V_C(\infty) - V_C(0^+)}{V_C(\infty) - V_C(t_{w1})}\right] = RC \times \ln\left[\frac{V_{OH} - V_{T1}}{V_{OH} - V_{T2}}\right] \tag{9.24}$$

t_{w2} 是电容 C 放电过程的时间。放电过程的时间常数 $\tau = RC$，初始值 $V_C(0+) = V_{T2}$，稳态值 $V_C(\infty) = V_{OL}$，转折值 $V_C(t_{w2}) = V_{T1}$，得到

$$t_{w2} = \tau \times \ln\left[\frac{V_C(\infty) - V_C(0^+)}{V_C(\infty) - V_C(t_{w2})}\right] = RC \times \ln\left[\frac{V_{OL} - V_{T2}}{V_{OL} - V_{T1}}\right] \tag{9.25}$$

电路的振荡周期为

$$T = t_{w1} + t_{w2} = RC \times \ln\left[\frac{V_{OH} - V_{T1}}{V_{OH} - V_{T2}} \times \frac{V_{OL} - V_{T2}}{V_{OL} - V_{T1}}\right] \tag{9.26}$$

9.4.4　由 555 定时器构成多谐振荡器

多谐振荡器可以由 555 定时器组成，电路如图 9.26 所示。将 555 定时器的高电平触发端 TH 和低电平触发端 $\overline{\text{TR}}$ 连接在一起，外接电阻 R_1、R_2 和电容 C，便构成了多谐振荡器，其工作原理如下：

接通电源后，设电容电压 $V_c = 0$，所以 $V_{TH} = V_{TR} < \frac{1}{3} V_{CC}$。由 555 定时器的功能表可知，$V_O$ 为高电平时，DIS 关断，电源对电容 C 充电，充电回路为 $V_{CC} \rightarrow R_1 \rightarrow R_2 \rightarrow C \rightarrow$ 地，随着充电过程的进行，电容电压 V_C 上升，当上升到 $\frac{2}{3} V_{CC}$ 时，电路输出低电平，DIS 接通，电容 C 通过电阻 R_2 和放电管 T 放电，V_C 下降到 $\frac{1}{3} V_{CC}$ 时，电路再次输出高电平，DIS 关断，电容 C 充电，如此周而复始，电路形成自激振荡，输出为矩形脉冲，其工作波形如图 9.27 所示。

矩形波的周期取决于电路的充放电时间常数，其充电的时间常数为 $(R_1 + R_2)C$，放电时间常数为 $R_2 C$，则输出脉冲的周期为

$$T = T_1 + T_2 = 0.7(R_1 + 2R_2)C$$

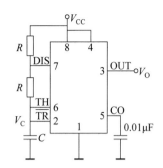

图 9.26 由 555 定时器构成的多谐振荡器

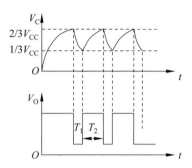

图 9.27 多谐振荡器工作波形

9.5 综合应用电路

1. 液位监控报警器

液位监控报警器电路如图 9.28 所示，555 定时器接成多谐振荡器工作模式。液位处于正常水平时，探测电极因被浸泡而导通，定时电容 C 被短路，使 555 定时器的引脚 2、引脚 6 处于低电位，其输出端（引脚 3）一直保持高电平，扬声器不发声。当液位下降而使探测电极处于开路时，定时电容开始起作用，555 定时器起振，扬声器发出蜂鸣声，提醒人们液位已下降到预定的最低水位。

2. 555 定时触摸开关

555 定时触摸开关如图 9.29 所示，在这里接成单稳态电路。平时由于触摸片 P 端无感应电压，电容 C_1 通过 555 第 7 脚放电完毕，第 3 脚输出为低电平，继电器 K_S 释放，电灯不亮。

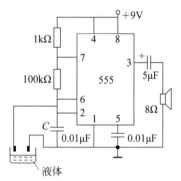

图 9.28 液位监控报警器

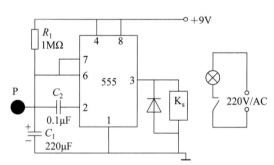

图 9.29 555 定时触摸开关

当需要开灯时，用手触碰一下金属片 P，人体感应的杂波信号电压由 C_2 加至 555 的触发端，使 555 的输出由低变成高电平，继电器 K_S 吸合，电灯点亮。同时，555 第 7 脚内部截止，电源便通过 R_1 给 C_1 充电，这就是定时的开始。

当电容 C_1 上电压上升至电源电压的 2/3 时，555 第 7 脚导通使 C_1 放电，使第 3 脚输出由高电平变回到低电平，继电器释放，电灯熄灭，定时结束。

定时长短由 R_1、C_1 决定：$T_1 = 1.1R_1 \times C_1$。按图中所标数值，定时时间约为 4 分钟。

习　题　9

9.1　试用 555 定时器构成施密特触发器,电源电压 $V_{CC}=15V$,输入信号 V_I 为三角波,画出输出电压 V_O 的波形,并写出回差电压表达式。

9.2　利用 555 定时器构成一个鉴幅电路,实现图 9.30 所示的鉴幅功能,其中,$V_{TH}=18V$,$V_{TR}=1.6V$。要求画出电路图,并标明电路中相关的参数值。

9.3　由集成单稳态触发器 74121 组成的延时电路及输入波形如图 9.31 所示,试计算输出脉宽的变化范围并解释为什么使用电位器时要串接一个电阻。

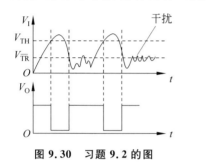

图 9.30　习题 9.2 的图

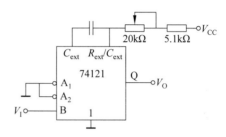

图 9.31　习题 9.3 的图

9.4　某控制系统要求产生的时序信号 V_a、V_b 与系统时钟 CP 的时序关系如图 9.32 所示。试用 4 位二进制计数器 74163、集成单稳 74121 设计该信号产生电路,画出电路图。

9.5　集成施密特电路和集成单稳态触发器 74121 构成的电路如图 9.33 所示。已知集成施密特电路的 $V_{CC}=10V$,$R=100k\Omega$,$C=0.01\mu F$,$V_{T2}=6.3V$,$V_{T1}=2.7V$;$C_X=0.01\mu F$,$R_X=30k\Omega$。试分别计算 V_{O1} 的周期及 V_{O2} 的脉宽并根据计算结果,画出 V_C、V_{O1}、V_{O2} 的波形。

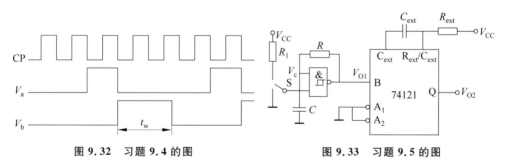

图 9.32　习题 9.4 的图　　　　　　图 9.33　习题 9.5 的图

9.6　由 555 定时器组成的脉冲宽度鉴别电路及输入 u_1 波形如图 9.34 所示。集成施密特电路的 $V_{T2}=3V$、$V_{T1}=1.6V$,单稳的输出脉宽 t_W 有 $t_1<t_W<t_2$ 的关系。对应 V_I 画出电路中 B、C、D、E 各点波形,并说明 D、E 端输出负脉冲的作用。

9.7　单稳态电路的输入、输出波形如图 9.35 所示,设 $V_{CC}=5V$,电容 $C=0.17\mu F$。试画出由 555 定时器组成的电路,并确定电阻 R 的值。

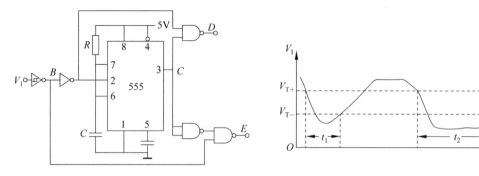

图 9.34　习题 9.6 的图

9.8　如图 9.36 所示电路为电子门铃电路，图中 S 为门铃的按钮，试分析电路的工作原理。

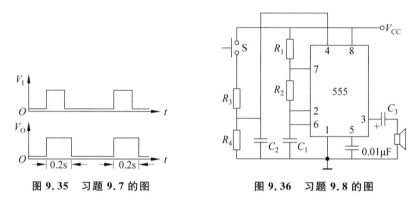

图 9.35　习题 9.7 的图　　　　图 9.36　习题 9.8 的图

9.9　石英晶体多谐振荡器的振荡频率由哪个参数决定？若要得到多个其他频率的信号，如何实现？

9.10　图 9.37 所示为 555 定时器构成的多谐振荡器，已知 $V_{CC}=10V$，$C=0.1\mu F$，$R_1=20k\Omega$，$R_2=80k\Omega$，求振荡周期 T，并画出相应 V_1 和 V_O 的波形。

9.11　图 9.38 所示电路为由两个 555 定时器构成的电子触摸游戏电路，图中 A 为触摸端，当触摸到 A 时，相当于给 555 的 TR 端输入一个触发脉冲，试分析电路的工作原理。

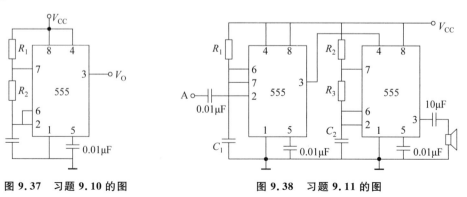

图 9.37　习题 9.10 的图　　　　图 9.38　习题 9.11 的图

9.12 试分析图 9.39 所示由 555 定时器组成的换气扇自动控制电路,说明电路中的两个 555 定时器分别是哪一种基本连接形式? 各有什么功能?

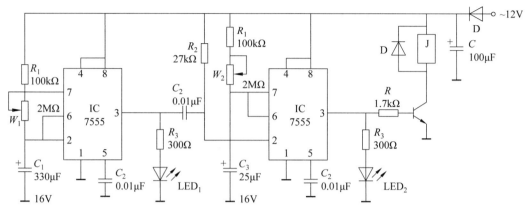

图 9.39 习题 9.12 的图

9.13 分析如图 9.40 所示电路,简述电路组成及工作原理。若要求扬声器在开关 S 按下后,以 1.2kHz 的频率持续响 10s,试确定图中 R_1、R_2 的阻值。

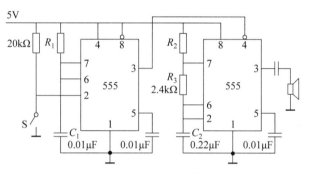

图 9.40 习题 9.13 的图

9.14 图 9.41 所示电路为两个 555 定时器构成的频率可调、而脉宽不变的方波发生器,试说明工作原理;确定频率变化的范围和输出脉宽;解释二极管 D 在电路中的作用。

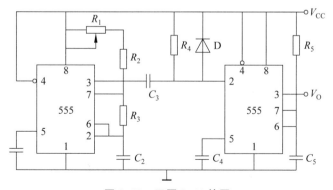

图 9.41 习题 9.14 的图

第 10 章

D/A 与 A/D 转换器及其应用

引言 随着数字技术,特别是计算机技术的迅速发展,在现代控制、通信及检测领域中,为提高系统的性能指标,对信号的处理广泛采用了数字计算机技术。由于数字计算机只能处理数字信号,而系统的实际对象往往是一些模拟量,因此需要将模拟信号转换成数字信号后才能送给数字系统进行处理。同时,往往还需要把处理后得到的数字信号再转换成相应的模拟信号,作为最后的输出。通常把数字信号转换成模拟信号的电路或器件称为数字-模拟转换器,又称为 D/A 转换器或称 DAC;将模拟信号转换数字信号的电路或器件称为模拟-数字转换器,又称为 A/D 转换器或称 ADC。本章主要介绍 D/A 转换器和 A/D 转换器的电路结构、基本原理和常见的典型电路。

10.1　概　　述

D/A 与 A/D 常用于数字控制系统、数据通信与传输系统以及自动测试与测量系统。图 10.1 所示为典型的数字控制系统。它由传感器、信号调理电路、A/D、数字控制器、D/A、功率驱动等部分组成。

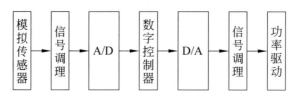

图 10.1　数字控制系统

模拟传感器用于采集实时信息,并将非电物理量转换成电信号。信号调理电路将传感器送来的模拟信号进行变换、放大及滤波等处理,将信号调理成 A/D 所能接收的信号。A/D 用于将模拟信号转换成数字量,并将其传输给数字控制器。数字控制器将采集的信号进行加工处理,再将处理后的信号送到 D/A 转换器。D/A 转换器将数字控制器的数字信号变换成模拟量,送给信号调理电路,进行放大及变换,最后送到功率驱动电路,供负载使用。

图 10.2 所示为数据传输系统。它由多路模拟信号输入选择器、A/D、调制器、高频

传输系统、解调器、D/A 及多路模拟信号输出选择器等组成。

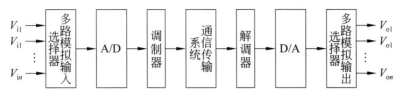

图 10.2　数据传输系统

在通信系统中,往往要传输的信号较多,如不加任何处理,则需要较多的传输通道,这不仅降低了通信效率,而且占用了大量的通信资源。所以在数据通信与传输系统中,往往通过将模拟量进行数字化,然后利用分时传输技术,实现多路信号通过一个传输通道进行传输。多路模拟信号通过模拟输入选择器,分时送入某一路信号,然后将该信号送入 A/D 转换器,转换成数字信号,再送到调制器,生成可以通过无线、微波及光纤等方式传输的信号进行传输。接收端先对调制信号进行解调,再送到 D/A,最后通过模拟输出选择器将信号送到相应的出口。

在现代测量仪器和设备系统中,几乎所有的电子测量系统均采用数字测量方式,如数字万用表、数字示波器、数字温度计及数字电流源等。在这些系统中一般都离不开 D/A 及 A/D。

除此之外,在医疗信息、电视信号、图像处理、语音合成等系统中也应用到 A/D 及 D/A 转换器。

10.2　D/A 转换器

数字量是用代码按数位组合起来表示的,对于有权码,每位代码都有一定的权。为了将数字量转换成模拟量,必须将每 1 位的代码按其权的大小转换成相应的模拟量,然后将这些模拟量相加,即可得到与数字量成正比的模拟量,从而实现了数字-模拟转换。

n 位 D/A 转换器的方框图如图 10.3 所示。

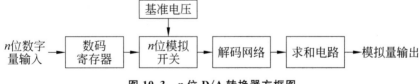

图 10.3　n 位 D/A 转换器方框图

D/A 转换器由数码寄存器、模拟电子开关电路、解码网络、求和电路及基准电压几部分组成。数字量以串行或并行方式输入并存储于数码寄存器中,寄存器输出的每位数码驱动对应数位上的电子开关,将在电阻解码网络中获得的相应数位权值送入求和电路。求和电路将各位权值相加便得到与数字量对应的模拟量。

D/A 转换器按解码网络结构不同可分为权电阻网络 D/A 转换器、倒 T 型电阻网络 D/A 转换器、权电流型 D/A 转换器等几种类型。

10.2.1　权电阻网络 D/A 转换器

1. 电路组成

图 10.4 所示为 4 位权电阻网络 D/A 转换器的原理图。它由权电阻网络 2^0R、2^1R、2^2R、2^3R，电子模拟开关 S_0、S_1、S_2、S_3，基准电压 U_{REF} 及求和运算放大器组成。

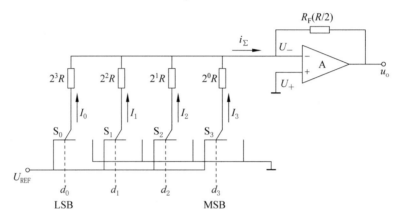

图 10.4　权电阻网络 D/A 转换器原理图

电子模拟开关 $S_0 \sim S_3$ 受输入数字信号 $d_0 \sim d_3$ 控制，如果第 i 位数字信号 $d_i=1$，则 S_i 接位置 1，相应的电阻 R_i 和基准电压 U_{REF} 接通；若 $d_i=0$，则 S_i 接位置 0，R_i 接地。

求和运算放大器用于将权电阻网络提供的电流 i_Σ 转换为相应的模拟电压 u_o 输出。调节反馈电阻 R_F 的大小，可使输出的模拟电压 u_o 符合要求。同时，求和运算放大器又是权电阻网络和输出负载的缓冲器。

2. 工作原理

下面分析图 10.4 所示权电阻 D/A 转换器输出的模拟电压和输入数字信号之间关系。在假设运算放大器输入电流为零的条件下可以得到：

$$u_o = -R_F i_\Sigma = -R_F(I_3 + I_2 + I_1 + I_0) = -R_F\left(\frac{U_{REF}}{2^0R}d_3 + \frac{U_{REF}}{2^1R}d_2 + \frac{U_{REF}}{2^2R}d_1 + \frac{U_{REF}}{2^3R}d_0\right)$$

$$(10.1)$$

取 $R_F = R/2$，则得到：

$$u_o = -\frac{U_{REF}}{2^4}(d_3 2^3 + d_2 2^2 + d_1 2^1 + d_0 2^0) \tag{10.2}$$

对于 n 位的权电阻网络 D/A 转换器，当反馈电阻取为 $R/2$ 时，输出电压的计算公式可写成：

$$u_o = -\frac{U_{REF}}{2^n}(d_{n-1} 2^{n-1} + d_{n-2} 2^{n-2} + \cdots + d_1 2^1 + d_0 2^0) = -\frac{U_{REF}}{2^n}\sum_{k=0}^{n-1} d_k 2^k \quad (10.3)$$

上式表明，输出的电压正比于输入的数字量，从而实现了从数字量到模拟量的转换。

权电阻网络 D/A 转换器优点是电路结构比较简单，所用的电阻元件数比较少。它的缺点是各个电阻的阻值相差比较大,尤其是在输入信号的位数较多时,这个问题更突出。例如当输入信号增加到 8 位时,如果权电阻网络中最小的电阻为 $R=10\mathrm{k}\Omega$,那么最大的电阻值将达到 $2^7R(=1.28\mathrm{M}\Omega)$,两者相差 128 倍之多。要想在极为宽广的阻值范围内保证每个电阻都有很高的精度是十分困难的,尤其对制作集成电路更加不利。为了克服权电阻网络 D/A 转换器中电阻值相差太大的缺点,常采用倒 T 型电阻网络 D/A 转换器。

10.2.2   倒 T 型电阻网络 D/A 转换器

1. 电路组成

图 10.5 所示为 4 位 R-$2R$ 倒 T 型电阻网络 D/A 转换器的原理图。和权电阻网络 D/A 转换器相比,除电阻网络结构呈倒 T 型外,电阻网络中只有 R、$2R$ 两种阻值的电阻,这就给集成电路的设计和制作带来了很大的方便。

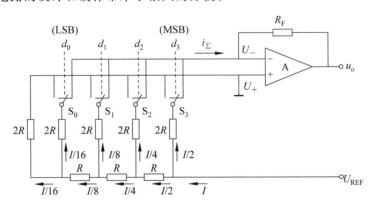

图 10.5   倒 T 型电阻网络 D/A 转换器

2. 工作原理

电子模拟开关 $S_0 \sim S_3$ 受输入数字信号 $d_0 \sim d_3$ 控制。如果第 i 位数字信号 $d_i=1$,S_i 接求和运算放大器的虚地端;当 $d_i=0$ 时,S_i 接地。可见,无论输入数字信号为 0 还是为 1,即无论各电子模拟开关接 0 端还是接 1 端,各支路的电流都直接流入地或流入求和运算放大器的虚地端,所以对于倒 T 型电阻网络来说,各 $2R$ 电阻的上端相当于接地。由图 10.5 可以看出,基准电压 U_{REF} 对地电阻为 R,其流出的电流 $I=U_{\mathrm{REF}}/R$ 是固定不变的,而每个支路的电流依次为 $I/2$、$I/4$、$I/8$、$I/16$,因此,电流 I_Σ 为

$$I_\Sigma = \frac{I}{2}d_3 + \frac{I}{4}d_2 + \frac{I}{8}d_1 + \frac{I}{16}d_0 \tag{10.4}$$

在求和放大器的反馈电阻阻值等于 R 的条件下输出电压为

$$u_\mathrm{o} = -Ri_\Sigma = -\frac{U_{\mathrm{REF}}}{2^4}(d_3 2^3 + d_2 2^2 + d_1 2^1 + d_0 2^0) \tag{10.5}$$

以此类推,对于 n 位倒 T 型电阻网络 D/A 转换器,在求和放大器的反馈电阻阻值为 R 的条件下,输出的模拟电压为

$$u_o = -\frac{U_{REF}}{2^n}(d_{n-1}2^{n-1} + d_{n-2}2^{n-2} + \cdots + d_1 2^1 + d_0 2^0) \tag{10.6}$$

由上式可看出，输出电压和输入数字量成正比。由于不论电子模拟开关接 0 端还是接 1 端，电阻 $2R$ 的上端总是接地或接求和运算放大器的虚地端，因此流经 $2R$ 支路上的电流不会随开关状态的变化而变化，它不需要建立时间，所以电路的转换速度提高了。倒 T 型电阻网络 D/A 转换器的电阻数量虽比权电阻网络多，但只有 R 和 $2R$ 两种阻值，因而克服了权电阻网络电阻阻值多、差别大的缺点，便于集成化。因此，$R\text{-}2R$ 倒 T 型电阻网络 D/A 转换器得到了广泛的应用。

但无论是权电阻网络 D/A 转换器还是倒 T 型电阻网络 D/A 转换器，在分析过程中，都把电子模拟开关当作理想开关处理，没有考虑它们的导通电阻和导通电压降。而实际上，这些开关总有一定的导通电阻和导通压降，而且每个开关的情况不完全相同。它们的存在无疑将引起转换误差，影响转换精度。为了解决这一问题，常采用权电流D/A 转换器。

10.2.3 权电流型 D/A 转换器

1. 电路组成

图 10.6 所示为 4 位权电流型 D/A 转换器的原理图。它由权电流 $I/16$、$I/8$、$I/4$、$I/2$，电子模拟开关 S_0、S_1、S_2、S_3，基准电压 U_{REF} 及求和运算放大器组成。

电子模拟开关 $S_0 \sim S_3$ 受输入数字信号 $d_0 \sim d_3$ 控制，如果第 i 位数字信号 $d_i = 1$，则相应的开关 S_i 将权电流源接至运算放大器的反相输入端；若 $d_i = 0$，则其相应的开关将电流源接地。

恒流源电路经常使用图 10.7 所示的结构形式。只要在电路工作时 U_B 和 U_{EE} 稳定不变，则三极管的集电极电流可保持恒定，不受开关电阻的影响。电流的大小近似为

$$I_i = \frac{U_B - U_{EE} - U_{BE}}{R_E} \tag{10.7}$$

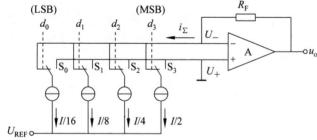

图 10.6 权电流 D/A 转换器

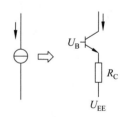

图 10.7 权电流 D/A 转换器
中的电流源

2. 工作原理

在权电流型 D/A 转换器中，有一组恒流源，每个恒流源的大小依次为前一个的 $1/2$，

和二进制输入代码对应的权成正比。

输出电压为

$$u_\mathrm{o} = i_\Sigma R_\mathrm{F} = R_\mathrm{F}\left(\frac{I}{2}d_3 + \frac{I}{4}d_2 + \frac{I}{8}d_1 + \frac{I}{16}d_0\right) = \frac{R_\mathrm{F}I}{2^4}(d_3 2^3 + d_2 2^2 + d_1 2^1 + d_0 2^0)$$

(10.8)

可见,输出电压 u_o 正比于输入的数字量,实现了数字量到模拟量的转换。权电流 D/A 转换器各支路电流的叠加方法与传输方式和 $R\text{-}2R$ 倒 T 型电阻网络 D/A 转换器相同,因而也具有转换速度快的特点。此外,由于采用了恒流源,每个支路电流的大小不再受开关电阻和压降的影响,从而降低了对开关电路的要求。

10.2.4   D/A 转换器的主要技术指标

D/A 转换器的主要技术指标包括静态指标、动态指标及环境和工作条件指标。静态指标主要有分辨率和精度指标。动态指标通常以建立时间和尖峰等参数表示。而环境条件指标主要有反映环境、温度影响的各种温度系数。实际上,用户在选择时最为关心的主要是转换精度和转换时间等。

1. 分辨率

D/A 转换器的分辨率指的是输入一个数码就有一个相应的最小能识别的量化输出电压,称为量化单位或量化步长。分辨率通常用输入数字量只有最低有效位为 1 时的最小输出电压与输入数字有效位全为 1 时的对应最大输出电压之比表示。因此

$$分辨率 = \frac{2^{-n}}{1 - 2^{-n}} = \frac{1}{2^n - 1}$$

(10.9)

当 n 位数很大时,分辨率就等于 $\frac{1}{2^n}$,如对于 10 位 D/A 转换器,其分辨率为 $\frac{1}{2^{10}} = \frac{1}{1024}$ $\cong 0.001$,表示它可以对满量程的 $\frac{1}{1024}$ 的增量做出反应。显然,位数越多,分辨率就越高。转换时,对应数字输入量信号最低位的模拟电压量值越小,也就越灵敏。所以,习惯上常用输入二进制数位来给出分辨率,例如 D/A 转换器 DAC0832 的分辨率为 8 位,AD7542 的分辨率为 12 位等。

2. 转换精度

D/A 转换器的转换精度有绝对精度和相对精度之分。绝对精度指的是转换器实际输出电压与理论值之间的误差,该误差是由于 D/A 转换器的增益误差、零点误差、非线性误差和噪声等因素造成的。通常用数字量位数作为度量绝对精度的单位,如精度为 $\pm(1/2)\mathrm{LSB}$。如果满量程为 10V,则 12 位 D/A 转换器的绝对精度为 1.22mV。

相对精度是指满刻度已校准的情况下,对应于任一数码的模拟量与理论值之差相对于满刻度的百分比。如 10 位 D/A 的相对精度为 0.1%。相对精度亦称线性度。

值得注意的是,精度和分辨率是两个不同的概念。精度是指转换后所得实际结果对

于理想值的接近程度,而分辨率是指能够对转换结果发生影响的最小输入量。即便对于分辨率很高的 D/A 转换器,可能由于温度、漂移、线性度不良等原因,并不一定具有很高的精度。

3. 转换时间

D/A 转换器的转换时间又称建立时间,是描述 D/A 转换速度快慢的一个重要参数。所谓建立时间,是指 D/A 转换器中输入代码有满度值的变化时,其输出模拟电压(或电流)达到满度值±1/2LSB 时所需要的时间。

4. 非线性误差

D/A 转换器的非线性误差定义为实际转换特性曲线与理想特性曲线之间的最大偏差,并用该偏差相对满量程的百分数度量。非线性误差反映了 D/A 转换器在输入数字量变化时输出模拟量按比例关系变化的程度。一般要求非线性误差不大于±(1/2)LSB。

10.2.5　D/A 转换器集成芯片及选择要点

D/A 转换器芯片作为模拟量输出通道的核心部件,在接口设计中应首先选择。选择依据主要从芯片的功能特点、结构组成和应用特性等几个方面进行考虑。随着大规模集成电路技术的飞速发展,D/A 转换器芯片的功能、结构、性能等都不断得到改进,为微机应用系统和接口设计人员提供了极大的方便。应尽可能选择性能/价格比高的集成芯片,以满足不同应用的需要。

1. D/A 转换器集成芯片简介

几种常用的 D/A 芯片的特点和性能如表 10.1 所示。

表 10.1　几种常用 D/A 芯片的特点和性能

芯片型号	位数	转换时间(ns)	非线性误差(%)	工作电压(V)	基准电压(V)	功耗(mW)	输出	数据总线接口
DAC0832	8	1000	0.2~0.05	+5~+15	-10~+10	20	I	并行
AD7520	10	500	0.2~0.05	+5~+15	-25~+25	20	I	并行
AD7521	12	500	0.2~0.05	+5~+15	-25~+25	20	I	并行
DAC1210	12	1000	0.05	+5~+15	-10~+10	20	I	并行
MAX506	8	6000		+5 或±5	0~5 或±5	25	U	串行
MAX538	12	25000		+5	0~3	0.7	U	串行

D/A 转换器集成芯片,按功能与结构的不同和使用的方便程度可以大致分为 3 种类型:第一类为简单功能性结构的 D/A 转换器芯片;第二类是与微机完全兼容的 D/A 转换器芯片;第三类为"超级型"D/A 转换器芯片。

2. D/A 转换器芯片选择要点

在设计微机应用系统的接口电路时,合理选择 D/A 转换器芯片是很重要的一环。

所谓"合理"选择,指的是既要结合应用系统的实际需要,又要选用性能/价格比高的芯片,还要确保接口实现既简单方便,又可靠实用。D/A 转换器的选择要点如下:

1) D/A 转换器芯片主要性能指标的选择

首先要合理选择分辨率、精度和转换速度以满足设计任务所要求的技术指标。转换器的这些性能指标在器件手册上都能查到。需要注意的是,一般位数越多,精度会越高,转换时间也越长;但价格随速度和精度的提高而增加。

2) 锁存特性与转换控制的选择

D/A 转换器芯片内部是否带有数据输入锁存缓冲器,将直接影响与微机的接口设计。如果选用上述第一类芯片,还必须外加数字量输入锁存器等,否则只能通过具有输出锁存功能的 I/O 端口给 D/A 转换器传送数字量。但若是选用第二类或第三类芯片,接口设计就简单多了。

3) 数字输入输出特性的选择

(1) 数字输入特性,包括接收数据的码制、数据格式以及逻辑电平等。

大多数 D/A 转换器芯片只能接收自然二进制数字代码。当输入数据为 2 的补码或偏移码等双极性数码时,应外加适当的偏置电路。

输入数据格式大多数为并行码,现在也有少数芯片内部有移位寄存器,可以接收串行输入码,如 AD7522 和 AD7543 等。

对于输入逻辑电平的要求可以分为两大类:一类 D/A 转换器使用固定的阈值电平,一般只能与 TTL 或低压 CMOS 电路相连;另一类可以通过对"逻辑电平控制"或"阈值电平控制"端加合适的电平,以使 D/A 转换器能分别与 TTL、高低压 CMOS 或 PMOS 器件进行直接连接。

(2) 数字输出特性:D/A 转换器芯片有电流输出型和电压输出型。目前大多数芯片为电流输出型,若要构成电压输出型,只需在 DAC 的电流输出端外接一个运算放大器,运算放大器的反馈电阻有的也可做在芯片内部,如 DAC0832。

对于具有电流源性质输出特性的 D/A 转换器,要求输出电流与输入数字之间保持正确的转换关系,只要输出端电压小于输出电压允许范围,而与输出端的电压大小无关。对于输出特性为非电流源特性的 D/A 转换器(如 AD7522、DAC1020 等),无输出电压允许范围指标,电流输出端应保持公共端电位或为虚地,否则将破坏其转换关系。

4) D/A 转换器参考电压源的配置

参考电压源是影响 D/A 转换器输出结果的唯一模拟参量,对 D/A 转换接口的工作性能和电路结构有很大影响。目前大多数 D/A 转换器芯片不带参考电压源,使用这类芯片时为了方便地改变输出模拟电压范围和极性,必须配置合适的外接参考电压源。

外接参考电源形式很多,图 10.8 中列出了常用的 3 种参考电压源电路,其中图 10.8(a) 是由带温度补偿的齐纳二极管 D_w 构成的参考电压源电路。

图 10.8(b) 为采用运算放大器的稳压电路。该电路具有驱动能力强,负载变化对输出参考电压无直接影响,参考电压可以调节等特点。

图 10.8(c) 使用了一种新颖的精密参考电压源——能隙恒压源器件 MC1403(国产型号为 5G1403)。这种集成化的精密稳压电源的特点是输出电压低(1.25~2.5V),而输

入电压为 5～15V。与齐纳二极管相比,能隙恒压源工作在线性区域,内部噪声小。

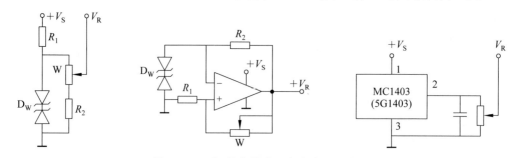

图 10.8　D/A 转换器常用参考电压源电路

10.2.6　集成 DAC 器件

　　DAC 的集成器件有很多产品,下面以 DAC0832 为例介绍集成 DAC 的电路结构和应用。DAC0832 是美国国家半导体公司(NSC)生产的 8 位 D/A 转换器,芯片采用 CMOS 工艺,该器件可以直接与各种微处理器接口,是控制系统中常用的 D/A 转换器。

　　图 10.9 是 DAC0832 的内部电路结构框图及外部引脚的标号和名称。它由 8 位输入寄存器、8 位 D/A 寄存器、8 位 D/A 转换器、逻辑控制电路以及输出电路的辅助元件 R_{fb}(15kΩ)组成。8 位 D/A 转换器采用 R-$2R$ 倒 T 型电阻网络结构。DAC0832 有两个可以分别控制的数据寄存器,在使用时有很大的灵活性,可以根据需要接成不同的工作方式。DAC0832 中没有集成运算放大器,并且采用电流输出方式,使用时须外接运算放大器。芯片中已经设置有电阻 R_{fb},只要将 9 脚接到运算放大器的输出端即可。若运算放大器增益不够,还须外接反馈电阻。各引脚名称和功能说明如下。

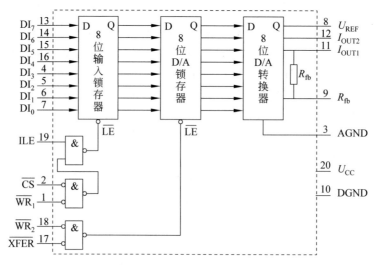

图 10.9　DAC0832 的内部组成框图

1. 控制信号

$\overline{CS}$(1)：片选信号，低电平有效。

$\overline{W_{R1}}$(2)：数据输入选通信号，低电平有效。

ILE(19)：输入允许信号，高电平有效。

只有在 $\overline{CS}$、$\overline{W_{R1}}$、ILE 同时有效时，输入的数字量才能写入输入寄存器，并在 $\overline{W_{R1}}$ 的上升沿实现数据锁存。

$\overline{W_{R2}}$(18)：数据传送选通信号，低电平有效。

$\overline{XFER}$(17)数据传送控制信号，低电平有效。

只有在 $\overline{W_{R2}}$、$\overline{XFER}$ 同时有效时，输入寄存器的数字量才能写入到 D/A 寄存器，并在 $\overline{W_{R2}}$ 的上升沿实现数据锁存。

2. 输入数字量

$DI_0 \sim DI_3$(7～4)、$DI_4 \sim DI_7$(16～13)：8 位数字量输入（自然二进制码），DI_7 为最高位，DI_0 为最低位。

3. 输出模拟量

$IOUT_1$(11)：DAC 输出电流 1。当 D/A 寄存器中的数据全为 1 时，$IOUT_1$ 最大（满量程输出）；当 D/A 寄存器中的数据全为 0 时，$IOUT_1 = 0$。

$IOUT_2$(12)：DAC 输出电流 2。$IOUT_2$ 为一常数（满量程输出电流）与 $IOUT_1$ 之差，即 $IOUT_1 + IOUT_2$ 为满量程输出电流。

4. 电源和地

U_{CC}(20)：接电路工作的电源电压，其值为 +5～+15V。

AGND(3)：模拟地。

DGND(10)：数字地。

10.3　A/D 转换器

A/D 转换器的任务就是将时间和幅度都连续变化的模拟信号，转换成与之成比例的时间和幅度都离散的数字信号输出。A/D 转换一般要经过采样、保持、量化及编码 4 个过程。在实际电路中，这些过程有的是合并进行的，例如，采样和保持、量化和编码往往是在转换过程中同时实现。

10.3.1　A/D 转换器的工作原理

在 A/D 转换器中，因为输入的模拟信号在时间上是连续的，而输出的数字信号是离散的，所以转换只能在一系列选定的瞬间对输入的模拟信号采样，然后再把这些采样值转换成输出的数字量。因此，A/D 转换的过程是首先对输入的模拟电压信号进行采样，采样结束后进入保持时间，在这段时间内将采样的电压量化为数字量，并按一定的编码形式给出转换结果，然后再开始下一次采样。

1. 采样与保持

采样是将时间上连续变化的信号转化为时间上离散的信号，即将时间上连续变化的模拟量转换为一系列等间隔的脉冲，脉冲的幅度取决于输入模拟量，其过程如图 10.10 所示。图中，$u_i(t)$ 是输入模拟信号，$s(t)$ 为采样脉冲，$u_o(t)$ 为采样后的输出信号。

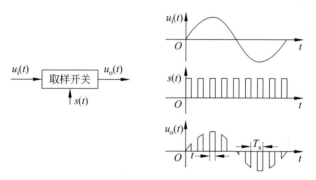

图 10.10　采样过程

在采样脉冲作用的周期 τ 内，采样开关接通，使 $u_o(t) = u_i(t)$，在其他时间 $(T_s - \tau)$ 内，输出等于 0。因此，每经过一个采样周期，对输入信号采样一次，在输出端便得到输入信号的一个采样值。为了不失真地恢复原来的输入信号，根据采样定理，一个频率有限的模拟信号，其采样频率 f_s 必须大于等于输入模拟信号包含的最高频率 f_{max} 的两倍，即采样频率必须满足：

$$f_s \geqslant 2f_{max} \tag{10.10}$$

模拟信号经采样后，得到一系列样值脉冲。采样脉冲宽度 τ 一般是很短暂的，在下一个采样脉冲到来之前，应暂时保持所取得的样值脉冲幅度，以便进行转换。因此在采样电路之后须加保持电路。图 10.11(a) 所示是一种常见的采样保持电路，场效应管 V 为采样门，电容 C 为保持电容，运算放大器为跟随器，起缓冲隔离作用。在采样脉冲 $s(t)$ 到来的时间内场效应管 V 导通，输入模拟量 $u_i(t)$ 向电容充电。假定充电时间常数远小于 τ，那么电容 C 上的充电电压就能够及时跟上 $u_i(t)$ 的采样值。采样结束，V 迅速截止，电容 C 上的充电电压就保持了前一次采样时间 τ 的输入 $u_i(t)$ 的值，一直保持到下一个采样脉冲到来为止。当下一个采样脉冲到来时，电容 C 上的电压 $u_o(t)$ 再按输入 $u_i(t)$ 变化。

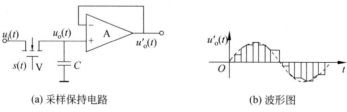

(a) 采样保持电路　　　　　　　　　　(b) 波形图

图 10.11　采样保持电路及输出波形

在输入一连串采样脉冲序列后,采样保持电路的缓冲放大器输出电压 $u'_o(t)$ 便得到如图 10.11(b)所示的波形。

2. 量化与编码

正如前面所讲,数字信号不仅在时间上是不连续的,而且在幅度上的变化也是不连续的。因此,任何一个数字量的大小都可用某个最小量化单位的整数倍来表示。而采样保持后的电压仍是连续可变的,在将其转换成数字量时,就必须把它与一些规定个数的离散电平进行比较,凡介于两个离散电平之间的采样值,可按某种方式近似地用这两个离散电平中的一个表示。这种取整并归的方式和过程称为数值量化,简称量化。所取的最小数量单位叫做量化单位,用 Δ 表示。显然,数字信号最低有效位(LSB)的 1 所代表的数量大小就等于 Δ。

把量化的结果用代码表示出来,称为编码。这些代码就是 A/D 转换的输出结果。

在量化过程中,由于采样电压不一定能被 Δ 整除,所以量化前后不可避免地存在误差,此误差称为量化误差,用 ε 来表示。量化误差属原理误差,它是无法消除的。A/D 转换器的位数越多,各离散电平之间的差值越小,量化误差越小。

量化过程常采用两种近似量化方式:只舍不入量化方式和四舍五入的量化方式。以 3 位 A/D 转换器为例,设输入信号 u_1 的变化范围为 $0 \sim 8\text{V}$,采用只舍不入量化方式时,取 $\Delta = 1\text{V}$,量化中把不足量化单位部分舍弃,如数值在 $0 \sim 1\text{V}$ 之间的模拟电压都当作 0Δ,用二进制数 000 表示,而数值在 $1 \sim 2\text{V}$ 之间的模拟电压都当作 1Δ,用二进制数 001 表示,……这种量化方式的最大量化误差为 Δ;如采用四舍五入量化方式,则取量化单位 $8\text{V}/15$,量化过程将不足半个量化单位的部分舍弃,对于大于或等于半个量化单位的部分按一个量化单位处理。它将数值在 $0 \sim 8\text{V}/15$ 之间的模拟电压均当作 0Δ 对待,用二进制数 000 表示,而数值在 $8\text{V}/15 \sim 24\text{V}/15$ 之间的模拟电压均当作 1Δ,用二进制数 001 表示,……不难看出,采用前一种只舍不入量化方式的最大量化误差为 1LSB,而采用后一种有舍有入量化的最大量化误差为 LSB/2,后者的量化误差比前者小,故为大多数 A/D 转换器所采用。

实现 A/D 转换的方法很多,按照工作原理不同可以分为直接 A/D 转换和间接 A/D 转换。直接 A/D 转换是将模拟信号直接转换成数字信号,比较典型的有并行比较型 A/D 转换和逐次逼近型 A/D 转换。间接型 A/D 转换是先将模拟信号转换成某一中间变量(时间或频率),然后再将中间变量转换成数字量,比较典型的有双积分型 A/D 转换和电压-频率转换型 A/D 转换。下面介绍几种典型 A/D 转换的实现电路和工作原理。

10.3.2　并行比较型 A/D 转换器

并行比较型 A/D 转换器的电路结构如图 10.12 所示,它由电阻分压器、电压比较器 $C_1 \sim C_7$、寄存器和编码电路 4 部分构成。其输入为模拟电压 u_1,输出为 3 位二进制数码 $D_2 D_1 D_0$。

基准电压 U_{REF} 经电阻分压器分压后,产生各电压比较器的参考电压,其数值分别为

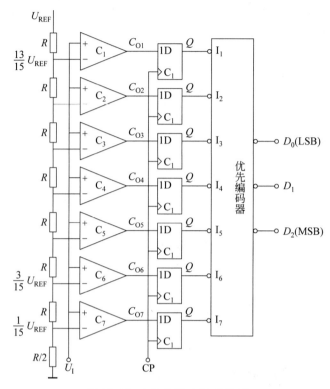

图 10.12　3 位并行 A/D 转换器

$U_{REF}/15$、$3U_{REF}/15$、$\cdots\cdots$、$13U_{REF}/15$。把这 7 个参考电压分别接到 7 个电压比较器的反相输入端,同时,将输入的模拟电压 u_s 接到每个电压比较器的同相输入端。当 u_1 大于某电压比较器的参考电压时,该电压比较器输出高电平,反之则输出低电平。

若 $u_1 < 1/15U_{REF}$,则所有电压比较器的输出全是低电平,CP 上升沿到来后寄存器中所有的触发器都被置成 0 状态。

若 $1/15U_{REF} \leqslant u_1 < 3/15U_{REF}$,则只有 C_7 输出为高电平,CP 上升沿到来后最下面的触发器被置成 1 状态,其余触发器被置为 0 状态。

以此类推,根据各比较器的参考电压值,可以确定输入模拟电压值与各比较器输出状态的关系。比较器的输出状态由 D 触发器存储,经优先编码器编码,得到数字量输出。优先编码器优先级别最高是 I_7,最低是 I_1。

设 u_1 变化范围是 $0 \sim U_{REF}$,输出 3 位数字量为 $D_2 D_1 D_0$,3 位并行比较型 A/D 转换器的输入、输出关系如表 10.2 所示。

并行比较型 A/D 转换器的转换速度很快,其转换速度实际上取决于器件的速度和时钟脉冲的宽度。其缺点是电路复杂,对于一个 n 位二进制输出的并联比较型 A/D 转换器,需求 $2^n - 1$ 个电压比较器和 $2^n - 1$ 个触发器,代码转换电路随 n 的增大变得相当复杂。并行比较型 A/D 转换器的转换精度主要取决于量化电平的划分,分得越细,精度越高。但分得过细,使用的比较器和触发器数目就越大,电路就更加复杂。此外,转换精度还受参考电压的稳定度和分压电阻相对精度以及电压比较器灵敏度的影响。

表 10.2　并行比较型 A/D 转换器的转换关系

输入模拟电压	比较器输出状态							数字量输出		
	C_{O1}	C_{O2}	C_{O3}	C_{O4}	C_{O5}	C_{O6}	C_{O7}	D_2	D_1	D_0
$0 \leqslant u_1 < U_{REF}/15$	0	0	0	0	0	0	0	0	0	0
$U_{REF}/15 \leqslant u_1 < 3U_{REF}/15$	0	0	0	0	0	0	1	0	0	1
$3U_{REF}/15 \leqslant u_1 < 5U_{REF}/15$	0	0	0	0	0	1	1	0	1	0
$5U_{REF}/15 \leqslant u_1 < 7U_{REF}/15$	0	0	0	0	1	1	1	0	1	1
$7U_{REF}/15 \leqslant u_1 < 9U_{REF}/15$	0	0	0	1	1	1	1	1	0	0
$9U_{REF}/15 \leqslant u_1 < 11U_{REF}/15$	0	0	1	1	1	1	1	1	0	1
$11U_{REF}/15 \leqslant u_1 < 13U_{REF}/15$	0	1	1	1	1	1	1	1	1	0
$13U_{REF}/15 \leqslant u_1 < U_{REF}$	1	1	1	1	1	1	1	1	1	1

10.3.3　逐次比较型 A/D 转换器

在直接 A/D 转换器中,逐次比较型 A/D 转换器是目前采用最多的一种。逐次逼近转换过程与用天平称物重非常相似。天平称重过程是,从最重的砝码开始试放,与被称物体进行比较,若物体重于砝码,则该砝码保留,否则移去。再加上第二个次重砝码,由物体的重量是否大于砝码的重量决定第二个砝码重量是留下还是移去。照此一直加到最小一个砝码为止。将所有留下的砝码重量相加,就得到物体重量。仿照这一思路,逐次比较型 A/D 转换器,就是将输入模拟信号与不同的参考电压做多次比较,使转换所得的数字量在数值上逐次逼近输入模拟量对应值。

N 位逐次比较型 A/D 转换器框图如图 10.13 所示。它由电压比较器、D/A 转换器、数据寄存器、移位寄存器、时钟脉冲源和控制逻辑电路等几部分组成。其工作原理如下:电路由启动脉冲启动后,在第一个时钟脉冲作用下,控制电路使移位寄存器的最高位置 1,其他位置 0,其输出经数据寄存器将 1000…0 送入 D/A 转换器,输入电压首先与 D/A 转换器输出电压($U_{REF}/2$)相比较,如 $u_1 \geqslant U_{REF}/2$,比较器输出为 1,如 $u_1 < U_{REF}/2$,则为 0。比较结果存于数据寄存器的 D_{n-1} 位。然后在第二个 CP 作用下,移位寄存器的次高位置

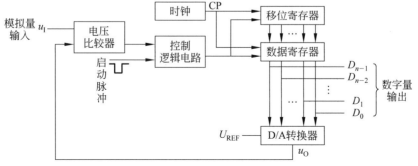

图 10.13　逐次比较型 A/D 转换器框图

1，其他低位置 0。如最高位已存 1，则此时 $u_O' = (3/4)U_{REF}$。于是 u_1 再与 $(3/4)U_{REF}$ 相比较，如 $u_1 \geqslant (3/4)U_{REF}$，则次高位 D_{n-2} 存 1，否则 $D_{n-2}=0$；如最高位为 0，则 $u_O' = U_{REF}/4$，u_1 与 u_O' 比较，如 $u_1 \geqslant U_{REF}/4$，则 D_{n-2} 位存 1，否则存 0；以此类推，逐次比较得到输出数字量。

　　为进一步理解逐次比较 A/D 转换器的工作原理及转换过程，下面用实例加以说明。设图 10.13 电路 8 位 A/D 转换器，输入模拟量 $u_A = 6.84\text{V}$，D/A 转换器基准电压 $U_{REF} = 10\text{V}$。

　　根据逐次比较 D/A 转换器的工作原理，可画出在转换器过程中 CP、启动脉冲、$D_7 \sim D_0$ 及 D/A 转换器输出电压 u_O' 的波形，如图 10.14 所示。

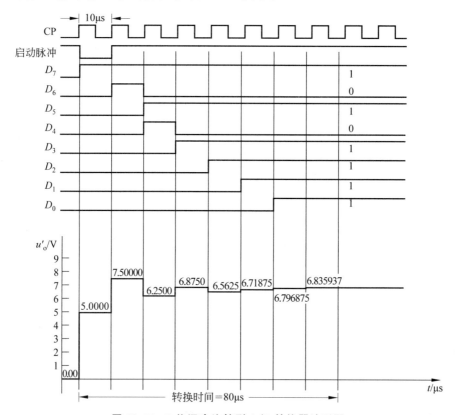

图 10.14　8 位逐次比较型 A/D 转换器波形图

　　由图 10.14 可见，当启动脉冲低电平到来后转换开始。在第一个 CP 作用下，数据寄存器将 $D_7 \sim D_0 = 10000000$ 送入 D/A 转换器，其输出电压 $u_o' = 5\text{V}$，u_A 与 u_o' 比较，$u_A > u_o'$，D_7 存 1；第二个 CP 到来时，寄存器输出 $D_7 \sim D_0 = 11000000$，u_o' 为 7.5V，u_A 再与 7.5V 比较，因为 $u_A < 7.5\text{V}$，以 D_6 存 0；输入第三个 CP 时，$D_7 \sim D_0 = 10100000$，$u_o' = 6.25\text{V}$；u_A 再与 u_o' 比较，……，如此重复比较下去，经 8 个时钟周期，转换结束。由图中 u_o' 的波形可见，在逐次比较过程中，与输出数字量对应的模拟电压 u_o' 逐渐逼近 u_A 值，最后得到 A/D 转换器转换结果 $D_7 \sim D_0$ 为 10101111。该数字量所对应的模拟电压为 6.835 937 5V，与实际输入的模拟电压 6.84V 的相对误差仅为 0.06%。

逐次比较型 A/D 转换器完成一次转换所需要的时间与其位数和时钟脉冲频率有关,位数越少,时钟频率越高,转换所需时间越短。这种 A/D 转换器具有转换速度快、精度高的特点。

常用集成逐次比较型 A/D 转换器有 ADC0808/0809 系列(8 位)、AD575(10 位)、AD574(12 位)等。

10.3.4 双积分型转换器

双积分型 A/D 转换器是一种间接 A/D 转换器。它的基本原理是:对输入模拟电压和参考电压分别进行两次积分,将输入电压平均值变换成与之成正比的时间间隔,然后利用时钟脉冲和计数器测出此时间间隔,进而得到相应的数字量输出。由于该转换电路是对输入电压的平均值进行变换,所以它具有很强的抗工频干扰能力,在电子测量系统中得到了广泛的应用。

图 10.15 是这种转换器的原理电路,它由积分器(由集成运放 A 组成)、过零比较器 (C)、时钟脉冲控制门(G)和定时/计数器($FF_0 \sim FF_n$)等几部分组成。

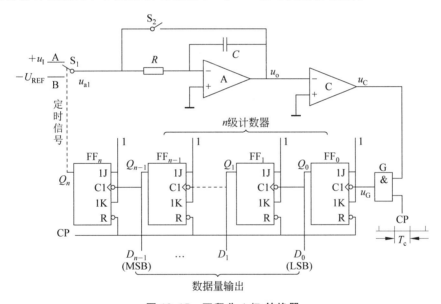

图 10.15 双积分 A/D 转换器

积分器:积分器是转换器的核心部分,它的输入端所接开关 S_1 由定时信号 Q_n 控制。当 Q_n 为不同电平时,极性相反的输入电压 u_1 和参考电压 U_{REF} 将分别加到积分器的输入端,进行两次方向相反的积分,积分时间常数 $\tau = RC$。

过零比较器:过零比较器用来确定积分器输出电压 u_O 过零的时刻。当 $u_O \geqslant 0$ 时,比较器输出 u_C 为低电平;当 $u_O < 0$ 时,u_C 为高电平。比较器的输出信号接至时钟控制门 (G)作为关门和开门信号。

计数器和定时器:它由 $n+1$ 个接成计数型的触发器 $FF_0 \sim FF_n$ 串联组成。触发器 $FF_0 \sim FF_{n-1}$ 组成 n 级计数器,对输入时钟脉冲 CP 计数,以便把与输入电压平均值成正比的时间间隔转变成数字信号输出。当计数到 2^n 个时钟脉冲时，$FF_0 \sim FF_{n-1}$ 均回到 0 态，而 FF_n 翻转为 1 态，$Q_n = 1$ 后，开关 S_1 从位置 A 转接到 B。

时钟脉冲控制门：时钟脉冲源的标准周期 T_C，作为测量时间间隔的标准时间。当 $u_C = 1$ 时，门打开，时钟脉冲通过门加到触发器 FF0 的输入端。

下面以输入正极性的直流电压 u_1 为例，说明电路将模拟电压转换为数字量的基本原理。电路工作过程分为以下几个阶段进行，图中各处的波形如图 10.16 所示。

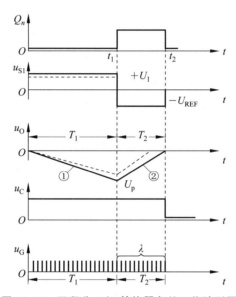

图 10.16 双积分 A/D 转换器各处工作波形图

（1）准备阶段。

首先控制电路提供 CR 信号使计数器清零，同时使开关 S_2 闭合，待积分电容放电完毕后，再使 S_2 断开。

（2）第一次积分阶段。

在转换过程开始时（$t=0$），开关 S_1 与 A 端接通，正的输入电压 u_1 加到积分器的输入端。积分器从 0V 开始对 u_1 积分，起波形如图 10.16 斜线 0-U_p 段所示。根据积分器的原理可得

$$u_O = -\frac{1}{\tau}\int_0^t u_1 \mathrm{d}t \tag{10.11}$$

由于 $u_O < 0$，过零比较器输出为高电平，时钟控制门 G 被打开。于是，计数器在 CP 作用下从 0 开始计数。经过 2^n 个时钟脉冲后，触发器 $FF_0 \sim FF_{n-1}$ 都翻转到 0 态，而 $Q_n = 1$，开关 S_1 由 A 点转接到 B 点，第一次积分结束。第一次积分时间为

$$t = T_1 = 2^n T_C \tag{10.12}$$

令 U_1 为输入电压在 T_1 时间间隔内的平均值，由式可得第一次积分结束时积分器的输出电压为 U_p

$$U_p = -\frac{T_1}{\tau}U_1 = -\frac{2^n T_C}{\tau}U_1 \tag{10.13}$$

（3）第二次积分阶段。

当 $t=t_1$ 时，S_1 转接到 B 点，具有与 U_1 相反极性的基准电压 $-U_{REF}$ 加到积分器的输入端；积分器开始向相反方向进行第二次积分；当 $t=t_2$ 时，积分器输出电压 $u_O \geqslant 0$，比较器输出 $u_C=0$，时钟脉冲控制门 G 被关闭，计数停止。在此阶段结束时，u_O 的表达式可写为

$$u_O(t_2) = U_p - \frac{1}{\tau}\int_{t_1}^{t}(-U_{REF})\mathrm{d}t = 0 \tag{10.14}$$

设 $T_2=t_2-t_1$，于是有

$$\frac{U_{REF}T_2}{\tau} = \frac{2^n T_C}{\tau}U_I \tag{10.15}$$

设在此期间计数器所累计的时钟脉冲个数为 λ，则

$$T_2 = \lambda T_C \tag{10.16}$$

$$T_2 = \frac{2^n T_C}{U_{REF}}U_I \tag{10.17}$$

可见，T_2 与 U_I 成正比，T_2 就是双积分 A/D 转换过程中的中间变量。

$$\lambda = \frac{T_2}{T_C} = \frac{2^n}{U_{REF}}U_I \tag{10.18}$$

式（10.18）表明，在计数器中所计得的数 λ（$\lambda=Q_{n-1}\cdots Q_1 Q_0$），与在采样时间 T_1 内输入电压的平均值 U_I 成正比。只要 $U_I < U_{REF}$，转换器就能正常地将输入模拟电压转换为数字量，并能从计数器读取转换的结果。如果取 $U_{REF}=2^n\mathrm{V}$，则 $\lambda=U_I$，计数器所计的数在数值上就等于被测电压。

由于双积分 A/D 转换器在 T_1 时间内采的是输入电压的平均值，因此具有很强的抗工频干扰的能力。尤其对周期等于 T_1 或几分之一 T_1 的对称干扰（所谓对称干扰，是指整个周期内平均值为零的干扰），从理论上来说，有无穷大的抑制能力。即使当工频干扰幅度大于被测直流信号，使得输入信号正负变化时，仍有良好的抑制能力。由于在工业系统中经常碰到的是工频（50Hz）或工频的倍频干扰，故通常选定采样时间 T_1 总是等于工频电源周期的倍数，如 20ms 或 40ms 等。另一方面，由于在转换过程中，前后两次积分所采用的是同一积分器。因此，在两次积分期间（一般在几十至数百毫秒之间），R、C 和脉冲源等元器件参数的变化对转换精度的影响均可以忽略。

必须指出，在第二次积分阶段结束后，控制电路又使开关 S_2 闭合，电容 C 放电，积分器回零。电路再次进入准备阶段，等待下一次转换开始。

10.3.5 A/D 转换器的主要技术指标

无论是选择或评价 A/D 转换器芯片的性能，还是分析或设计 A/D 转换器接口电路，都会涉及有关 A/D 转换器的一些主要技术参数或指标。在这些技术指标中，最主要且经常用到的有量化误差与分辨率、转换精度、转换时间和电源灵敏度等。其中分辨率、转换精度与转换时间 3 个参数与 D/A 转换器类似，这里只作简要说明。

1. 分辨率与量化误差

分辨率是指转换器区分两个输入信号数值的能力，即测量时所能得到的有效数值之间的最小间隔。对于 A/D 转换器来说，分辨率是指数值输出的最低位(LSB)所对应的输入电平值，或者说相邻的两个量化电平的间隔。与 D/A 转换器类似，A/D 转换器的分辨率习惯上以输出二进制位数或者 BCD 码位数表示。如 ADC0809 的分辨率为 8 位，AD574 有 12 位的分辨率，又如双积分式 A/D 转换器 7135 的分辨率为 $4\frac{1}{2}$(BCD 码)。

量化误差是由 A/D 转换器有限分辨率所引起的误差。A/D 转换过程实质上是量化取整过程，即用有限小的数字量表示一个在理论上变化无限小的模拟量，两者之间必然会产生误差，这种舍入误差是量化过程中的固有误差，只能减小，不可能完全消除。

2. 转换精度

转换精度可分为绝对精度和相对精度，其含义与在 D/A 转换器中的提法类似。绝对精度对应于一个数字量的实际输入模拟量与理论输入模拟量之差。这个参数对用户无太大实际意义，手册中也很少列出。

A/D 转换器的相对精度是指满量程转换范围内任一数字量所对应的模拟量的实际值与理论值之间的偏差，通常用百分数表示。

3. 转换时间

对 A/D 转换器来说，转换时间是指完成一次 A/D 转换所需要的时间。转换时间一般与信号大小无关，主要取决于转换器的位数。位数越多，转换时间越长。

转换时间的倒数称为转换速率。A/D 转换器芯片按转换速率分档的一般约定是：转换时间大于 1ms 的为低速，$1\mu s \sim 1ms$ 的为中速，小于 $1\mu s$ 的为高速，小于 1ns 的为超高速。

4. 电源灵敏度

A/D 转换器的供电电源电压波动时相当于引入一个模拟输入量的变化，从而产生转换误差。电源灵敏度通常用电源电压变化 1% 时相当于模拟量变化的百分数表示。例如某 A/D 转换器的电源灵敏度是 0.05%，是指该转换器的电源电压发生 1% 的波动时，相当于引入了 0.05% 的模拟输入值的变化。一般要求电源电压有 3% 的变化时所造成的转换误差不应超过 $\pm 1/2$LSB。

10.3.6 A/D 转换器集成芯片及选择要点

在微机测控系统、实时数据采集和智能化仪表的设计过程中，经常要面临如何选择合适的 A/D 转换器以满足应用系统设计要求的问题。有各种不同精度、速度和综合性能优良的 A/D 转换器集成芯片可供用户选择。

1. A/D 转换器集成芯片简介

表 10.3 列出了部分常用的 A/D 转换器芯片的主要性能参数。

表 10.3　部分常用 A/D 转换器芯片性能参数表

芯片型号	分辨率	转换时间	输入电压范围	转换误差	电源	引脚数	数据总线接口
ADC0809	8	$100\mu s$	$0\sim+5V$	$\pm1LSB$	$+5V$	28	并行
AD574A	12	$25\mu s$	$0\sim+10V$	$\leqslant\pm1LSB$	$+15V$ 或 $\pm12V$、$+5V$	28	并行
AD679	14	$10\mu s$	$0\sim10V$、$\pm5V$	$\leqslant2LSB$	$+5V$、$\pm12V$	28	并行
ADC1143	16	$\leqslant100\mu s$	$+5V$、$+10V$、$\pm5V$、$\pm10V$	$\leqslant0.06\%$	$+5V$、$\pm15V$	32	并行
AD7570	10	$120\mu s$	$\pm25V$	$\pm1/2LSB$	$+5V$、$+15V$	28	并行/并行
MC14433	$3\frac{1}{2}$BCD 码	100ms	$\pm0.2V$、$\pm2V$	$\pm1LSB$	$\pm5V$	24	并行
ICL7109	12	300ms	$-4V\sim+4V$	$\pm2LSB$	$\pm5V$	40	并行
ICL7135	$4\frac{1}{2}$BCD 码	100ms	$-2V\sim+2V$	$\pm1LSB$	$\pm5V$	28	并行
MCP3208	12	$10\mu s$	$2.7\sim5.5V$	$\pm1LSB$	$+2.5V$	16	串行
ADS1210	24	取决于输入时钟	$0\sim5V$	$\pm1LSB$	$+5V$	18	串行

表中 ADC0809 属早期生产的单芯片集成化 A/D 转换器,是廉价、中速挡芯片。它可以接受 8 路模拟量输入。AD574A 属于高精度、高速度的集成芯片,是混合集成的高档次逐次逼近式 A/D 转化器。分辨率在 14 位以上的芯片有 AD679 和 ADC1143 等。

2. A/D 转换器芯片选择要点

从上述 A/D 转换器芯片的结构特性分析中可以看出,经常查阅集成芯片手册,熟悉它们各自的主要结构特性,是做到正确合理选用 A/D 转换器芯片的前提条件之一。

选用 A/D 转换器芯片要结合实际应用系统的设计要求,选择时主要考虑以下几点:

1) 精度与分辨率

精度对于测控系统是最重要的指标之一。选择 A/D 转换器精度的依据是模拟量输入通道的总误差或综合精度要求。这种综合精度要求既包括 A/D 转换器的转换精度,又包括测量仪表的测量精度,模拟信号预处理电路精度,还包括输出执行机构的跟踪精度等。选取 A/D 转换器分辨率时,应与其他各个环节所能达到的精度相适应。一般情况下 8～12 位的中分辨率能够满足需要,少数特殊情况下须选用 13 位以上的高分辨率芯片。

2) 转换速度

A/D 转换器转换速度的选择,主要根据应用系统对象信号变化率的快慢,以及系统有无实时性要求而定。对于温度、压力、流量等变化缓慢的热工参数的检测，对 A/D 转换速度无苛刻要求，一般多选用积分型或跟踪比较型等低速 A/D 转换器。

逐次逼近型 A/D 转换芯片，大多属于中速芯片，一般用于采集信号频率不太高的工业多通道单片机应用系统和声频数字转换系统等。只有在军事、宇航、雷达、数字通信以及视频数字转换系统中才用到价格昂贵的高速或超高速 A/D 转换器。

3）用采样保持器

对于快速变化的模拟输入信号，因 A/D 转换时间所引起的孔径误差常常提出过高的转换速度要求，这样势必大大提高 A/D 转换器的成本。所以遇到这种情况时经常利用外加采样保持器使得转换速度不太高的 A/D 转换器也能适用于快速信号采集系统。

实际上，对于直流或变化非常缓慢的信号不用加采样保持器，其他情况一般都加。正是基于这一现实，现今一些新型高档 A/D 转换器芯片内部已集成了采样保持器，即使对快速变化的模拟输入信号，也可以直接进行连接，使用十分方便。

4）基准电压源

基准电压源用于为 A/D 转换器提供一个转换的参考模拟标准电压。基准电压源本身是否精确是直接影响 A/D 转换精度的主要因素之一。所以，对于片内不带精密参考电压源的中档 A/D 转换器芯片，使用时一般都要考虑用单独的高精度稳压电源作为基准电源。

5）输出要求

不同的 A/D 转换芯片可以适应不同格式数字量输出的要求，有并行或串行数字输出；有二进制数码或 BCD 码输出。数字输出电平大多数都与 TTL 电平兼容，但也有与 CMOS 或 ECL 电路兼容的芯片。尽管大部分 A/D 芯片已有内部时钟电路，但也有芯片须用外部时钟源。

10.3.7   集成 ADC 器件

ADC0809 是由美国国家半导体公司（NSC）生产的 8 位逐次逼近型 A/D 转换器，芯片内采用 CMOS 工艺。该器件具有与微处理器兼容的控制逻辑，可以直接与各种微处理器接口相连。

图 10.17 是内部结构框图，虚线框外标注有外部引脚的标号和名称。其内部电路主要由 8 路模拟开关、地址锁存与译码电路、8 位逐次逼近型 A/D 转换器和三态输出锁存缓冲器等构成。

1. 8 路模拟开关及地址的锁存和译码

ADC0809 有 8 路单端模拟电压输入端 $IN_0 \sim IN_7$，3 位地址输入线 ADDC、ADDB、ADDA。通过 ALE 信号对 3 位地址进行锁存，然后由译码电路选通 8 路模拟输入电压的某一路进行 A/D 转换。

2. 8 位 D/A 转换器

ADC0809 内部由树状开关和电阻网络构成 8 位 D/A 转换器，其输入为逐次比较型

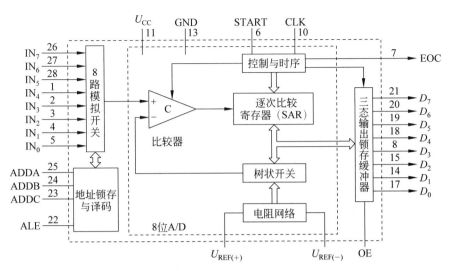

图 10.17 集成 ADC0809 电路的内部结构框图

寄存器(SAR)的 8 位二进制数,输出为 U_{ST},转换器的参考电压为 $U_R(+)$ 和 $U_R(-)$。

3. 逐次比较寄存器(SAR)和比较器

转换开始之前,先对 SAR 的所有位清 0,然后对 SAR 的最高位置 1,其余为 0,通过内部 D/A 转换得到相应的输出 U_{ST} 并与输入模拟电压 U_{IN} 送比较器进行比较。若 $U_{ST} > U_{IN}$,则比较器输出逻辑 0,SAR 最高位由 1 变为 0;若 $U_{ST} \leqslant U_{IN}$,则比较器输出逻辑 1,SAR 最高位保留为 1。此后,SAR 的次高位再置 1,其余低位为 0,再进行上述比较过程,直到最低位比较完成。

4. 三态输出锁存缓冲器

转换结束后,SAR 的数字量送入三态输出锁存缓冲器锁存,供外部电路读出。

5. 引脚功能

$IN_0 \sim IN_7$:模拟信号输入端。

$U_{REF}(+)$ 和 $U_{REF}(-)$:基准电压的正端和负端。

ADDC、ADDB、ADDA:模拟输入的选通地址输入。

ALE:地址锁存允许信号输入,高电平有效。

$D_7 \sim D_0$:数码输出。

OE:输出允许信号,高电平有效。

CLK:时钟脉冲输入端。一般在此端加 500kHz 的时钟信号。

START:启动信号。为了启动 A/D 转换,应在此脚加一正脉冲,脉冲的上升沿将内部寄存器全部清零,在其下降沿开始 A/D 转换。

EOC:转换结束输出信号。在 START 信号上升沿之后的 1~8 个时钟周期内,EOC 信号为低电平。当转换结束,转换结果可以读出时,EOC 变为高电平。

图 10.18 给出了 ADC0809 与外部微处理器连接的典型应用连线图。

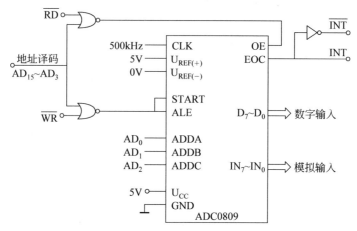

图 10.18 集成 ADC0809 典型应用电路的连线图

10.4 D/A 与 A/D 的典型应用电路

10.4.1 D/A 的典型应用电路

D/A 转换器根据其在电路中的功能不同，可以组成多种应用电路，下面以 D/A 组成的三角波发生器、LED 调光电路为例，介绍 D/A 转换器的应用。

1. 三角波发生器

能够产生如三角波、锯齿波、阶梯波、矩形波及正弦波的电路称为函数信号发生器。函数信号发生器的产生方法有：采用基本的 RC 振荡器或 555 定时器实现；采用数字频率合成（DDS）技术实现；采用专用函数信号发生器芯片，如 MAX038；采用单片机与 D/A 结合产生所需波形的信号。

如图 10.19 所示为三角波发生器的系统框图。系统由单片机、D/A 转换芯片、运算放大器及基准电压等组成。

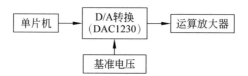

图 10.19 三角波发生器系统框图

DAC1230 为 12 位 D/A 转换芯片，内部由 8 位输入锁存器、4 位输入锁存器、12 位 DAC 寄存器、12 位乘法 DAC 及控制电路组成。在芯片内部，低 4 位数据线与高 4 位数据线相连，所以芯片外部数据线只有 8 位，通过内部锁存器锁存，实现 12 位数据输出。

DAC1230 的引脚图如图 10.20 所示。DAC 各引脚功能如表 10.4 所示。

表 10.4　DAC1230 引脚功能表

$\overline{CS}$	片选信号,低电平有效
$\overline{WR_1}$	写信号,低电平有效
$\overline{WR_2}$	辅助写信号,低电平有效,该信号与 $\overline{XFER}$ 相结合,当 $\overline{XFER}$ 与 $\overline{WR_2}$ 同时低电平时,把锁存器信号送入 DAC 寄存器,当 $\overline{WR_2}$ 为高电平,DAC 寄存器中的数据被锁存
$\overline{X_{FER}}$	传送控制信号,低电平有效,该信号与 $\overline{WR_2}$ 信号相结合,用于将输入锁存器中 12 位数据送到 DAC 寄存器,也称为数据允许锁存信号
BYTE/$\overline{BYTE}$	字节顺序控制信号,该信号为高电平时,开启 8 位及 4 位两个锁存器,将 12 位数据全部送入锁存器,当该信号为低电平时,则开启 4 位输入锁存器
$DI_0 \sim DI_{11}$	12 位数据输入
I_{OUT1}	D/A 电流转换输出 1,当 DAC 寄存器全为 1 时,输出电流最大;全 0 时,输出电流为 0
I_{OUT2}	D/A 电流转换输出 2,$I_{OUT1} + I_{OUT2} =$ 常数
R_{FB}	反馈电阻
V_{REF}	基准参考电压输入
V_{CC}	电源
DGND	数字地
AGND	模拟地

　　DAC1230 为电流输出型 D/A 转换器,要获得模拟电压输出时,需要外加转换电路。如图 10.21 所示,图示电路为两级运算放大器组成的模拟电压输出电路。电路由两片运算放大器组成,运算放大器 A_1 可将 D/A 输出的电流信号转换成 $0 \sim -5V$ 输出的电压,A_2 可将 A_1 输出的单极性电压转换成双极性输出,输出电压范围为 $-5 \sim +5V$。该电路只要在给 DAC1230 输入相应的数字量,即可达到设计输出目的。

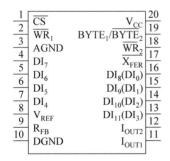

图 10.20　DAC1230 引脚图

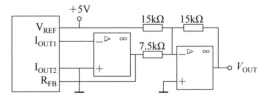

图 10.21　DAC1230 模拟电压输出电路

2. 可控增益放大器

　　AD7520 是 10 位倒 T 型 R-2R 网络 DAC 芯片,利用 R-2R 网络作为运算放大器的输入电阻或反馈电阻,可以改变放大器的放大倍数。图 10.22 为某可调电源中可变增益放大器电路。图示电路中，可控增益放大器由 D/A 转换器 AD7520 及运算放大器 OP07 组成。OP07 运放与 AD7520 组成反相比例运算放大器。根据反相比例运算放大器的特点，放大器放大倍数为

$$A_{uf} = -\frac{R_f}{R_1} \tag{10.19}$$

R_{17} 为外部所接反馈电阻。它与 AD7520 的内电阻 R_f 端串联，组成反相比例运算放大器的 R_f，AD7520 内的倒 T 型电阻网络为反相比例放大器的输入电阻，为放大器的电阻 R_1。所以当改变 AD7520 的 $D_0 \sim D_9$ 数字量时，R_1 将跟随着改变，从而改变放大倍数，放大倍数如式（10.20）所示。可控增益放大器的输入信号从 V_{REF} 端输入。

$$Au = \left(\frac{1}{2^n}\sum_{i=0}^{n=1} D_i 2^i\right)\frac{R_f}{R} = \left(\frac{\sum D_i 2^i}{1024}\right)\frac{R_f}{R} \tag{10.20}$$

当改变放大倍数时，就可以改变输出的电压值，从而达到调整输出电压的目的。

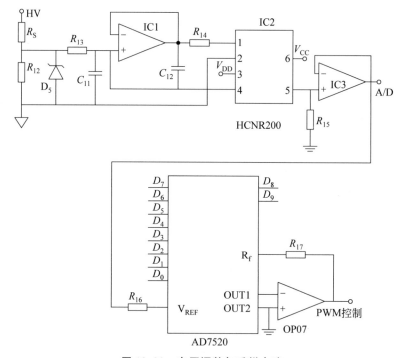

图 10.22 电压调整与采样电路

10.4.2 A/D 的典型应用电路

TLC5510 是高速的 8 位模拟数字转换器，它以每秒 40 兆采样次数（40MSPS）的采样速率进行转换。TLC5510 采用半闪速结构和 CMOS 工艺，能以高速进行转换，同时与闪速转换器相比（flash converter）相比，减少了功率损耗。通过在两步过程中进行转换，可大大减少比较器数目，转换数据的等待时间（latency of the data upon conversion）为 2.5 个时钟。器件内部具有基准电阻，仅需外加 1~2 个跳线即可使用模拟电源产生标

准的 2V 满度转换范围,减少了对外部基准或电阻器的需求。转换精度可达 $2V \div (2^8) =$ 7.8mV。并行数据量具有高阻抗输出方式。

如图 10.23 所示为某耐压测试仪中信号采集电路,图中,LF356 及 MC14051B 组成可控增益放大电路,其中 LF356 为运算放大器,MC14051B 为八选一模拟电子开关,当选择不同的输出口时,可改变放大器反馈电阻,从而改变放大倍数。TLC5510 为高速 A/D。MC14051B 及 TLC5510 的控制由 CPLD 产生。

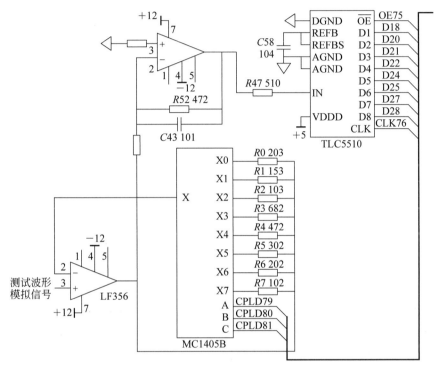

图 10.23　信号调理与 A/D

CPLD 是数据采集系统的核心控制部件,直接控制电子开关 MC14051B 和 A/D 转换器 TLC5510,产生 TLC5510 所需的时钟和使能信号,从而启动 A/D 转换,同时产生转换数据的存储地址即数据存储器 RAM 的地址,并完成地址和数据的切换。

该仪器采用 Altera 公司的 MAX7000 系列产品之一的 EPM7128SLC84 作为高速数据采集系统的控制器,选用 TI 公司的 TLC5510 作为模数转换器,其采样频率可达到 20MSPS,8 位并行输出。RAM 采用 ICSI 公司的 61C256。数据采集模块系统硬件原理框图如图 10.24 所示。

单片机 P80C552 与 CPLD 之间的接口信号包括数据信号和控制信号两类。CPLD 的 8 位数据总线和单片机的数据总线 $D0 \sim D7$ 相连,用来使单片机读取 A/D 转换后的数据。控制信号有读信号 RD、写信号 WR 和地址译码信号 $Y1、Y2$。CPLD 与 RAM 的接口信号包括数据信号、地址信号及控制信号 3 类。由于本系统要求采样数据达到 2KB 即可,因此只需地址信号线为 12 位,即 RAM 的 $A12 \sim A14$ 信号线接地;数据信号为 8 位;控制信号为片选信号 CE 和写使能信号 WE。CPLD 与 A/D 转换器 TLC5510 的接口信

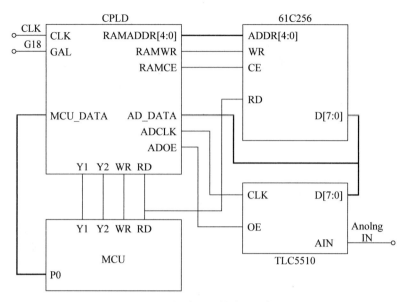

图 10.24　数据采集模块原理框图

号包括时钟信号 CLK 和数据输出使能信号 OE。A/D 转换器 TLC5510 的数据输出端口和 RAM 的 8 位数据总线相连，通过该 8 位数据线，将 AD 转换后的数据写入 RAM 61C256 中。

单片机在本系统中主要控制 CPLD 的动作及读取保存在 RAM 中的数据及对该数据的处理。在数据采集系统原理框图中，Y1、Y2 是单片机通过 74LS138 译码器产生的，G18 为 GAL 芯片产生的，RD、WR 为单片机的读写信号。当 Y1 和 WR 有效时，单片机控制 CPLD 完成对 RAM 地址单元内容的清零，并复位 CPLD 内部写地址寄存器值；当 Y2、G18 和 WR 有效时，单片机指示 CPLD 启动 A/D 进行采样；当 Y2 和 RD 有效时，CPLD 对 61C256 读取一个单元并通过 I/O 口将数据送至单片机数据总线上。在本系统中，RAM 61C256 的读信号直接由单片机 RD 信号控制，不用 CPLD 产生。

CPLD 控制器主要负责 AD 转换并将转换得到的数据写入 RAM 中。在转换控制信号的每一个下降沿开始采样，第 n 次采样的数据经过 2.5 个时钟周期的延迟之后，送到内部数据总线上。启动后 AD 转换将连续不断地以转换时钟频率输出转换后的并行 8 位数字信号。在转换过程中，CPLD 同时控制采样数据写入 RAM 中，需要考虑 TLC5510 采样与 RAM 61C256 写入的时序匹配问题。在本设计中，受限将 CLK 的 40MHz 信号二分频得到 20MHz 的信号，将此信号作为 AD 转换芯片 TLC5510 的采样时钟。TLC5510 在采样时钟的下降沿采样，在采样时钟的上升沿读取转换后的数据写入 RAM 中。

习　题　10

10.1　常见的 D/A 转换器有几种？其特点分别是什么？

10.2　常见的 A/D 转换器有几种？其特点分别是什么？

10.3　为什么 A/D 转换器需要采样-保持电路？

10.4　若 A/D 转换器(包括采样-保持电路)输入模拟电压信号的最高变化频率为 10kHz,试说明采样频率的下限是多少？完成一次 A/D 转换所用时间的上限是多少？

10.5　比较逐次比较型 A/D 转换器和双积分型 A/D 转换器的优点,指出它们各适用于哪些场合。

10.6　10 位倒 T 型电阻网络 D/A 转换器如图 10.25 所示,当 $R=R_f$ 时:

(1) 试求输出电压的取值范围;

(2) 若要求电路输入数字量为 200H 时输出电压 $U_0=5\mathrm{V}$,试问 U_{REF} 应取何值？

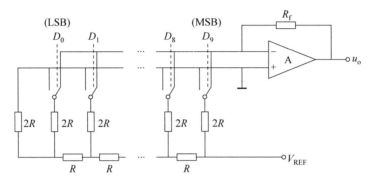

图 10.25　习题 10.6 的图

10.7　n 位权电阻 D/A 转换器如图 10.26 所示。

(1) 试推导输出电压 u_O 与输入数字量的关系式;

(2) 如 $n=8$, $U_{REF}=-10\mathrm{V}$,当 $R_f=1/8R$ 时,如输入数码为 20H,试求输出电压值。

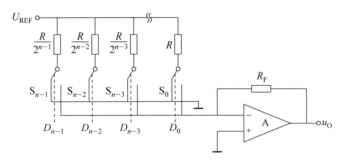

图 10.26　习题 10.7 的图

10.8　在如图 10.13 所示的逐次比较 A/D 转换器中,若 $n=10$,已知时钟频率为 1MHz,则完成一次转换所需时间是多少？如要求完成一次转换的时间小于 $100\mu\mathrm{s}$,问时钟频率应选多大。

10.9　在 8 位逐次比较型 ADC 中,若满量程输出电压 $U_O(\max)=10\mathrm{V}$,输入模拟电压 $U_I=7.36\mathrm{V}$,试求:

(1) 该转换电路的量化单位等于多少？

(2) 该电路转换输出结果是多少？

10.10　在图 10.13 所示的逐次比较 A/D 转换器中,设 $U_{REF}=10\mathrm{V}$, $u_I=8.26\mathrm{V}$,试画

出在时钟脉冲作用下 u'_O 的波形并写出转换结果。

10.11　在双积分 ADC 电路中，第一次积分的时间 T_1 和第二次积分的时间 T_2 分别与哪些因素有关？积分器的积分时间常数对输出结果有影响吗？

10.12　在图 10.27 所示的双积分 ADC 电路中，若有 $n=10$，$U_R=10V$，CP 脉冲的脉冲频率 $f=500kHz$，试求：

（1）计算采样积分时间 T_1；

（2）计算输入模拟电压 $U_1=3.75V$ 时，比较积分的时间 T_2，并确定计数器的输出状态；

（3）计算输入模拟电压 $U_1=2.5V$ 时，电路的转换结果是多少。

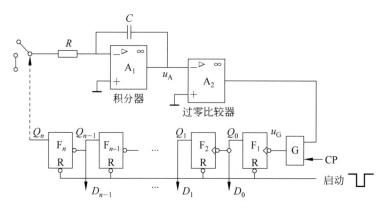

图 10.27　习题 10.12 的图

参 考 文 献

1. 康华光等. 电子技术基础(数字部分).5 版. 北京:高等教育出版社,2006

2. 阎石等. 数字电子技术基础.5 版. 北京:高等教育出版社,2006

3. 潘松等.数字电子技术基础.2 版.北京:科学出版社,2014

4. 杨颂华等. 数字电子技术基础.2 版. 西安:西安电子科技大学出版社,2009

5. 黄瑞祥等. 数字电子技术. 杭州:浙江大学出版社,2013

6. 朱正伟等.数字电路逻辑设计.2 版.北京:清华大学出版社,2011

7. 张春晶等.现代数字电子技术及 Verilog 设计. 北京:清华大学出版社,2014

8. 潘松等.实用数字电子技术基础. 北京:电子工业出版社,2011

9. Thomas L. Floyd 等.数字电子技术.10 版.北京:电子工业出版社,2014

10. 秦进平等.数字电子与 EDA 技术.北京:中国电力出版社,2013